Daten zur Entscheidung

Ein Leitfaden zur angewandten Statistik und zum maschinellen Lernen

Geschrieben von Daniel Carr

Herausgegeben vom Cornell-David Publishing House

INDEX

Haftungsausschluss für Urheberrechte und Inhalte:
Finanzielle Haftungsausschluss
Urheberrecht und andere Haftungsausschlüsse:

1. Einführung in Statistik, Prognose und maschinelles Lernen im wirklichen Leben

Willkommen bei *der Anwendung von Statistik, Prognose und maschinellem Lernen im IRL* ! Dieses Buch soll Ihnen helfen, die Bedeutung dieser drei Konzepte zu verstehen und wie sie in reale Szenarien integriert werden können, um die Entscheidungsfindung, Vorhersagen und das Verständnis komplexer Situationen zu verbessern. Im folgenden Unterabschnitt werden wir tiefer in die Essenz jedes dieser Konzepte eintauchen und mehr über ihre verschiedenen Anwendungen im modernen Leben erfahren.

1.1 Die Bedeutung von Statistiken im wirklichen Leben verstehen

1.1.1 Was sind Statistiken?

Statistik ist ein Zweig der Mathematik, der sich mit der Sammlung, Analyse, Interpretation, Darstellung und Organisation quantitativer Daten befasst. Es wird verwendet, um Schlussfolgerungen zu ziehen, Vorhersagen zu treffen und Hypothesen auf der Grundlage empirischer Daten zu testen. Im Wesentlichen geht es bei der Statistik darum, Rohdaten oder Informationen in aussagekräftige Erkenntnisse umzuwandeln.

1.1.2 Anwendungen der Statistik im wirklichen Leben

Statistiken spielen in mehreren realen Anwendungen eine entscheidende Rolle, unter anderem:

1. **Gesundheitswesen** : Im Bereich der Medizin helfen Statistiken Forschern, den Zusammenhang zwischen verschiedenen Faktoren wie Ernährung, Bewegung und Medikamenten zu verstehen, die sich auf unsere allgemeine Gesundheit auswirken können. Statistiken werden auch in großem Umfang in klinischen Studien verwendet, um die Wirksamkeit neuer Behandlungen und medizinischer Eingriffe zu testen. Sie helfen dabei, die geeignete Stichprobengröße für eine Studie zu bestimmen, um die Gültigkeit der Ergebnisse sicherzustellen und den Erfolg von Behandlungen im Laufe der Zeit zu verfolgen.
2. **Wirtschaft** : Regierungen und Organisationen nutzen Wirtschaftsstatistiken, um Richtlinien zu erstellen, Wirtschaftstrends vorherzusagen und Ressourcen effizient zu verteilen. Durch die Analyse historischer Daten zu Variablen wie Inflation, Arbeitslosigkeit und BIP können politische Entscheidungsträger fundierte Entscheidungen über die zukünftige Richtung einer Wirtschaft treffen.
3. **Sport** : In der Sportwelt helfen Statistiken dabei, die Leistung einzelner Sportler und Mannschaften zu analysieren. Metriken wie Schlagdurchschnitte, Basisprozentsatz und Spielereffizienzbewertung (PER) werden häufig verwendet, um die Fähigkeiten und Fertigkeiten von Spielern in verschiedenen Sportarten zu

bewerten. Darüber hinaus verlassen sich Trainer und Analysten auf statistische Daten, um bei der Spielstrategie, dem Spielermanagement und der Kaderplanung zu helfen.

4. **Qualitätskontrolle** : Unternehmen nutzen statistische Qualitätskontrollmethoden, um fehlerhafte Produkte oder Dienstleistungen zu erkennen und Korrekturmaßnahmen umzusetzen. Durch die Analyse der Leistung des Produktionsprozesses und die Identifizierung von Verbesserungsbereichen können Unternehmen die Qualität ihrer Angebote kontinuierlich verbessern.
5. **Marketing** : Im Marketing und in der Werbung helfen Statistiken dabei, Muster im Verbraucherverhalten zu erkennen, die Wirksamkeit von Marketingstrategien zu bewerten und die Ressourcenallokation zu optimieren. Durch die Analyse der Kundendemografie, Präferenzen und Reaktionen auf Marketingkampagnen können Vermarkter gezieltere Marketingmaßnahmen ergreifen, um die gewünschte Zielgruppe zu erreichen.

1.2 Die Macht der Prognose im wirklichen Leben

1.2.1 Was ist Prognose?

Bei der Prognose handelt es sich um den Prozess der Vorhersage eines zukünftigen Ereignisses oder Ergebnisses auf der Grundlage historischer Daten, Trends, Muster oder anderer relevanter Faktoren. Es wird in verschiedenen Bereichen häufig eingesetzt, um Organisationen und Einzelpersonen dabei zu helfen, fundierte Entscheidungen über die Zukunft zu treffen.

1.2.2 Anwendungen von Prognosen im wirklichen Leben

Zu den bemerkenswerten Anwendungen der Prognose in realen Szenarien gehören:

1. **Wettervorhersage** : Meteorologen verwenden hochentwickelte Modelle und Werkzeuge, um historische Wetterdaten zu analysieren und zukünftige Wetterbedingungen vorherzusagen. Genaue Wettervorhersagen helfen den Menschen bei der Planung ihrer Aktivitäten und können auch für das Notfallmanagement und die Katastrophenvorsorge von entscheidender Bedeutung sein.
2. **Börsenprognosen** : In der Finanzwelt nutzen Marktanalysten und Anleger Prognosetechniken, um die zukünftigen Kurse von Aktien oder anderen Wertpapieren vorherzusagen. Durch die Analyse historischer Daten und den Einsatz statistischer Modelle oder Algorithmen des maschinellen Lernens versuchen sie, Trends und Muster zu identifizieren, die auf zukünftige Marktbewegungen hinweisen könnten.
3. **Supply Chain Management** : Unternehmen verlassen sich auf Prognosen, um die Nachfrage nach ihren Produkten oder Dienstleistungen vorherzusagen und ihre Lieferkette entsprechend zu verwalten. Durch die genaue Vorhersage der Kundennachfrage können Unternehmen sicherstellen, dass sie über genügend Lagerbestände verfügen, um die

Kundenbedürfnisse zu erfüllen, und gleichzeitig Überbestände oder Fehlbestände minimieren.
4. **Personalabteilung** : Personalabteilungen verwenden Prognosen, um zukünftige Mitarbeiterbedürfnisse vorherzusagen, z. B. um die Anzahl der erforderlichen Neueinstellungen vorherzusagen und potenzielle Qualifikationslücken in der Belegschaft zu identifizieren. Dies ermöglicht es Unternehmen, ihre Rekrutierungsstrategien effektiv zu planen und sicherzustellen, dass sie über das richtige Personal verfügen, um den zukünftigen Anforderungen gerecht zu werden.

1.3 Die Kraft des maschinellen Lernens im wirklichen Leben nutzen

1.3.1 Was ist maschinelles Lernen?

Maschinelles Lernen ist ein Teilgebiet der künstlichen Intelligenz, das sich darauf konzentriert, Computern beizubringen, aus Daten zu lernen, ohne explizit programmiert zu werden. Das Hauptziel des maschinellen Lernens besteht darin, Algorithmen zu erstellen, die aus Erfahrungen lernen und auf der Grundlage dieses erlernten Wissens Vorhersagen oder Entscheidungen treffen können.

1.3.2 Anwendungen des maschinellen Lernens im wirklichen Leben

Maschinelles Lernen hat im wirklichen Leben zahlreiche Anwendungen gefunden, darunter:

1. **Spracherkennung** : Virtuelle Assistenten wie Siri, Google Assistant und Alexa nutzen maschinelle Lernalgorithmen, um gesprochene Sprache zu verarbeiten und zu verstehen. Diese Algorithmen werden anhand großer Datensätze menschlicher Sprache trainiert, die ihnen dabei helfen, verschiedene Akzente, Dialekte und Sprachen zu erkennen.
2. **Bilderkennung** : Algorithmen des maschinellen Lernens werden verwendet, um Objekte, Personen oder Aktivitäten in Bildern oder Videos automatisch zu erkennen. Diese Technologie unterstützt Anwendungen wie Google Fotos, die Ihre Fotos automatisch anhand der Personen oder Objekte im Bild markieren und organisieren können.
3. **Betrugserkennung** : Finanzinstitute nutzen maschinelles Lernen, um Muster betrügerischer Aktivitäten bei Kreditkartentransaktionen, Bankkontoaktivitäten oder Aktiengeschäften zu erkennen. Durch die Analyse großer Mengen an Transaktionsdaten können diese Algorithmen verdächtiges Verhalten erkennen, das auf Betrug hindeutet, und die zuständigen Behörden alarmieren.
4. **Gesundheitswesen** : Maschinelles Lernen wird eingesetzt, um effektivere Behandlungspläne zu entwerfen, Patientenergebnisse vorherzusagen und neue Arzneimittelverbindungen zu entdecken. Eine vielversprechende Anwendung ist die Analyse medizinischer Bilder wie Röntgen- oder MRT-Aufnahmen, um Krankheiten oder Beschwerden frühzeitig zu diagnostizieren.

5. **Autonome Fahrzeuge** : Selbstfahrende Autos nutzen Algorithmen des maschinellen Lernens, um Daten von Sensoren, Kameras und Radargeräten in Echtzeit zu analysieren. Dadurch kann das Fahrzeug fundierte Entscheidungen über Navigation, Hinderniserkennung und -vermeidung sowie die allgemeine Kontrolle über das Fahrzeug treffen.

Zusammenfassend lässt sich sagen, dass die Trilogie aus Statistik, Prognose und maschinellem Lernen eine entscheidende Rolle dabei spielt, unser Verständnis der Welt zu formen und uns in die Lage zu versetzen, fundierte Entscheidungen zu treffen. Durch die Umsetzung dieser Konzepte in realen Szenarien können Unternehmen nicht nur wettbewerbsfähig bleiben, sondern auch eine dynamischere, effizientere und integrativere Welt schaffen.

1. Einführung in Statistik, Prognose und maschinelles Lernen im wirklichen Leben

Im Zeitalter von Big Data, Analytik und künstlicher Intelligenz sind Statistiken, Prognosen und maschinelles Lernen zu unverzichtbaren Werkzeugen für die Quantifizierung, Bewertung und Vorhersage komplexer Systeme und Phänomene geworden. Von Unternehmen, die ihre Abläufe optimieren, bis hin zu Forschern, die neue Grenzen erkunden, helfen uns diese Methoden dabei, Daten zu analysieren und zu interpretieren, Erkenntnisse zu gewinnen und eine fundiertere Entscheidungsfindung zu ermöglichen. In diesem Abschnitt stellen wir die Grundlagen dieser leistungsstarken Tools vor und zeigen, wie sie in verschiedenen realen Szenarien angewendet werden können.

1.1 Warum ist es wichtig, etwas über Statistik, Prognosen und maschinelles Lernen im wirklichen Leben zu lernen?

Sowohl Experten als auch Fachleute verschiedener Fachgebiete stehen in der heutigen Welt vor immer komplexeren Entscheidungsproblemen. Um diese Probleme zu lösen, ist der Einsatz geeigneter Analysetools von entscheidender Bedeutung. Daher ist es wichtig, Statistiken, Prognosen und maschinelles Lernen zu verstehen und anzuwenden, um die Effizienz und Wirksamkeit von Entscheidungen zu verbessern.

1.1.1 Vorteile der Anwendung von Statistiken und Prognosen

Statistiken und Prognosen spielen eine wichtige Rolle beim Verständnis der Welt um uns herum. Indem wir die Leistungsfähigkeit dieser Methoden im wirklichen Leben nutzen, können wir:

1. Identifizieren Sie Muster und Trends: Entmystifizieren Sie komplexe Daten und offenbaren Sie die zugrunde liegende Struktur.

2. Testen und verifizieren Sie Theorien: Durch Hypothesentests können wir Behauptungen über die Beziehungen von Variablen validieren oder widerlegen.
3. Treffen Sie fundierte Entscheidungen: Treffen Sie Vorhersagen und passen Sie zukünftige Maßnahmen basierend auf der Analyse vergangener Daten an.
4. Verbessern Sie die Kommunikation: Stellen Sie Daten visuell und prägnant dar und erleichtern Sie so ein besseres Verständnis und eine bessere Interpretation.

1.1.2 Vorteile der Anwendung von maschinellem Lernen

Maschinelles Lernen ist ein sich schnell entwickelndes Feld, das die Fähigkeiten von Computern nutzt, um Entscheidungen und Vorhersagen aus Daten zu treffen. Zu den wichtigsten Vorteilen der Anwendung maschinellen Lernens im wirklichen Leben gehören:

1. Aufgaben automatisieren: Maschinen können lernen, Aufgaben ohne explizite Programmierung auszuführen, wodurch Menschen Zeit gewinnen, sich auf komplexere Probleme zu konzentrieren.
2. Verbesserte Entscheidungsfindung: Algorithmen für maschinelles Lernen können Unternehmen dabei helfen, fundiertere Entscheidungen auf der Grundlage datengesteuerter Vorhersagen und Empfehlungen zu treffen.
3. Verbessertes Kundenerlebnis: Maschinelles Lernen kann Kunden durch die Analyse ihres

Verhaltens und ihrer Vorlieben personalisierte und maßgeschneiderte Erlebnisse bieten.
4. Kontinuierliche Verbesserung: Im Gegensatz zu statischen Modellen können Modelle für maschinelles Lernen lernen und sich anpassen, wenn neue Daten verfügbar werden, was im Laufe der Zeit zu besseren und genaueren Vorhersagen führt.

1.2 Reale Anwendungen von Statistik, Prognose und maschinellem Lernen

Die Anwendungen dieser Methoden sind vielfältig und erstrecken sich über verschiedene Branchen und Sektoren. Einige bemerkenswerte Beispiele für ihren praktischen Nutzen sind:

1.2.1 Umsatzprognose und Bestandsverwaltung

Bei der Umsatzprognose geht es um die Schätzung zukünftiger Umsätze über einen bestimmten Zeitraum. Durch den Einsatz von Statistiken, Prognosen und maschinellem Lernen können Unternehmen die Nachfrage besser vorhersehen, Lagerbestände optimieren und Fehlbestände oder Überbestände reduzieren.

1.2.2 Gesundheitswesen und medizinische Forschung

Forscher können Statistiken und maschinelles Lernen nutzen, um Zusammenhänge zwischen Patientenmerkmalen, medizinischen Behandlungen und Gesundheitsergebnissen aufzudecken. Diese Erkenntnisse verbessern die Patientenversorgung, senken die medizinischen Kosten und informieren über die öffentliche Gesundheitspolitik.

1.2.3 Finanzmärkte

Marktteilnehmer wie Banken, Hedgefonds und Einzelanleger nutzen maschinelles Lernen, um Aktienkurse vorherzusagen, Handelsmöglichkeiten zu identifizieren, Risiken zu verwalten und Portfolioallokationen zu optimieren.

1.2.4 Betrugserkennung und -prävention

Modelle des maschinellen Lernens können große Mengen an Transaktionsdaten analysieren und ungewöhnliche Muster identifizieren, die auf betrügerische Aktivitäten hinweisen können. Durch die schnelle Erkennung und Verhinderung von Betrug können Unternehmen Verluste reduzieren und ihre Kunden schützen.

1.2.5 Verarbeitung natürlicher Sprache (NLP)

Algorithmen für maschinelles Lernen verarbeiten und analysieren große Mengen an Textdaten und ermöglichen so eine automatische Textzusammenfassung, Stimmungsanalyse, maschinelle Übersetzung und Plagiatserkennung.

1.3 Herausforderungen und Überlegungen

Während die potenziellen Vorteile der Anwendung von Statistiken, Prognosen und maschinellem Lernen im wirklichen Leben immens sind, gibt es auch inhärente Herausforderungen:

1. Qualität der Daten: Um zuverlässige Schlussfolgerungen zu ziehen und genaue Vorhersagen zu treffen, muss sichergestellt werden, dass die Daten korrekt und repräsentativ für das jeweilige Problem sind.
2. Technische und ethische Überlegungen: Es ist wichtig, den potenziellen Nutzen gegen die Risiken abzuwägen, wie z. B. voreingenommene Algorithmen, Datenschutzprobleme und Missbrauch der Technologie.
3. Komplexität und Interpretierbarkeit: Komplexe Modelle erzeugen manchmal „Black-Box"-Ausgaben, was es für Laien schwierig macht, die zugrunde liegenden Mechanismen und Ergebnisse der Analyse zu verstehen.

Trotz dieser Herausforderungen verspricht die Zukunft von Statistik, Prognosen und maschinellem Lernen anhaltende Innovation und Wachstum. Je mehr Branchen und Sektoren das Potenzial dieser Methoden erkennen, desto wertvoller und allgegenwärtiger werden ihre praktischen Anwendungen.

1. Einführung in Statistik, Prognose und maschinelles Lernen im wirklichen Leben

In der heutigen datengesteuerten Welt, in der die Menge der erstellten und verarbeiteten Informationen exponentiell wächst, sind Methoden zur Analyse und Interpretation dieser Daten wichtiger denn je. Statistik, Prognose und maschinelles Lernen sind drei eng miteinander verbundene Disziplinen, die das Rückgrat moderner Datenanalysetechniken bilden. In diesem Abschnitt geben wir einen Überblick über diese Konzepte und wie sie in realen Situationen angewendet werden, sodass wir datengesteuerte Entscheidungen treffen, zukünftige Ereignisse vorhersagen und komplexe Aufgaben automatisieren können.

1.1 Die Rolle der Statistik im wirklichen Leben

Statistik ist die Wissenschaft und Praxis des Sammelns, Organisierens, Analysierens und Interpretierens numerischer Daten, um Einblicke in eine Vielzahl von Phänomenen zu gewinnen. Die praktischen Anwendungen von Statistiken sind vielfältig und umfassen verschiedene Bereiche wie Wirtschaft, Wirtschaft, Gesundheitswesen, Sport und Sozialwissenschaften.

In diesen Kontexten helfen uns Statistiken, Muster und Trends aufzudecken, die Beziehungen zwischen Variablen zu verstehen und fundierte Entscheidungen auf der Grundlage empirischer

Erkenntnisse zu treffen. Zu den häufigsten Anwendungen von Statistiken in der Praxis gehören:

- Schätzung des Durchschnittsgehalts, der Lebenshaltungskosten in verschiedenen Städten und der Inflationsraten
- Analysieren Sie Kundenpräferenzen und -zufriedenheit, um das Geschäftswachstum voranzutreiben
- Beurteilung der Wirksamkeit von Medikamenten und Behandlungsmethoden im Gesundheitswesen
- Messung der Leistung und des Könnens von Sportlern oder Sportmannschaften
- Bewertung der Auswirkungen öffentlicher Politik auf sozioökonomische Indikatoren

1.2 Prognosen: Mit Daten die Zukunft vorhersagen

Prognose ist eine statistische Technik, die darauf abzielt, zukünftige Ereignisse oder Bedingungen durch die Analyse historischer Daten vorherzusagen. Es spielt eine entscheidende Rolle in verschiedenen Bereichen, darunter Wirtschaft, Finanzen, Klimawissenschaft und vielen mehr. Genaue Prognosen helfen Einzelpersonen, Unternehmen und Regierungen, bessere Entscheidungen zu treffen und sich auf zukünftige Herausforderungen vorzubereiten.

Einige reale Anwendungen von Prognosen umfassen:

- Wettervorhersage: Vorhersage von Wettermustern zur Unterstützung der Landwirtschaft, der Veranstaltungsplanung und der Vorbereitung auf Naturkatastrophen
- Wirtschaftsprognosen: Vorhersage von Trends bei Wirtschaftsindikatoren wie BIP, Inflationsrate und Arbeitslosigkeit zur Unterstützung der Politikgestaltung und Finanzplanung
- Börsenprognose: Prognose zukünftiger Aktienkurse, um bessere Finanzinvestitionsentscheidungen zu ermöglichen
- Bedarfsprognose: Schätzung der zukünftigen Nachfrage nach Produkten oder Dienstleistungen als Grundlage für die Bestandsverwaltung und Produktionsplanung

1.3 Maschinelles Lernen: Computern beibringen, aus Daten zu lernen

Maschinelles Lernen ist ein Teilgebiet der künstlichen Intelligenz (KI), das sich auf die Entwicklung von Algorithmen konzentriert, die es Computern ermöglichen, durch Erfahrung (d. h. durch die Analyse von Daten) zu lernen und ihre Leistung bei bestimmten Aufgaben zu verbessern. Im wirklichen Leben bietet maschinelles Lernen ein immer leistungsfähigeres Werkzeug, um komplexe Aufgaben zu automatisieren, verborgene Muster zu entdecken und Vorhersagen auf der Grundlage umfangreicher Daten zu treffen.

Zu den wichtigsten realen Anwendungen des maschinellen Lernens gehören:

- Verarbeitung natürlicher Sprache: Maschinen lernen, menschliche Sprachen zu verstehen und ermöglichen Anwendungen wie Spracherkennung, maschinelle Übersetzung und Stimmungsanalyse
- Bild- und Videoverarbeitung: Automatisierung von Aufgaben wie Objekterkennung, Gesichtserkennung und Videoklassifizierung
- Empfehlungssysteme: Vorhersage der Benutzerpräferenzen und Empfehlung von Artikeln, wie sie bei Online-Shopping-, Film- und Musikempfehlungsplattformen wie Amazon, Netflix und Spotify zu sehen sind
- Betrugserkennung: Analyse großer Mengen an Finanztransaktionen, um ungewöhnliche Muster zu erkennen, die möglicherweise auf betrügerische Aktivitäten hinweisen
- Personalisierte Medizin: Entwicklung maßgeschneiderter Behandlungspläne für Patienten mithilfe von Algorithmen für maschinelles Lernen, die patientenspezifische Daten wie genetische Informationen, Krankengeschichte und Lebensstilfaktoren analysieren

1.4 Die Schnittstelle zwischen Statistik, Prognose und maschinellem Lernen

Die Bereiche Statistik, Prognose und maschinelles Lernen haben ein gemeinsames Ziel: aussagekräftige Erkenntnisse aus Daten zu gewinnen. Obwohl diese Techniken eng miteinander verbunden sind, unterscheiden sie sich hinsichtlich ihrer zugrunde liegenden Methoden, Annahmen und Anwendungen.

Der Schwerpunkt der Statistik liegt darauf, auf der Grundlage einer Datenstichprobe Rückschlüsse auf Bevölkerungsmerkmale zu ziehen, wobei Methoden wie Hypothesentests, Schätzungen und Regressionsanalysen zum Einsatz kommen. Prognosen hingegen beschäftigen sich hauptsächlich mit Zeitreihendaten und zielen darauf ab, zukünftige Ereignisse oder Bedingungen durch die Modellierung historischer Trends und Muster vorherzusagen. Maschinelles Lernen unterscheidet sich von diesen beiden Bereichen dadurch, dass es sich um die Entwicklung von Algorithmen handelt, die automatisch aus Daten lernen und ihre Leistung bei Aufgaben verbessern können, ohne explizit dafür programmiert zu werden.

Trotz dieser Unterschiede überschneiden und ergänzen sich die drei Disziplinen in der Praxis häufig. Beispielsweise basieren fortschrittliche Techniken des maschinellen Lernens wie Deep Learning und Reinforcement Learning auf den Grundlagen der statistischen Theorie. Darüber hinaus erfordern einige Anwendungen eine Kombination aus Prognose- und maschinellen Lernansätzen, beispielsweise die Vorhersage von Aktienkursen oder der Nachfrage nach Produkten in einem dynamischen, sich schnell ändernden Umfeld.

1.5 Herausforderungen und Einschränkungen in realen Anwendungen

Die Anwendung von Statistiken, Prognosen und maschinellem Lernen in realen Situationen ist nicht ohne Herausforderungen. Zu den häufigsten

Schwierigkeiten, mit denen Praktiker konfrontiert sind, gehören:

- Datenqualität: Unvollständige, inkonsistente oder verzerrte Daten können zu irreführenden oder ungenauen Ergebnissen führen
- Modellkomplexität: Das richtige Gleichgewicht zwischen Einfachheit und Genauigkeit des Modells ist wichtig, um eine Überanpassung (Erfassung von Rauschen in den Daten) und eine Unteranpassung (die Erfassung wesentlicher Muster wird nicht möglich) zu vermeiden.
- Kausalität vs. Korrelation: Die Identifizierung kausaler Beziehungen zwischen Variablen ist entscheidend für fundierte Entscheidungen, aber die Trennung von Kausalität und reiner Assoziation ist oft eine Herausforderung
- Ethische Überlegungen: Der Einsatz dieser Techniken kann ethische Bedenken aufwerfen, wie etwa mögliche Voreingenommenheit, Diskriminierung und Datenschutzprobleme

Angesichts dieser Herausforderungen und Einschränkungen müssen Praktiker bei der Interpretation der Ergebnisse und der Umsetzung datengesteuerter Strategien in realen Kontexten Vorsicht walten lassen.

1.6 Fazit

Zusammenfassend lässt sich sagen, dass die Anwendung von Statistiken, Prognosen und maschinellem Lernen im wirklichen Leben es uns ermöglicht, die ständig wachsenden Datenmengen, die unsere moderne Welt generiert, zu verstehen. Mit diesen leistungsstarken Tools können wir komplexe Phänomene besser verstehen, zukünftige Ereignisse vorhersagen und Aufgaben automatisieren – und letztendlich Einzelpersonen, Unternehmen und Regierungen in die Lage versetzen, fundiertere Entscheidungen zu treffen und ihre Entscheidungsprozesse zu verbessern.

1. Einführung in Statistik, Prognose und maschinelles Lernen im wirklichen Leben

In der heutigen datengesteuerten Welt haben statistische Analysen, Prognosen und maschinelles Lernen ihren Platz in verschiedenen Aspekten unseres täglichen Lebens gefunden. Vom Gesundheitswesen bis zum Marketing, vom Finanzwesen bis zum Sport und von der Politik bis zu den sozialen Medien haben diese Techniken eine neue Ära des Datenverständnisses eingeläutet, die sich ständig weiterentwickelt. In diesem Abschnitt werden wir die Bedeutung und Anwendung dieser Techniken in realen Szenarien sowie ihre Rolle bei der Bereitstellung wertvoller Informationen für Einzelpersonen und Organisationen diskutieren.

1.1 Reale Anwendungen der statistischen Analyse

Bei der statistischen Analyse geht es um das Sammeln, Analysieren, Interpretieren,

Präsentieren und Organisieren von Daten. Es hilft uns, Trends, Muster und Beziehungen zwischen Variablen in den Daten zu verstehen, was die Entscheidungsfindung leitet und die Problemlösung erleichtert. Hier sind einige reale Anwendungen, die die Bedeutung der statistischen Analyse verdeutlichen:

1. **Gesundheitswesen** : Gesundheitsexperten nutzen statistische Analysen, um die Wirksamkeit neuer Medikamente, die Ursachen von Krankheiten und die Wirksamkeit verschiedener Behandlungen zu untersuchen. Es hilft beispielsweise dabei, den Erfolg klinischer Studien, die Prävalenz bestimmter Erkrankungen und die Genauigkeit diagnostischer Tests zu bestimmen. Diese Informationen können zur Verbesserung der Patientenversorgung und zur Information über die öffentliche Gesundheitspolitik genutzt werden.
2. **Finanzen** : Anleger, Banken und Versicherer verlassen sich auf statistische Analysen, um finanzielle Risiken zu analysieren, die Leistung von Anlageportfolios zu bewerten und fundierte Entscheidungen zu treffen. Tools wie Regressionsanalyse, Zeitreihenprognosen und Monte-Carlo-Simulationen helfen ihnen, komplexe Finanzmodelle zu verstehen, zukünftige Trends vorherzusagen und Risiken effektiv zu verwalten.
3. **Marketing** : Statistiker helfen Unternehmen bei der Analyse von Kundendaten, um Trends, Vorlieben und Bedürfnisse zu erkennen. Durch das Verständnis des Kundenverhaltens können Unternehmen gezielt Werbung schalten, ihre Märkte segmentieren und ihre Preisstrategien optimieren. Techniken wie A/B-Tests, Clustering

und Stimmungsanalysen liefern umsetzbare Erkenntnisse zur Verbesserung der Vertriebsleistung und zum Ausbau des Marktanteils.

4. **Sport** : Trainer, Teams und Sportler nutzen statistische Analysen, um die Leistung zu bewerten, Spielstrategien zu verfeinern und datengesteuerte Entscheidungen zu treffen. Fortschrittliche Analysen helfen dabei, verborgene Muster, Verbesserungsbereiche und potenzielle Wettbewerbsvorteile aufzudecken und revolutionieren so die Art und Weise, wie Sport betrieben, trainiert und verwaltet wird.
5. **Politik** : Politische Kampagnen und Meinungsforschungsinstitute nutzen statistische Analysen, um die öffentliche Meinung einzuschätzen, das Wählerverhalten zu überwachen und Strategien zu entwickeln, um unentschlossene Wähler zu überzeugen. Durch die Analyse von Umfragedaten können Kampagnenmanager wichtige Zielgruppen gezielt ansprechen, Kampagnenbotschaften verfeinern und Ressourcen effizienter zuweisen.

1.2 Prognosen im wirklichen Leben

Prognosen sind die Kunst und Wissenschaft, zukünftige Ereignisse auf der Grundlage historischer Daten vorherzusagen. Es spielt eine zentrale Rolle bei der Planung, Entscheidungsfindung und Risikobewertung in verschiedenen Bereichen. Lassen Sie uns einige reale Anwendungen von Prognosetechniken untersuchen:

1. **Wettervorhersage** : Meteorologen verlassen sich auf Computermodelle, historische Daten und andere Eingaben, um Wetterbedingungen Tage, Wochen oder sogar Monate im Voraus vorherzusagen. Genaue Prognosen dienen der Notfallplanung, dem landwirtschaftlichen Betrieb, dem Energiemanagement und den Transportsystemen.
2. **Wirtschaftsprognosen** : Ökonomen verwenden Prognosemodelle, um wichtige Wirtschaftsindikatoren wie Inflation, Arbeitslosenquote und BIP-Wachstum vorherzusagen. Regierungen und Unternehmen können diese Prognosen dann nutzen, um ihre Finanz- und Geldpolitik zu formulieren oder sich auf mögliche wirtschaftliche Abschwünge vorzubereiten.
3. **Bestands- und Lieferkettenmanagement** : Unternehmen nutzen Bedarfsprognosen, um die zukünftige Kundennachfrage nach ihren Produkten abzuschätzen und so optimale Lagerbestände aufrechtzuerhalten, Fehlbestände zu minimieren und die Kundenzufriedenheit zu verbessern. Ebenso können Prognosen Entscheidungen über Beschaffung, Produktionsplanung und Vertrieb in der gesamten Lieferkette beeinflussen.
4. **Personalwesen** : Mithilfe von Prognosen können Unternehmen ihren künftigen Personalbedarf vorhersagen und datengesteuerte Entscheidungen über Einstellungs-, Schulungs- und Bindungsstrategien treffen. Durch genaue Personalprognosen können Qualifikationsdefizite minimiert, die Mitarbeiterfluktuation reduziert und sichergestellt werden, dass die richtigen Personen zur richtigen Zeit die richtigen Rollen bekleiden.

1.3 Maschinelles Lernen in realen Anwendungen

Beim maschinellen Lernen handelt es sich um den Prozess, der es Computern ermöglicht, zu lernen und Entscheidungen zu treffen, ohne explizit programmiert zu werden. Es ist zu einem unverzichtbaren Werkzeug zur Lösung komplexer Probleme in realen Anwendungen geworden. Hier sind einige Beispiele:

1. **Betrugserkennung** : Banken, Kreditkartenunternehmen und Zahlungsabwickler nutzen maschinelle Lernalgorithmen, um verdächtige Transaktionen zu identifizieren und sie für weitere Untersuchungen zu kennzeichnen. Durch die Analyse umfangreicher Datensätze können diese Algorithmen schnell Muster und Verhaltensweisen erkennen, die auf betrügerische Aktivitäten hinweisen.
2. **Gesundheitswesen** : Algorithmen für maschinelles Lernen können medizinische Bilder analysieren, um Krankheiten oder Anomalien zu erkennen, Patientenergebnisse vorherzusagen und Personen mit hohem Risiko zu identifizieren. Diese Techniken können Ärzten dabei helfen, schnellere und genauere Diagnosen zu stellen und individuellere Behandlungspläne zu ermöglichen.
3. **Verarbeitung natürlicher Sprache** : Maschinelles Lernen hat erhebliche Fortschritte beim Verstehen und Erzeugen menschlicher Sprache ermöglicht. Anwendungen wie Spracherkennung, Stimmungsanalyse und maschinelle Übersetzung haben die Art und Weise

verändert, wie Unternehmen mit Kunden interagieren und Textdaten analysieren.

4. **Autonome Fahrzeuge** : Selbstfahrende Autos sind auf maschinelle Lernalgorithmen angewiesen, um ihre Umgebung zu verstehen, Entscheidungen zu treffen und sicher auf den Straßen zu navigieren. Durch die Verarbeitung von Daten von Sensoren, Kameras und Radarsystemen können diese Fahrzeuge komplexe Verkehrssituationen vorhersehen und darauf reagieren, was die Sicherheit erhöht und die Staus auf unseren Straßen verringert.
5. **Empfehlungssysteme** : Online-Unternehmen wie Amazon, Netflix und Spotify nutzen maschinelles Lernen, um Benutzerverhalten, Präferenzen und Browserverlauf zu analysieren und personalisierte Produktempfehlungen zu generieren. Dies verbessert das Kundenerlebnis und erhöht die Wahrscheinlichkeit von Wiederholungskäufen.

Zusammenfassend lässt sich sagen, dass Statistiken, Prognosen und maschinelles Lernen leistungsstarke Werkzeuge sind, die unser Verständnis der Welt verbessern und uns helfen, fundiertere Entscheidungen zu treffen. Durch die Nutzung dieser Techniken und deren Integration in unser Leben können Einzelpersonen und Organisationen neue Möglichkeiten erschließen, ihre Strategien verfeinern und letztendlich den Fortschritt in verschiedenen Bereichen vorantreiben. Die in diesem Abschnitt hervorgehobenen realen Anwendungen kratzen lediglich an der Oberfläche dessen, was möglich ist, da weiterhin neue Techniken und Fortschritte auftauchen.

1. Einführung in Statistik, Prognose und maschinelles Lernen im wirklichen Leben

Während wir im Informationszeitalter voranschreiten, sind Daten zu einem Schlüsselbestandteil unseres Entscheidungsprozesses geworden. Ob im Finanzwesen, im Gesundheitswesen oder in einer anderen Branche: Das Verständnis von Trends und Mustern in den vorliegenden Daten kann uns dabei helfen, fundierte Schlussfolgerungen zu ziehen und somit wünschenswertere Ergebnisse in unserem Privat- oder Berufsleben zu erzielen. In diesem Zusammenhang ist ein solides Verständnis von Statistik, Prognosen und maschinellem Lernen von entscheidender Bedeutung. Diese leistungsstarken Felder helfen uns nicht nur bei der Analyse und dem Verständnis der verfügbaren Daten, sondern bieten auch den Rahmen und die Werkzeuge für die Entwicklung von Modellen, die Vorhersagen treffen und bei der Entscheidungsfindung helfen können. Dieses Kapitel dient als Einführung in die reale Relevanz dieser Bereiche und wie sie in verschiedenen Bereichen angewendet werden.

1.1 Statistische Analyse und ihre realen Anwendungen

Die statistische Analyse befasst sich mit der Sammlung, Organisation, Analyse, Interpretation und Präsentation von Daten. Dabei geht es um die Idee, aus Rohdaten aussagekräftige Erkenntnisse zu gewinnen und daraus valide Schlussfolgerungen zu ziehen. Geeignete statistische Methoden können helfen, Muster und Trends zu erkennen sowie Zusammenhänge zwischen Variablen zu bewerten. Hier sind einige reale Anwendungen von Statistiken:

1. *Gesundheitswesen:* In der Medizin werden statistische Methoden eingesetzt, um die Wirksamkeit neuer Medikamente, Behandlungen oder Präventionsmaßnahmen zu bewerten. Sie helfen bei der Feststellung, ob die beobachteten Effekte signifikant oder einfach zufällig sind. Klinische Studien, Kohortenstudien und Metaanalysen sind Beispiele für Forschungsdesigns, die Statistiken im Gesundheitswesen nutzen.
2. *Regierung und Politikgestaltung:* Regierungen verlassen sich auf datengesteuerte Entscheidungen, um Ressourcen zuzuweisen oder Richtlinien zu formulieren. Statistische Analysen können dabei helfen, die Bedürfnisse einer Bevölkerung zu verstehen, die Infrastruktur zu verbessern, die Ressourcenzuteilung zu optimieren, Kriminalitätsraten oder Umweltprobleme zu ermitteln und vieles mehr, was zu einer besseren Entscheidungsfindung beiträgt.

3. *Finanzen und Wirtschaft:* Statistiken spielen eine wichtige Rolle in den Finanz- und Wirtschaftswissenschaften, von der Finanzplanung und dem Risikomanagement bis hin zu Wirtschaftsprognosen. Beispielsweise ist die Regressionsanalyse eine gängige statistische Technik, mit der Beziehungen zwischen Variablen wie dem Börsenindex, den Zinssätzen und dem BIP-Wachstum untersucht werden.
4. *Sport:* Trainer, Analysten und Teams nutzen statistische Daten und Analysen, um die Teamleistung zu messen, ihre Fortschritte zu verfolgen und strategische Entscheidungen zu treffen, um ihre Gewinnchancen zu maximieren.

1.2 Prognosen und ihre realen Anwendungen

Unter Prognosen versteht man den Prozess, Vorhersagen über zukünftige Ereignisse auf der Grundlage historischer Daten, Muster, Trends und aktueller Bedingungen mithilfe statistischer Methoden, Rechenalgorithmen oder Urteilsvermögen zu treffen. Genaue Prognosen können in verschiedenen Bereichen von großem Nutzen sein, da sie bei der strategischen Planung, dem Ressourcenmanagement und der Entscheidungsfindung hilfreich sind. Hier sind einige reale Anwendungen von Prognosen:

1. *Wettervorhersage:* Wettervorhersage ist eines der bekanntesten Beispiele für Vorhersagen. Meteorologen nutzen eine Kombination aus historischen Daten, statistischen Modellen und

Atmosphärensimulationen, um das Wetter genau vorherzusagen. Dies hilft bei der Frühwarnung vor gefährlichen Wetterbedingungen wie Hurrikanen, Tornados und Überschwemmungen und kann möglicherweise Leben und Eigentum retten.

2. *Wirtschaft und Finanzen:* In der Wirtschaft sind Prognosen in Bereichen wie Nachfrageprognose, Umsatzprognose, Finanzprognose und Personalplanung von entscheidender Bedeutung. Es ermöglicht Unternehmen, Markttrends vorherzusagen, Ressourcen zuzuweisen, ihre Abläufe zu rationalisieren sowie Risiken und Unsicherheiten zu mindern.
3. *Landwirtschaft:* Genaue Wetter- und Ernteertragsprognosen helfen Landwirten, bessere Entscheidungen hinsichtlich der Auswahl von Nutzpflanzen, der Aussaat und der Erntezeiten zu treffen. Diese Informationen können sich direkt auf die Lebensmittelpreise, das Lieferkettenmanagement und den globalen Hunger auswirken.
4. *Energiesektor:* Prognosen sind für das Energiemanagement und die Energieplanung von entscheidender Bedeutung. Dazu gehören die Vorhersage des Strombedarfs, der Erzeugung erneuerbarer Energien und die Optimierung des Kraftwerksbetriebs.

1.3 Maschinelles Lernen und seine realen Anwendungen

Maschinelles Lernen ist eine Teilmenge der künstlichen Intelligenz, die sich darauf konzentriert, Computern beizubringen, aus Daten zu lernen und ihre Leistung durch Erfahrung autonom zu verbessern, anstatt sie explizit dafür zu programmieren. Dadurch können Algorithmen des maschinellen Lernens Muster, Trends oder Anomalien in Daten erkennen, Vorhersagen treffen und bei der optimalen Entscheidungsfindung helfen. Hier sind einige reale Anwendungen des maschinellen Lernens:

1. *Automatisierte Betrugserkennung:* Modelle des maschinellen Lernens können große Mengen an Transaktionsdaten in Echtzeit analysieren und Anomalien oder Unstimmigkeiten erkennen, wodurch die Wahrscheinlichkeit betrügerischer Aktivitäten verringert und die Sicherheit von Finanzsystemen erhöht wird.
2. *Verarbeitung natürlicher Sprache:* Maschinelles Lernen hat die Entwicklung intelligenter Chatbots, Sprachassistenten und Übersetzungssysteme durch die Verarbeitung und das Verständnis menschlicher Sprache ermöglicht. Diese Anwendungen werden häufig im Kundensupport und in der Kommunikation eingesetzt, was zu einer effizienteren und personalisierteren Benutzererfahrung führt.
3. *Gesundheitswesen:* Algorithmen des maschinellen Lernens werden in verschiedenen Bereichen des Gesundheitswesens eingesetzt, beispielsweise bei der Diagnose von Krankheiten durch die Analyse medizinischer Bilder, der Vorhersage von Patientenergebnissen und der Entwicklung personalisierter Behandlungspläne.
4. *Autonome Fahrzeuge:* Selbstfahrende Autos basieren auf Fortschritten beim maschinellen Lernen, insbesondere bei Computer Vision und Sensorfusion, die es dem Fahrzeug ermöglichen,

seine Umgebung zu „sehen“ und sichere Fahrentscheidungen zu treffen.

Zusammenfassend lässt sich sagen, dass die Bereiche Statistik, Prognosen und maschinelles Lernen in verschiedenen Aspekten unseres täglichen Lebens eine entscheidende Rolle spielen und die Entscheidungen, die wir treffen, und die Systeme, mit denen wir interagieren, beeinflussen. Grundlegende Kenntnisse in diesen Bereichen, gepaart mit praktischen Anwendungen, können sowohl Einzelpersonen als auch Fachleuten dabei helfen, bessere Entscheidungen zu treffen und das volle Potenzial der datengesteuerten Welt, in der wir leben, auszuschöpfen.

Ein umfassender Leitfaden für reale Anwendungen von Statistik, Prognose und maschinellem Lernen

Die Fortschritte in der Technologie und unsere wachsende Abhängigkeit von Daten haben das Verständnis von Statistiken, Prognosen und maschinellem Lernen wichtiger denn je gemacht. Diese Bereiche haben reale Anwendungen in zahlreichen Bereichen, darunter Wirtschaft, Gesundheitswesen, Sport, Finanzen, Klimawandel und viele mehr. In diesem Leitfaden werden wir einige der wichtigsten Anwendungsfälle dieser Bereiche untersuchen und eine praktische Perspektive darauf bieten, wie sie angewendet werden können, um wertvolle Erkenntnisse zu gewinnen und fundierte Entscheidungen zu treffen, die den Erfolg in verschiedenen Branchen vorantreiben.

I. Geschäftsanwendungen

1. **Verkaufsprognosen** – Durch die Analyse historischer Verkaufsdaten können Unternehmen zukünftige Verkäufe vorhersagen, Lagerbestände verwalten und Muster im Verbraucherverhalten erkennen. Dies hilft ihnen, Ressourcen effizient zu verteilen und der Konkurrenz einen Schritt voraus zu sein. Modelle des maschinellen Lernens wie Zeitreihenprognosen und Regressionsanalysen können genaue Umsatzprognosen liefern, um einen reibungslosen Betrieb sicherzustellen und Unsicherheiten zu reduzieren.
2. **Marketing und Kundensegmentierung** – Mithilfe statistischer Analysen und Algorithmen für maschinelles Lernen können Unternehmen ihre Zielgruppe besser verstehen, indem sie Muster und Trends in Kundendaten erkennen. Techniken wie Clustering und Entscheidungsbäume können Unternehmen dabei helfen, Kundenpräferenzen zu verstehen, personalisierte Marketingkampagnen zu erstellen und ihre Marketingstrategien basierend auf Kundensegmenten zu optimieren.
3. **Risikomanagement und Betrugserkennung** – Statistische und maschinelle Lernmodelle können Anomalien und potenziellen Betrug in großen Mengen an Transaktionsdaten identifizieren. Durch die Entwicklung und das Training von Algorithmen anhand historischer Betrugsfälle können Unternehmen betrügerische Aktivitäten vorhersagen und verhindern, finanzielle

Verluste minimieren und die Sicherheit ihrer Prozesse erhöhen.

II. Anwendungen im Gesundheitswesen

1. **Krankheitsdiagnose und -behandlung** – Techniken des maschinellen Lernens wie überwachtes Lernen und neuronale Netze können zur Analyse medizinischer Bilder und Gesundheitsakten eingesetzt werden, um Krankheiten genauer zu identifizieren und Behandlungsempfehlungen zu geben. Diese Algorithmen helfen Ärzten, datengesteuerte Entscheidungen zu treffen, die letztendlich zu besseren Patientenergebnissen führen.
2. **Vorhersage von Krankheitsausbrüchen** – Durch die Analyse historischer Daten und aktueller Gesundheitsereignisse mithilfe von Methoden wie der Zeitreihenanalyse können Forscher Krankheitsausbrüche vorhersagen und Strategien zur Verhinderung oder Eindämmung ihrer Ausbreitung entwickeln und so letztendlich Leben und Ressourcen retten.
3. **Arzneimittelentdeckung und -entwicklung** – Pharmaunternehmen setzen bei der Arzneimittelentdeckung zunehmend Techniken des maschinellen Lernens ein. Fortschrittliche Modelle wie Deep Learning können molekulare Strukturen analysieren und potenzielle neue Therapeutika effizienter identifizieren, wodurch Zeit und Kosten für die Arzneimittelentwicklung erheblich reduziert werden.

III. Sportanalyse

1. **Leistungsanalyse und Spielerbewertung** – Datenbasierte Erkenntnisse sind im Sport unverzichtbar geworden, um die Spielerleistung in verschiedenen Spielsituationen zu verstehen. Mithilfe statistischer Modelle und maschinellem Lernen können Teams große Mengen historischer Spieldaten analysieren, um die Stärken und Schwächen einzelner Spieler zu ermitteln und so bessere Rekrutierungs- und Trainerentscheidungen zu treffen.
2. **Verletzungsprävention und Rehabilitation** – Sportverletzungsdaten können mithilfe von Algorithmen für maschinelles Lernen analysiert werden, um die Verletzungswahrscheinlichkeit für einzelne Sportler auf der Grundlage historischer Daten und spielinterner Faktoren vorherzusagen. Diese Vorhersagen können Trainern dabei helfen, fundierte Entscheidungen hinsichtlich der Arbeitsbelastung der Spieler, der Anpassung von Trainingsprogrammen und der Umsetzung präventiver Maßnahmen zu treffen.

IV. Finanzanwendungen

1. **Aktienkursvorhersage** – Durch die Analyse historischer Aktienkurse und den Einsatz maschineller Lernmodelle wie rekurrente neuronale Netze (RNN) können Finanzinstitute zukünftige Trends vorhersagen und datengesteuerte Anlageentscheidungen treffen.
2. **Kreditrisikobewertung** – Banken und Finanzdienstleister können statistische Modelle und Ansätze des maschinellen Lernens nutzen, um die Kreditwürdigkeit von Kreditnehmern besser einzuschätzen, indem sie historische Transaktionsdaten, Ausgabemuster und andere

relevante Faktoren auswerten, um Kreditentscheidungen in Echtzeit zu treffen.

V. Klimawandel und Umweltanwendungen

1. **Klimamodellierung und -vorhersage** – Durch die Analyse historischer Klimadaten und die Erstellung von Modellen für maschinelles Lernen können Wissenschaftler zukünftige Wettermuster, einschließlich Temperatur, Niederschlag und Sturmaktivität, vorhersagen. Diese Vorhersagen helfen politischen Entscheidungsträgern, Unternehmen und Gemeinden, geeignete Maßnahmen zu ergreifen und sich an den Klimawandel anzupassen.
2. **Ökologischer Naturschutz** – Algorithmen des maschinellen Lernens können zur Untersuchung von Tierpopulationen, Lebensräumen und Migrationsmustern eingesetzt werden und Naturschützern dabei helfen, datengesteuerte Entscheidungen zum Schutz von Ökosystemen und zur wirksameren Erhaltung gefährdeter Arten zu treffen.

Zusammenfassend lässt sich sagen, dass Statistiken, Prognosen und maschinelles Lernen zu wesentlichen Werkzeugen für die Bewältigung realer Herausforderungen in verschiedenen Bereichen geworden sind. Durch die Nutzung der Leistungsfähigkeit von Daten und die Implementierung dieser Modelle in Branchen wie Wirtschaft, Gesundheitswesen, Sport, Finanzen und Umwelt können wir fundiertere Entscheidungen treffen, Ressourcen optimieren und bahnbrechende Lösungen entdecken, die

Innovationen anstoßen und den Erfolg vorantreiben.

Kapitel 4.4: Integration von Statistiken, Prognosen und maschinellem Lernen in das tägliche Leben

In diesem Abschnitt werden wir diskutieren, wie Statistiken, Prognosen und maschinelles Lernen in unserem täglichen Leben von entscheidender Bedeutung sein können. Von der persönlichen Entscheidungsfindung bis hin zu professionellen Branchen bieten diese Methoden ein breites Anwendungsspektrum, das es uns ermöglicht, uns in der Komplexität der Welt zurechtzufinden.

4.4.1 Persönliche Entscheidungsfindung

Die in Statistik, Prognosen und maschinellem Lernen erlernten Techniken können sich als besonders nützlich erweisen, wenn wir wichtige Entscheidungen in unserem Privatleben treffen, wie zum Beispiel den Kauf eines Hauses, die Planung für den Ruhestand oder sogar eine Ausbildung. Nachfolgend finden Sie einige Beispiele dafür, wie diese Tools bei der persönlichen Entscheidungsfindung eingesetzt werden können.

Beispiel 1 – Hauskauf: Beim Hauskauf spielen verschiedene Faktoren wie Lage, Preis, Größe und Erreichbarkeit eine Rolle. Mithilfe statistischer Methoden können potenzielle Käufer ähnliche Häuser in der Umgebung vergleichen und beurteilen, ob der geforderte Preis angemessen ist oder nicht. Darüber hinaus können Prognosemethoden dabei helfen, das zukünftige Wachstum der Nachbarschaft, die Grundsteuern und den potenziellen Wiederverkaufswert vorherzusagen. Algorithmen des maschinellen Lernens können basierend auf den Präferenzen des Käufers genauere Empfehlungen für Häuser liefern.

Beispiel 2 – Ruhestandsplanung: Bei der Ruhestandsplanung geht es darum, die Leistung verschiedener Anlagestrategien zu analysieren, die erforderlichen Ersparnisse abzuschätzen und vorherzusagen, wie lange die Mittel reichen werden. Statistiken ermöglichen es uns, fundierte Entscheidungen über die Vermögensverteilung zu treffen, Prognosen helfen dabei, den finanziellen Bedarf in der Zukunft vorherzusagen, und Techniken des maschinellen Lernens können Investitionen für langfristiges Wachstum optimieren.

Beispiel 3 – Bildungsentscheidungen: Die Auswahl einer Hochschule, eines Hauptfachs oder eines Studiengangs erfordert häufig den Vergleich zahlreicher Optionen auf der Grundlage möglicher Gehälter, Beschäftigungsmöglichkeiten und des allgemeinen Zufriedenheitsgrads. Durch die Nutzung statistischer Analysen können Schüler datengesteuerte Entscheidungen über ihren Bildungsweg treffen. Die Prognose zukünftiger

Arbeitsmärkte kann bei der Auswahl eines Studienfachs mit besseren Beschäftigungsaussichten hilfreich sein, während maschinelle Lerntools Schülern dabei helfen können, Schulen zu finden, die zu ihren individuellen Profilen passen.

4.4.2 Professionelle Anwendungen

In verschiedenen Branchen spielen Statistiken, Prognosen und maschinelles Lernen eine wesentliche Rolle bei der Optimierung von Prozessen, der Reduzierung von Kosten und der datengesteuerten Entscheidungsfindung. In diesem Abschnitt werden einige konkrete Anwendungsbeispiele im beruflichen Umfeld untersucht.

Beispiel 4 – Gesundheitswesen: Gesundheitsdienstleister verlassen sich zunehmend auf Statistiken, um datengesteuerte Entscheidungen hinsichtlich der Patientenversorgung zu treffen. Dazu kann die Analyse klinischer Studiendaten gehören, um neue Behandlungen zu bewerten oder die Ausbreitung von Infektionskrankheiten vorherzusagen. Algorithmen des maschinellen Lernens können verwendet werden, um die medizinische Diagnostik zu verbessern oder Patientenergebnisse auf der Grundlage historischer Daten vorherzusagen.

Beispiel 5 – Einzelhandel und Marketing: Einzelhändler und Vermarkter nutzen statistische

Analysen, um das Verbraucherverhalten zu verstehen, die Kampagnenleistung zu bewerten und Ressourcen zuzuweisen. A/B-Tests können beispielsweise dabei helfen, die effektivsten Strategien zur Steigerung der Conversions zu ermitteln. Prognosemethoden können saisonale Trends oder Lagerbedarf vorhersagen, während Tools für maschinelles Lernen die Marketingkommunikation für einzelne Kunden personalisieren und so deren Gesamterlebnis verbessern können.

Beispiel 6 – Finanzen und Bankwesen: Finanzinstitute nutzen statistische Methoden, um Risiken zu verwalten, die Kreditwürdigkeit zu beurteilen und betrügerische Aktivitäten zu erkennen. Prognosemodelle helfen dabei, wirtschaftliche Trends, Börsenbewegungen oder Zinssätze vorherzusagen. Maschinelles Lernen wird zunehmend eingesetzt, um Handelsstrategien zu entwickeln oder Entscheidungen in der Finanzbranche zu automatisieren.

4.4.3 Gesellschaft und Politikgestaltung

Regierungen und politische Entscheidungsträger können die Leistungsfähigkeit von Statistiken, Prognosen und maschinellem Lernen nutzen, um öffentliche Richtlinien zu informieren, Ressourcen zu verwalten und das allgemeine Wohlergehen der Gesellschaft zu verbessern. Einige Beispiele sind:

Beispiel 7 – Umweltüberwachung: Regierungen nutzen statistische Daten, um Umwelttrends zu analysieren und die Auswirkungen verschiedener Initiativen zu quantifizieren. Prognosemodelle können dabei helfen, den zukünftigen Zustand der Umwelt vorherzusagen, potenzielle Risiken zu identifizieren und eine nachhaltige Entwicklung zu planen. Mithilfe maschineller Lernalgorithmen können Satellitenbilder auf Anzeichen von Abholzung, Umweltverschmutzung oder anderen Umweltproblemen analysiert werden.

Beispiel 8 – Stadtplanung und Infrastruktur: Städte und Gemeinden können Statistiken nutzen, um die Bedürfnisse ihrer Gemeinden zu verstehen, begrenzte Ressourcen zu verwalten und Infrastrukturinvestitionen zu optimieren. Prognosemodelle können helfen, Bevölkerungswachstum oder Verkehrsmuster vorherzusagen, während maschinelle Lerntools zur Optimierung öffentlicher Verkehrswege oder zur Entwicklung einer energieeffizienteren Infrastruktur eingesetzt werden können.

Beispiel 9 – Öffentliche Gesundheit: Organisationen des öffentlichen Gesundheitswesens verwenden statistische Methoden, um die Ausbreitung von Krankheiten zu verfolgen, die Wirksamkeit vorbeugender Maßnahmen zu bewerten und Ressourcen für die Behandlung bereitzustellen. Prognosemodelle können zukünftige Gesundheitsbedürfnisse prognostizieren und es Regierungen ermöglichen, angemessene Gesundheitseinrichtungen und -dienste zu planen. Maschinelles Lernen kann dabei helfen, Faktoren zu identifizieren, die zur Ausbreitung von Krankheiten beitragen, oder bei der Entwicklung gezielter Aufklärungskampagnen helfen.

Insgesamt sind die Anwendungen von Statistik, Prognosen und maschinellem Lernen vielfältig und haben das Potenzial, unser tägliches Leben deutlich zu verbessern. Wenn Sie lernen, diese Methoden in die Entscheidungsfindung und Problemlösung zu integrieren, können Sie fundiertere Entscheidungen treffen und genauere Vorhersagen treffen, was letztlich Einzelpersonen, Unternehmen und der Gesellschaft als Ganzes zugute kommt.

Kapitel 4: Anwendungen datengesteuerter Entscheidungsfindung: Entmystifizierung der Techniken und reale Anwendungsfälle

In der heutigen Welt ist die datengestützte Entscheidungsfindung in verschiedenen Branchen unverzichtbar geworden. Entscheidungsträger nutzen statistische Methoden, prädiktive Analysen und Modelle des maschinellen Lernens, um Erkenntnisse zu gewinnen, zukünftige Trends vorherzusagen und Geschäftsabläufe zu optimieren. In diesem Kapitel werfen wir einen umfassenden Blick auf spezifische reale Anwendungsfälle und Anwendungen dieser datengesteuerten Techniken in verschiedenen Sektoren. Aber bevor wir uns damit befassen, wollen wir noch einmal einige grundlegende Konzepte zusammenfassen, die die Grundlage dieser Methoden bilden.

4.1 Zusammenfassung: Statistik, Prognose und maschinelles Lernen

4.1.1 Statistik

Statistik ist die Wissenschaft, die sich mit der Erhebung, Analyse, Interpretation und Darstellung von Daten beschäftigt. Es hilft uns, Muster und Trends in den Daten zu verstehen und auf der Grundlage dieser Beobachtungen Schlussfolgerungen zu ziehen. Es gibt zwei Hauptzweige der Statistik:

1. Beschreibende Statistik: Techniken zum Zusammenfassen und Beschreiben der Merkmale eines Datensatzes, z. B. Mittelwert, Modus, Median, Varianz und Standardabweichung.
2. Inferenzstatistik: Techniken zur Erstellung von Verallgemeinerungen und Vorhersagen über Populationen auf der Grundlage von Stichproben unter Verwendung von Konzepten wie Korrelation, Regression, Hypothesentests und Wahrscheinlichkeit.

4.1.2 Prognose

Prognosen nutzen datengesteuerte Techniken, um zukünftige Ereignisse, Trends oder Ergebnisse auf der Grundlage historischer Daten vorherzusagen. Es ist in verschiedenen Bereichen weit verbreitet, darunter Finanzen, Wirtschaft, Meteorologie und Transportwesen. Prognosetechniken können grob in folgende Kategorien eingeteilt werden:

1. Qualitative Methoden: Solche Methoden nutzen Expertenmeinungen und subjektive Eingaben, um Prognosen zu erstellen, wie die Delphi-Methode oder Marktforschung.
2. Quantitative Methoden: Diese Ansätze basieren auf historischen Daten und mathematischen Modellen, um Vorhersagen zu treffen. Beispiele hierfür sind Zeitreihenanalyse, gleitende Durchschnitte und exponentielle Glättung.

4.1.3 Maschinelles Lernen

Maschinelles Lernen (ML) ist eine Teilmenge der künstlichen Intelligenz, die Algorithmen verwendet, um aus Daten zu lernen, Muster zu erkennen und Entscheidungen oder Vorhersagen zu treffen, ohne dass ein direkter menschlicher Eingriff erforderlich ist. ML-Techniken können grob in drei Kategorien unterteilt werden:

1. Überwachtes Lernen: Lernen aus beschrifteten Beispielen, bei denen die korrekte Ausgabe bekannt ist, z. B. Klassifizierung und Regression. Beispiele hierfür sind lineare Regression, Entscheidungsbäume und Support-Vektor-Maschinen.
2. Unüberwachtes Lernen: Lernen aus unbeschrifteten Daten, um verborgene Muster oder Strukturen wie Clustering und

Dimensionsreduktion zu entdecken. Beispiele hierfür sind K-Means-Clustering, PCA und DBSCAN.
3. Reinforcement Learning: Lernen aus der Interaktion mit einer Umgebung, in der ein Agent lernt, Entscheidungen zu treffen, indem er Maßnahmen ergreift, die kumulative Belohnungen maximieren oder Strafen minimieren. Beispiele für Algorithmen sind Q-Learning und SARSA.

Nachdem wir nun ein grundlegendes Verständnis dieser Konzepte haben, wollen wir ihre realen Anwendungen in verschiedenen Bereichen untersuchen.

4.2 Anwendungen im Finanzwesen

4.2.1 Portfoliooptimierung

Investmentmanager nutzen häufig statistische Modelle und maschinelle Lernalgorithmen, um ihre Anlageportfolios zu optimieren. Sie analysieren historische Daten und Korrelationen zwischen den Renditen verschiedener Vermögenswerte und wenden Optimierungstechniken wie die Markowitz-Portfoliotheorie an, um Renditen zu maximieren und gleichzeitig Risiken zu minimieren.

4.2.2 Algorithmischer Handel

Viele Handelsunternehmen nutzen Algorithmen, um mithilfe statistischer Modelle und maschinellem Lernen Hochfrequenzhandel durchzuführen. Sie nutzen Zeitreihenanalysen und prädiktive Analysen, um Markttrends vorherzusagen, Arbitragemöglichkeiten zu identifizieren und Handelsstrategien mit minimalem menschlichen Eingriff umzusetzen.

4.3 Anwendungen im Gesundheitswesen

4.3.1 Krankheitsvorhersage und -diagnose

Algorithmen des maschinellen Lernens haben es ermöglicht, Krankheiten anhand medizinischer Daten wie elektronischer Gesundheitsakten, Genomdaten und medizinischer Bilder mit bemerkenswerter Genauigkeit vorherzusagen und zu diagnostizieren. Beispielsweise konnten Deep-Learning-Modelle anhand dieser Datenquellen erfolgreich verschiedene Erkrankungen wie Krebs, Diabetes und Herzerkrankungen erkennen.

4.3.2 Personalisierte Medizin

Fortschrittliche statistische Modelle und Techniken des maschinellen Lernens helfen medizinischem Fachpersonal bei der Entwicklung personalisierter Behandlungen für Patienten. Durch die Analyse von Faktoren wie Patientendaten, genetischen Informationen und Lebensgewohnheiten können Ärzte die bestmöglichen Behandlungen ermitteln, die auf die spezifischen Bedürfnisse einzelner Patienten zugeschnitten sind.

4.4 Anwendungen im Einzelhandel

4.4.1 Bedarfsprognose und Bestandsverwaltung

Einzelhändler nutzen prädiktive Analysen und Modelle des maschinellen Lernens, um die Produktnachfrage vorherzusagen, Lagerbestände zu verwalten und Lieferkettenabläufe zu optimieren. Techniken wie Zeitreihenanalyse, Regression und Clustering helfen Einzelhändlern dabei, Trends, Saisonalität und Kundenpräferenzen zu erkennen und sicherzustellen, dass sie die richtigen Produkte zur richtigen Zeit auf Lager haben.

4.4.2 Kundensegmentierung und gezieltes Marketing

Durch die Nutzung von Kundendaten können Einzelhändler unterschiedliche Kundensegmente identifizieren und ihre Marketingbemühungen anpassen. Algorithmen für maschinelles Lernen wie Clustering und Klassifizierung können Unternehmen dabei helfen, die Vorlieben und das Kaufverhalten ihrer Kunden besser zu verstehen und so gezielte Marketingkampagnen und personalisierte Angebote zu ermöglichen, um den Umsatz und die Kundenbindung zu steigern.

4.5 Anwendungen im Transportwesen

4.5.1 Verkehrsvorhersage und -management

Städte und Verkehrsbehörden nutzen historische Daten und Vorhersagemodelle, um Verkehrsmuster vorherzusagen, Verkehrsnetze zu optimieren und Staus zu reduzieren. Techniken wie Zeitreihenanalysen und maschinelle Lernmodelle können dabei helfen, die Auswirkungen von Wetter, besonderen Ereignissen und Straßenbedingungen auf den Verkehrsfluss vorherzusagen und so eine bessere Planung und Verwaltung von Transportsystemen zu ermöglichen.

4.5.2 Autonome Fahrzeuge

Maschinelles Lernen, insbesondere Deep Learning und Reinforcement Learning, spielt eine entscheidende Rolle bei der Entwicklung fortschrittlicher Fahrerassistenzsysteme (ADAS) und autonomer Fahrzeuge. Die Algorithmen helfen Fahrzeugen, ihre Umgebung wahrzunehmen, Entscheidungen zu treffen und sicher zu navigieren, indem sie aus riesigen Datenmengen wie Bildern, Lidar- und Radarsignalen lernen.

4.6 Anwendungen in der Fertigung

4.6.1 Qualitätskontrolle und Fehlererkennung

Hersteller nutzen zunehmend maschinelle Lerntechniken wie Bilderkennungs- und Klassifizierungsalgorithmen, um Produkte zu prüfen und Fehler automatisch zu erkennen. Dies trägt dazu bei, eine gleichbleibende Qualität sicherzustellen, menschliche Inspektionsfehler zu reduzieren und den Ausschuss aufgrund fehlerhafter Produkte zu minimieren.

4.6.2 Vorausschauende Wartung

Durch die Analyse von Sensordaten und historischen Daten zu Geräteausfällen können Algorithmen des maschinellen Lernens die Wahrscheinlichkeit eines Geräteausfalls vorhersagen und optimale Wartungspläne empfehlen. Dieser proaktive Wartungsansatz reduziert Ausfallzeiten, senkt die Wartungskosten und verbessert die Gesamtleistung der Ausrüstung.

Zusammenfassend lässt sich sagen, dass moderne datengesteuerte Techniken wie Statistiken, Prognosen und maschinelles Lernen zahlreiche Anwendungen in verschiedenen Sektoren gefunden haben und die Art und Weise, wie Unternehmen arbeiten und Entscheidungen treffen, verändert haben. Durch die Nutzung der Macht von Daten können Entscheidungsträger wertvolle Erkenntnisse gewinnen, Trends erkennen und fundierte Entscheidungen treffen, um Abläufe zu optimieren, Kosten zu senken und das Wachstum voranzutreiben.

Implementierung von Statistiken, Prognosen und maschinellem Lernen in realen Anwendungen

In der heutigen datengesteuerten Welt haben sich Statistiken, Prognosen und maschinelles Lernen (ML) als unschätzbar wertvolle Werkzeuge zur Lösung komplexer Probleme und zur Verbesserung des Entscheidungsprozesses in einer Vielzahl von Bereichen erwiesen, darunter Wirtschaft, Finanzen, Gesundheitswesen und Wissenschaft Forschung. Der Einsatz dieser Techniken in realen Anwendungen ist nicht nur vorteilhaft, sondern manchmal auch entscheidend für die Gewinnung wertvoller Erkenntnisse aus den ständig wachsenden Mengen verfügbarer Daten. In diesem Abschnitt werden einige Schritte zur Implementierung statistischer Techniken, zur Erstellung von Prognosen und zur Anwendung von Modellen für maschinelles Lernen in realen Anwendungen erläutert.

Identifiziere das Problem

Der erste Schritt bei der Implementierung einer Datenanalysetechnik besteht darin, das angesprochene Problem zu definieren. Es ist wichtig, die Ziele, den Umfang und die potenziellen Auswirkungen des Problems richtig zu identifizieren. Im Folgenden finden Sie einige Fragen, die Ihnen bei der Identifizierung des Problems helfen sollen:

- Was sind die Ziele der Analyse? Sagen Sie zukünftige Ergebnisse voraus, suchen Sie nach versteckten Mustern oder identifizieren Sie Anomalien?
- Welche Art von Daten sind verfügbar? Ist es sauber und vollständig oder bedarf es einer erheblichen Vorverarbeitung?
- Wer sind die beteiligten Stakeholder? Dies können Manager, Kunden oder Endbenutzer sein.
- Welches spezifische Fachgebiet oder Hintergrundwissen kann dabei helfen, den Kontext für die Analyse bereitzustellen?

Datenerfassung und Vorverarbeitung

Nachdem Sie das vorliegende Problem verstanden haben, ist es wichtig, die Daten zu sammeln und vorzuverarbeiten. Daten können aus einer Vielzahl von Quellen stammen, beispielsweise strukturierten Datenbanken, APIs, Web Scraping oder manueller Eingabe. Abhängig von der Art oder dem Format der Daten sind möglicherweise unterschiedliche Vorverarbeitungsschritte erforderlich, um sie für die Analyse vorzubereiten, z. B. Datenbereinigung, Behandlung fehlender Werte, Transformation von Datentypen oder Normalisierung.

Auswahl der richtigen Statistiktechnik oder des richtigen Algorithmus für maschinelles Lernen

Die Bestimmung der richtigen statistischen Technik oder des richtigen Algorithmus für maschinelles Lernen hängt von der Art des Problems, der Art der Daten und dem erwarteten Ergebnis ab. Hier sind einige Beispiele:

- Regressionstechniken wie die lineare Regression oder die Support-Vektor-Regression können für numerische Vorhersageprobleme wie die Prognose von Verkäufen oder Immobilienpreisen verwendet werden.
- Klassifizierungsalgorithmen wie logistische Regression oder k-nächste Nachbarn können zur Vorhersage kategorialer Ergebnisse wie Kundenabwanderung, Kreditausfall oder medizinische Diagnose eingesetzt werden.
- Clustering-Techniken wie k-means oder hierarchisches Clustering können für unüberwachte Lernprobleme angewendet werden, wenn das Ziel darin besteht, verborgene Muster oder Gruppierungen in Daten zu entdecken.
- Zeitreihenanalysetechniken wie der autoregressive integrierte gleitende Durchschnitt (ARIMA) können für univariate Zeitreihenprognoseprobleme verwendet werden.

Modelltraining, Bewertung und Auswahl

Sobald die geeigneten statistischen oder maschinellen Lernalgorithmen identifiziert sind, ist es an der Zeit, die besten Modelle zu trainieren, zu bewerten und auszuwählen. Hier sind einige Schritte, die Sie befolgen müssen:

1. **Teilen Sie den Datensatz** in einen Trainingssatz für das Modelltraining und einen Testsatz zur Bewertung der Modellleistung auf.

Typischerweise wird häufig ein Zugtest-Split-Verhältnis von 7030 oder 8020 verwendet.

2. **Passen Sie die Modelle** an die Trainingsdaten an. Bei Algorithmen für maschinelles Lernen umfasst dieser Schritt typischerweise die Abstimmung von Hyperparametern und die Modelloptimierung.
3. **Validieren und bewerten Sie die Modelle** mithilfe von Kreuzvalidierung und verschiedenen Leistungsmetriken wie Genauigkeit, Präzision, Rückruf, F1-Score oder mittlerem quadratischen Fehler.
4. **Wählen Sie das/die beste(n) Modell(e)** basierend auf Leistungsmetriken und domänenspezifischen Überlegungen aus, etwa dem Kompromiss zwischen Einfachheit und Komplexität oder Interpretierbarkeit und Genauigkeit.

Modellbereitstellung und -überwachung

Nach der Auswahl der am besten passenden Modelle ist es wichtig, die Modelle für den realen Einsatz bereitzustellen. Dieser Schritt kann Folgendes umfassen:

- Integration der Modelle in Produktionssysteme, z. B. Einbetten von Modellen für maschinelles Lernen in Anwendungen oder deren Bereitstellung über Webdienste oder APIs.
- Kommunikation der Ergebnisse der Analyse an Stakeholder, z. B. Erstellung von Berichten oder Visualisierungen, um die Ergebnisse und ihre Auswirkungen zu erläutern.
- Überwachen Sie die Leistung des Modells und aktualisieren oder trainieren Sie es neu, wenn

neue Daten verfügbar sind. Dies ist wichtig, da sich die Leistung des Modells im Laufe der Zeit verschlechtern kann, wenn sich die relevanten Daten oder Problemmerkmale ändern.

Letzter Imbiss

Die Implementierung von Statistiken, Prognosen und Techniken des maschinellen Lernens in realen Anwendungen mag auf den ersten Blick entmutigend erscheinen, aber die Unterteilung in die oben genannten Schritte kann den Prozess vereinfachen. Durch die Identifizierung des Problems, das Verständnis der Daten, die Auswahl der geeigneten Technik oder des geeigneten Algorithmus und die Bereitstellung des Modells bei gleichzeitiger kontinuierlicher Überwachung seiner Leistung können Analysten und Datenwissenschaftler die Entscheidungsfindung erheblich verbessern und bessere Erkenntnisse in verschiedenen realen Szenarien gewinnen.

Die Leistungsfähigkeit der Integration von Statistiken, Prognosen und maschinellem Lernen für reale Anwendungen

In der heutigen datengesteuerten Welt kann die Nutzung der Leistungsfähigkeit von Statistiken, Prognosen und maschinellem Lernen erhebliche

Vorteile und tiefere Einblicke in die komplexen Probleme bieten, mit denen wir täglich konfrontiert sind. Durch die Anwendung dieser Techniken können wir verborgene Muster aufdecken, fundiertere Entscheidungen treffen und Strategien entwickeln, um unser Handeln für bessere Ergebnisse zu optimieren. In diesem Abschnitt wird erläutert, wie die Integration von Statistiken, Prognosen und maschinellem Lernen in realen Situationen angewendet werden kann, um zu vorteilhaften Lösungen zu gelangen.

Datengesteuerte Entscheidungen treffen

Bevor wir uns mit den Methoden und Anwendungen des Themas befassen, ist es von größter Bedeutung, die zentrale Rolle anzuerkennen, die Daten bei der Verbesserung der Effektivität unseres Entscheidungsprozesses spielen. Daten durchdringen fast jeden Aspekt unseres Lebens, sei es im Gesundheitswesen, im Finanzwesen, im Bildungswesen oder in jedem anderen Bereich. Daher ist die Fähigkeit, aus Daten aussagekräftige Erkenntnisse zu ziehen, für Entscheidungsträger, die nachhaltige Veränderungen anstreben, von entscheidender Bedeutung geworden.

Mithilfe statistischer Analysen und Techniken des maschinellen Lernens können wir Daten gründlich untersuchen, um verborgene Muster und Zusammenhänge aufzudecken, empirische Unterstützung für unsere Hypothesen abzuleiten und die mit unseren Entscheidungen verbundenen Unsicherheiten zu quantifizieren. Dadurch können Unternehmen und Organisationen zunehmend agiler werden und ihr Handeln auf Daten statt auf Intuition stützen.

Prognose mit statistischen Techniken

Unter Prognosen versteht man die Praxis, fundierte Vorhersagen und Schätzungen über zukünftige Ereignisse auf der Grundlage historischer Daten, Trends und Muster zu treffen. Es gibt verschiedene statistische Techniken, die für Prognosen verwendet werden können, beispielsweise Zeitreihenanalysen, Regressionsmodelle und Methoden der exponentiellen Glättung.

Die Zeitreihenanalyse ist eine beliebte Prognosemethode, bei der im Laufe der Zeit gesammelte Datenpunkte untersucht werden, um Trends und Muster zu identifizieren. Indem wir diese Trends und Muster verstehen, können wir sie extrapolieren, um zukünftiges Verhalten vorherzusagen. Beispiele für Zeitreihenanalysen sind gleitende Durchschnitte, autoregressive integrierte gleitende Durchschnittsmodelle (ARIMA) und Zustandsraummodelle mit exponentieller Glättung.

Regressionsmodelle hingegen untersuchen die Beziehung zwischen einer abhängigen Variablen (d. h. der Variablen, die wir vorhersagen möchten) und einer oder mehreren unabhängigen Variablen (d. h. Merkmalen, die bei der Vorhersage der abhängigen Variablen helfen). Dazu können unter anderem lineare Regression, logistische Regression und multiple Regression gehören.

Maschinelles Lernen für Vorhersage und Optimierung

Maschinelles Lernen ist eine Teilmenge der künstlichen Intelligenz, die es Computern ermöglicht, aus Daten zu lernen, normalerweise um Vorhersagen zu treffen oder Aktionen zu optimieren. Im Kontext realer Anwendungen kann maschinelles Lernen in drei Haupttypen eingeteilt werden: überwachtes Lernen, unüberwachtes Lernen und verstärkendes Lernen.

1. Überwachtes Lernen: Beim überwachten Lernen haben wir Zugriff auf einen beschrifteten Datensatz, wobei jeder Dateninstanz ein Zielwert oder eine Zielbezeichnung zugeordnet ist. Ziel ist es, auf Grundlage dieses Datensatzes eine Zuordnung von Eingaben zu Ausgaben zu erlernen. Dies kann für Regressionsaufgaben (Vorhersage kontinuierlicher Werte) oder Klassifizierungsaufgaben (Vorhersage diskreter Kategorien) verwendet werden. Zu den beim überwachten Lernen verwendeten Techniken gehören lineare Regression, Entscheidungsbäume, Support-Vektor-Maschinen und Deep-Learning-Modelle.
2. Unüberwachtes Lernen: Beim unüberwachten Lernen enthält der Datensatz keine Zielbezeichnungen. Das Ziel besteht also darin, Muster oder verborgene Strukturen in den Daten selbst aufzudecken. Dies kann besonders nützlich für Aufgaben wie Clustering, Dimensionsreduktion oder Anomalieerkennung sein. Beispiele für unbeaufsichtigte Lerntechniken sind k-Means-Clustering, hierarchisches Clustering,

Hauptkomponentenanalyse (PCA) und Autoencoder.

3. Reinforcement Learning: Reinforcement Learning ist eine Art maschinelles Lernen, bei dem ein Agent lernt, Entscheidungen durch Interaktion mit einer Umgebung zu treffen. Der Agent erhält Feedback in Form von Belohnungen oder Strafen und ist bestrebt, seine kumulativen Belohnungen im Laufe der Zeit zu maximieren. Besonders hilfreich ist dieser Ansatz bei dynamischen Entscheidungs- oder Optimierungsproblemen, etwa beim Entwurf intelligenter Empfehlungssysteme, der Optimierung von Fertigungsprozessen oder der Erstellung von Navigationsstrategien für autonome Fahrzeuge.

Anwendungen aus der Praxis

Die Auswirkungen der Integration von Statistiken, Prognosen und maschinellem Lernen sind in einer Vielzahl von Branchen und Sektoren spürbar. Hier ein paar Beispiele aus der Praxis:

- Gesundheitswesen: Die Vorhersage von Krankheitsausbrüchen, die Optimierung von Patientenversorgungsplänen und die Abschätzung von Risiken bei der Wiederaufnahme von Patienten sind einige Möglichkeiten, wie diese Techniken im Gesundheitswesen eingesetzt werden.
- Finanzen: Viele Finanzinstitute und Wertpapierfirmen verlassen sich auf fortschrittliche Analysen, um Markttrends vorherzusagen, Risiken zu verwalten und Anlageportfolios zu optimieren.
- Einzelhandel: Große Einzelhändler nutzen Algorithmen des maschinellen Lernens für

bessere Nachfrageprognosen, Preisoptimierung und personalisierte Marketingkampagnen.

- Fertigung: Fortschrittliche Analysen können Produktionsprozesse rationalisieren, indem sie Maschinenausfälle vorhersagen, Ausfallzeiten minimieren und potenzielle Verbesserungen mithilfe von Optimierungstechniken simulieren.
- Sport: Professionelle Sportteams haben damit begonnen, ausgefeilte Datenanalysemethoden zu integrieren, um Talente zu entdecken, Spielstrategien zu entwickeln und die Spielerleistung zu verbessern.
- Umwelt: Umweltforscher nutzen statistische Modelle, um Klimatrends vorherzusagen und die ökologischen Auswirkungen menschlicher Aktivitäten zu untersuchen.

Zusammenfassend lässt sich sagen, dass die Integration von Statistiken, Prognosen und Techniken des maschinellen Lernens in reale Umgebungen beispiellose Erkenntnisse und Möglichkeiten bietet, die unser Verständnis und die Bewältigung der vor uns liegenden Herausforderungen erheblich verbessern können. Indem wir diese Methoden kontinuierlich verfeinern und die Kraft der Daten nutzen, können wir Innovationen vorantreiben, komplexe Probleme lösen und letztendlich eine bessere Zukunft schaffen.

2. Grundlegende Statistiken: Wahrscheinlichkeits-, deskriptive und schlussfolgernde Analyse

2. Grundlegende Statistiken: Wahrscheinlichkeits-, deskriptive und schlussfolgernde Analyse

In diesem Abschnitt stellen wir die grundlegenden Konzepte der Wahrscheinlichkeits-, deskriptiven und inferenziellen Analyse vor, die für die Anwendung von Statistiken, Prognosen und Techniken des maschinellen Lernens für reale Probleme von wesentlicher Bedeutung sind. Wir werden untersuchen, wie diese Konzepte die Grundlage für das Verständnis, die Interpretation und die Verwendung statistischer Maße im Alltag und in verschiedenen Branchen legen.

2.1 Wahrscheinlichkeit

Die Wahrscheinlichkeit ist ein Maß für die Wahrscheinlichkeit, dass ein bestimmtes Ergebnis oder Ereignis in einem bestimmten Stichprobenraum eintritt. Er liegt normalerweise zwischen 0 und 1, wobei 0 bedeutet, dass das Ereignis unmöglich ist, und 1 bedeutet, dass das Ereignis sicher ist. Im alltäglichen Sprachgebrauch verwenden wir häufig Unsicherheiten wie „wahrscheinlich" oder „unwahrscheinlich", die sich aus dem Begriff der Wahrscheinlichkeit ergeben.

Das Verständnis der Wahrscheinlichkeit bildet die Grundlage für die Anwendung von Statistiken, Prognosen und maschinellem Lernen. In Bereichen wie Finanzen, Sport, Wettervorhersage und Gesundheitswissenschaften ist es wertvoll, die Wahrscheinlichkeit eines Ergebnisses zu bestimmen, damit Entscheidungsträger fundierte Entscheidungen treffen können.

Wahrscheinlichkeitskonzepte:

- *Probenraum:* Er stellt die Menge aller möglichen Ergebnisse eines Zufallsexperiments dar und wird normalerweise mit dem Symbol `S bezeichnet` . Wenn Sie beispielsweise eine Münze werfen, wäre der Beispielraum {Kopf, Zahl}.
- *Ereignisse:* Ereignisse sind Teilmengen des Beispielraums, die bestimmte interessierende Ergebnisse beschreiben. Ein Ereignis tritt ein, wenn eines seiner Ergebnisse in einem Experiment auftritt.
- *Wahrscheinlichkeitsregeln:*
  - Regel 1: Für jedes Ereignis A gilt $0 <= P(A) <= 1$
  - Regel 2: Die Summe aller Ereigniswahrscheinlichkeiten in einem Stichprobenraum sollte gleich 1 sein.
  - Regel 3: Wenn sich die Ereignisse A und B gegenseitig ausschließen (d. h. sie können nicht gleichzeitig auftreten), dann ist $P(A \cap B) = 0$ und $P(A \cup B) = P(A) + P(B)$.

Wahrscheinlichkeitsverteilungen:

In vielen Fällen kann die Anwendung der Wahrscheinlichkeit auf reale Probleme mithilfe von Wahrscheinlichkeitsverteilungen angegangen werden. Wahrscheinlichkeitsverteilungen beschreiben die Eintrittswahrscheinlichkeit verschiedener Ergebnisse in einem Experiment. Diese Verteilungen können theoretisch abgeleitet oder empirisch beobachtet werden und es gibt zwei Arten: diskrete und kontinuierliche Wahrscheinlichkeitsverteilungen.

- *Diskrete Wahrscheinlichkeitsverteilungen:* Diese beschreiben Wahrscheinlichkeiten für diskrete Ergebnisse, z. B. das Werfen einer Münze, das Werfen eines Würfels oder das Zählen der Anzahl fehlerhafter Artikel aus einer Produktionslinie. Gängige Beispiele sind die Binomial-, Poisson- und geometrische Verteilung.
- *Kontinuierliche Wahrscheinlichkeitsverteilungen:* Diese beschreiben Wahrscheinlichkeiten für kontinuierliche Ergebnisse, z. B. die Messung der Größe, des Gewichts oder des Blutdrucks von Personen. Gängige Beispiele sind die Normalverteilung (Gaußverteilung), die Exponentialverteilung und die Gleichverteilung.

2.2 Beschreibende Analyse

Bei der deskriptiven Analyse werden Daten zusammengefasst, organisiert und beschrieben, um aussagekräftige Informationen effektiv zu vermitteln. Dabei werden verschiedene Kennzahlen berechnet und dargestellt, um das Verständnis der Eigenschaften, Muster und Merkmale eines Datensatzes zu erleichtern. Die deskriptive Analyse spielt eine entscheidende Rolle bei der Sinngewinnung qualitativer und quantitativer Daten für die Entscheidungsfindung, Leistungsbewertung oder visuelle Untersuchung.

Maße der Mitte:

- *Mittelwert:* Der Mittelwert oder Durchschnitt stellt die Summe aller Datenpunkte dividiert durch die Gesamtzahl der Punkte dar und ist ein Maß für die zentrale Tendenz eines Datensatzes. Der Mittelwert kann durch Extremwerte, sogenannte Ausreißer, beeinflusst werden und stellt bei verzerrten Verteilungen möglicherweise keine genaue Darstellung des Mittelpunkts dar.
- *Median:* Der Median ist der Mittelwert eines geordneten Datensatzes. Bei einer ungeraden Anzahl von Datenpunkten ist der Median der exakte Mittelwert, während er bei einer geraden Anzahl von Punkten der Durchschnitt der beiden Mittelwerte ist. Der Median ist relativ immun gegenüber den Auswirkungen von Ausreißern und wird am besten für schiefe Verteilungen verwendet.
- *Modus:* Der Modus stellt den am häufigsten vorkommenden Wert in einem Datensatz dar. Es ist nützlich für kategoriale Daten und kann auch auf numerische Daten mit wiederholten Werten angewendet werden.

Streuungsmaße:

- *Bereich:* Der Bereich stellt die Differenz zwischen den Maximal- und Minimalwerten in einem Datensatz dar. Es gibt einen Hinweis auf die Verbreitung von Daten, wird jedoch stark von Ausreißern beeinflusst.
- *Interquartilbereich (IQR):* IQR ist der Wertebereich zwischen dem ersten Quartil (25 %) und dem dritten Quartil (75 %) eines geordneten Datensatzes. Aufgrund seiner Widerstandsfähigkeit gegenüber den Auswirkungen von Ausreißern ist es im Vergleich zur Spanne ein robusteres Maß für die Streuung.

- *Varianz und Standardabweichung:* Die Varianz misst den durchschnittlichen quadratischen Abstand von Datenpunkten vom Mittelwert. Es ist hilfreich bei der Beurteilung der Streuung von Datenwerten. Die Standardabweichung ist die Quadratwurzel der Varianz und drückt die Streuung in denselben Einheiten wie der ursprüngliche Datensatz aus. Beide Maße reagieren empfindlich auf Ausreißer und werden am besten für symmetrische Verteilungen verwendet.
- *Variationskoeffizient (CV):* Der CV ist die Standardabweichung dividiert durch den Mittelwert und stellt die relative Variabilität in einem Datensatz dar. Es ist nützlich, um die Streuung zweier Datensätze mit unterschiedlichen Mittelwerten und Einheiten zu vergleichen.

2.3 Inferenzanalyse

Bei der Inferenzanalyse wird eine Datenstichprobe verwendet, um Schlussfolgerungen zu ziehen oder Erkenntnisse über eine größere Population zu verallgemeinern. Es bildet die Grundlage für Hypothesentests, Konfidenzintervalle und Modellbildungstechniken in verschiedenen Bereichen wie Finanzen, Medizin, Sozialwissenschaften, Marketing und Ingenieurwesen.

Konzepte der Inferenzstatistik:

- *Grundgesamtheit und Stichprobe:* Eine Grundgesamtheit stellt den vollständigen Satz von interessierenden Entitäten oder Messungen dar, während eine Stichprobe eine Teilmenge der

Grundgesamtheit ist, die zur Analyse ausgewählt wird.

- *Parameter und Statistik:* Ein Parameter ist eine numerische Zusammenfassung der Grundgesamtheit (z. B. Mittelwert oder Standardabweichung), während eine Statistik die entsprechende numerische Zusammenfassung einer Stichprobe ist.
- *Stichprobenverteilung:* Die Verteilung einer Statistik aus mehreren Stichproben einer Grundgesamtheit wird als Stichprobenverteilung bezeichnet. Der Zentrale Grenzwertsatz (CLT) besagt, dass die Stichprobenverteilung des Stichprobenmittelwerts mit zunehmender Stichprobengröße zu einer Normalverteilung tendiert, unabhängig von der Form der Grundgesamtheitsverteilung.
- *Konfidenzintervalle:* Konfidenzintervalle stellen einen geschätzten Wertebereich bereit, der wahrscheinlich den interessierenden Grundgesamtheitsparameter enthält. Das Intervall wird auf der Grundlage der Stichprobenstatistik, ihres Standardfehlers und eines angegebenen Konfidenzniveaus (normalerweise 90 %, 95 % oder 99 %) berechnet.
- *Hypothesentest: Hypothesentest* ist ein statistisches Verfahren, mit dem die Gültigkeit einer Behauptung oder Aussage über einen Populationsparameter anhand von Stichprobendaten bewertet wird. Es beinhaltet die Formulierung einer Nullhypothese (H0) und einer Alternativhypothese (H1), gefolgt von der Berechnung einer Teststatistik, eines p-Werts und einer Entscheidung, die Nullhypothese zu akzeptieren oder abzulehnen.

Zusammenfassend lässt sich sagen, dass Wahrscheinlichkeits-, deskriptive und inferenzielle Analysen wesentliche Werkzeuge für die Anwendung von Statistiken, Prognosen und Techniken des maschinellen Lernens in verschiedenen realen Szenarien sind. Sie bieten wertvolle Einblicke in Dateneigenschaften, Muster, Beziehungen und Unsicherheiten und ermöglichen fundierte Entscheidungen, genaue Vorhersagen und robuste Modelle.

2.1 Wahrscheinlichkeit: Der Baustein der statistischen Analyse

Die Wahrscheinlichkeit ist die mathematische Darstellung der Wahrscheinlichkeit des Eintretens eines Ereignisses. In unserer schnelllebigen, datengesteuerten Welt ist das Verständnis der Wahrscheinlichkeitsrechnung und ihrer Anwendungen von entscheidender Bedeutung, um fundierte Entscheidungen in verschiedenen Bereichen wie Finanzen, Gesundheitswesen und Sport zu treffen, um nur einige zu nennen. Wir nutzen Wahrscheinlichkeiten in unserem täglichen Leben, um Ergebnisse zu analysieren und vorherzusagen, Strategien zu entwickeln und Pläne zu entwerfen. Darüber hinaus spielt die Wahrscheinlichkeit eine wesentliche Rolle beim maschinellen Lernen, wo sie zur Erstellung und Verbesserung von Modellen verwendet wird, um Daten zu analysieren, Muster zu erkennen und zukünftige Datenpunkte vorherzusagen.

Grundlegendes Konzept

Bevor wir uns mit den Anwendungen der Wahrscheinlichkeit befassen, machen wir uns zunächst mit ihren Grundkonzepten und Terminologien vertraut:

- **Experiment** : Eine Aktion oder ein Prozess, der zu einer Reihe möglicher Ergebnisse führt.
- **Ergebnis** : Das Ergebnis eines Experiments.
- **Probenraum** : Die Menge aller möglichen Ergebnisse eines Experiments.
- **Ereignis** : Eine Teilmenge der Ergebnisse im Beispielraum.
- **Wahrscheinlichkeit** : Das Maß für die Wahrscheinlichkeit, dass ein Ereignis eintritt.

Die Wahrscheinlichkeit des Eintretens eines Ereignisses wird als Wert zwischen 0 und 1 dargestellt, wobei 0 angibt, dass das Ereignis unmöglich ist, und 1 bedeutet, dass das Ereignis sicher ist. Um die Wahrscheinlichkeit eines Ereignisses zu berechnen, können wir die Formel verwenden:

```
P(Ereignis) = (Anzahl der positiven
Ergebnisse) / (Gesamtzahl der Ergebnisse)
```

Anwendungen der Wahrscheinlichkeit im wirklichen Leben

Die Wahrscheinlichkeitstheorie hat zahlreiche praktische Anwendungen in verschiedenen Bereichen. Hier besprechen wir einige davon:

1. **Finanzen** : Anleger und Finanzanalysten verwenden Wahrscheinlichkeitsmodelle, um das

Risiko und die Rendite von Anlageportfolios zu bewerten, Aktienkurse vorherzusagen und Markttrends vorherzusagen. Sie nutzen beispielsweise historische Daten, um die Wahrscheinlichkeit zu analysieren, mit der eine Aktie einen bestimmten Preis oder eine bestimmte Kapitalrendite erreicht. Darüber hinaus verwenden Finanzinstitute Wahrscheinlichkeitsverteilungen zur Risikosteuerung, beispielsweise bei der Bestimmung der Kreditwürdigkeit, der Festlegung von Versicherungsprämien und der Bewertung des Kreditrisikos.

2. **Gesundheitswesen** : Mediziner nutzen Wahrscheinlichkeiten, um Krankheiten zu diagnostizieren, klinische Studien durchzuführen und Behandlungsentscheidungen zu treffen. Die Wahrscheinlichkeit wird verwendet, um die Wirksamkeit von Medikamenten zu bewerten, die Krankheitsprävalenz abzuschätzen und das Risiko von Komplikationen aufgrund von Behandlungen einzuschätzen. Darüber hinaus verwenden Gesundheitsanalysten statistische Modelle, um Patientenergebnisse vorherzusagen und Krankenhausressourcen zu optimieren.
3. **Sport** : Teams und Trainer nutzen Wahrscheinlichkeiten, um die Leistung der Spieler zu analysieren, Spielstrategien zu entwickeln und die Entscheidungsfindung zu verbessern. Sportanalysten untersuchen historische Daten, um die Wahrscheinlichkeit des Eintretens bestimmter Ereignisse abzuschätzen, beispielsweise die Leistung eines Spielers bei unterschiedlichen Wetterbedingungen oder den Einfluss einer bestimmten Strategie auf den Sieg. Darüber hinaus nutzen Teams prädiktive Analysen, um die besten Spieler zu rekrutieren und die

Erfolgswahrscheinlichkeit ihrer Franchise zu maximieren.

4. **Technik und Qualitätskontrolle** : Ingenieure verlassen sich auf Wahrscheinlichkeiten, um Systeme zu entwerfen, Geräteausfälle vorherzusagen und Herstellungsprozesse zu verbessern. Sie nutzen statistische Techniken wie Monte-Carlo-Simulationen, um die Leistung zu optimieren und Risiken in technischen Projekten zu verwalten. Darüber hinaus nutzen Unternehmen Qualitätskontrollmethoden wie Six Sigma, um Fehler in Fertigungsprozessen auf Basis probabilistischer Modelle zu identifizieren und zu minimieren.

Wahrscheinlichkeit beim maschinellen Lernen und Prognosen

Maschinelles Lernen ist eine Teilmenge der künstlichen Intelligenz, die statistische Modelle verwendet, um Daten zu analysieren, Muster zu erkennen und Vorhersagen zu treffen. Bei der Erstellung und Verfeinerung dieser Modelle spielt die Wahrscheinlichkeit eine wesentliche Rolle:

1. **Bayesianische Inferenz** : Ein statistischer Ansatz, der auf dem Bayes-Theorem basiert und Vorwissen (in Form von Wahrscheinlichkeiten) mit neuen Daten kombiniert, um die Wahrscheinlichkeit einer Hypothese zu aktualisieren. Bayesianische Inferenz wird in verschiedenen Algorithmen für maschinelles Lernen wie Naive-Bayes-Klassifizierern und Bayesianischen Netzwerken verwendet, die Anwendungen in der Verarbeitung natürlicher Sprache, Spam-Filterung und Computer Vision haben.

2. **Entscheidungsbäume und Zufallswälder** : Diese Techniken des maschinellen Lernens basieren auf Wahrscheinlichkeit und Entropie, um Entscheidungen auf der Grundlage von Eingabedaten zu treffen. Entscheidungsbäume unterteilen die Eingabedaten anhand spezifischer Kriterien in Zweige, während Zufallswälder eine Kombination mehrerer Entscheidungsbäume verwenden, um ein genaueres Modell zu erstellen.
3. **Neuronale Netze** : Die Verwendung von Wahrscheinlichkeiten in neuronalen Netzen, wie z. B. Deep-Learning-Algorithmen, hilft dabei, die Gewichtungen der Netzwerkverbindungen festzulegen und sie durch Training zu aktualisieren. Wahrscheinlichkeitsmodelle tragen auch zur Beurteilung der Unsicherheit der Modellvorhersagen bei.
4. **Zeitreihenprognose** : Wahrscheinlichkeitsmodelle wie der autoregressive integrierte gleitende Durchschnitt (ARIMA) und Zustandsraummodelle werden verwendet, um Zeitreihendaten zu analysieren, zukünftige Werte vorherzusagen und die Unsicherheit in den Prognosen zu bewerten. Diese Modelle sind in verschiedenen Bereichen anwendbar, beispielsweise bei Börsenvorhersagen, Wettervorhersagen und Lastprognosen.

Zusammenfassend ist die Wahrscheinlichkeit ein grundlegender Baustein der statistischen Analyse mit realen Anwendungen in verschiedenen Bereichen. Es ist wichtig, Wahrscheinlichkeitskonzepte zu verstehen und anzuwenden, um fundierte Entscheidungen zu treffen und Daten effektiv zu analysieren. Darüber hinaus trägt die Integration von Wahrscheinlichkeiten in maschinelle Lernmodelle dazu bei, die Genauigkeit zu verbessern und mit Unsicherheiten umzugehen, wodurch wir leistungsstarke Werkzeuge für Prognosen und Entscheidungen erhalten.

2.1 Wahrscheinlichkeitstheorie: Die Grundlage der statistischen Analyse

Die Wahrscheinlichkeitstheorie ist die Grundlage der statistischen Analyse und befasst sich mit der Untersuchung der Wahrscheinlichkeit des Eintretens verschiedener Ereignisse. Es handelt sich um einen mathematischen Rahmen, der es uns ermöglicht, fundierte Entscheidungen und Prognosen zu treffen und so die mit realen Szenarien verbundenen Risiken und Unsicherheiten zu mindern. In diesem Unterabschnitt befassen wir uns mit den entscheidenden Konzepten der Wahrscheinlichkeitstheorie und warum sie für die statistische Analyse unerlässlich sind.

2.1.1 Grundlagen der Wahrscheinlichkeitstheorie

Die Wahrscheinlichkeitstheorie hat ihren Ursprung in der Mathematik und ist stark mit den Prinzipien der Logik und des rationalen Denkens verbunden. Es wird zur Quantifizierung von Unsicherheiten verwendet und basiert auf den folgenden grundlegenden Definitionen:

- *Experiment* : Ein Experiment im Wahrscheinlichkeitsjargon ist ein Prozess oder eine Aktion, die zu einem oder mehreren Ergebnissen führt. Diese Ergebnisse müssen sich gegenseitig ausschließen, das heißt, es können nicht zwei gleichzeitig auftreten.
- *Probenraum* : Es handelt sich um die Menge aller möglichen Ergebnisse eines Experiments, die normalerweise mit dem griechischen Buchstaben Omega (Ω) bezeichnet werden.
- *Ereignis* : Ein Ereignis ist eine Teilmenge des Beispielraums. Es wird als das spezifische Ergebnis oder eine Kombination von Ergebnissen beschrieben, die Sie im Experiment beobachten möchten.

Wenn wir beispielsweise eine Münze werfen, können wir dies als Experiment mit zwei möglichen Ergebnissen modellieren: Kopf oder Zahl. Der Beispielraum ist dann {Kopf, Zahl} und jedes Ergebnis ist einzeln ein Ereignis.

2.1.2 Wahrscheinlichkeitsmaße

Die Wahrscheinlichkeit eines Ereignisses ist ein Maß für die Wahrscheinlichkeit, dass das Ereignis eintritt, ausgedrückt als Zahl zwischen 0 und 1, wobei 1 die Gewissheit des Ereignisses und 0 seine Unmöglichkeit angibt. Im Beispiel des Münzwurfs beträgt die Wahrscheinlichkeit, Kopf zu bekommen, 0,5 und die Wahrscheinlichkeit, Zahl zu bekommen, 0,5.

Es gibt verschiedene Methoden zur Berechnung von Wahrscheinlichkeiten:

1. *Empirische Wahrscheinlichkeit* : Sie wird durch die Analyse historischer Daten oder die Durchführung von Experimenten bestimmt. Die Wahrscheinlichkeit eines Ereignisses wird geschätzt, indem das Verhältnis der Anzahl der Versuche, in denen das Ereignis auftrat, zur Gesamtzahl der Versuche berechnet wird. Empirische Wahrscheinlichkeiten sind anfällig für Verzerrungen und Inkonsistenzen, insbesondere in Fällen, in denen Vorinformationen fehlen oder die Stichprobengrößen klein sind.
2. *Theoretische Wahrscheinlichkeit* : Sie nutzt die Prinzipien und Eigenschaften der Wahrscheinlichkeitstheorie, um die Wahrscheinlichkeiten abzuleiten. Theoretische Wahrscheinlichkeiten basieren auf der Analyse der Struktur oder Logik des Problems, ohne dass empirische Beobachtungen erforderlich sind.
3. *Subjektive Wahrscheinlichkeit* : Dabei handelt es sich um die persönliche Einschätzung der Wahrscheinlichkeit eines Ereignisses durch eine Person, basierend auf der Erfahrung, dem Wissen, der Intuition und den Emotionen der Person. Subjektive Wahrscheinlichkeiten sind im Bereich der Entscheidungsfindung unter Unsicherheit von großer Bedeutung und können zwischen verschiedenen Personen stark variieren.

2.1.3 Wahrscheinlichkeitsregeln und Axiome

Um kohärent über Wahrscheinlichkeiten nachdenken zu können, benötigen wir einige grundlegende Regeln und Axiome, die die

Beziehungen zwischen verschiedenen Ereignissen und ihren Wahrscheinlichkeiten regeln. Sie sind:

1. *Axiom der Nichtnegativität* : Für jedes Ereignis A ist P(A) ≥ 0. Wahrscheinlichkeitswerte sind immer nicht negativ.
2. *Axiom der Maßeinheit* : P(S) = 1, wobei S den gesamten Stichprobenraum aller möglichen Ergebnisse darstellt. Die Gesamtsumme der Wahrscheinlichkeiten für alle möglichen Ereignisse muss gleich 1 sein.
3. *Axiom der endlichen Additivität* : Für zwei beliebige sich gegenseitig ausschließende Ereignisse A und B gilt P(A ∪ B) = P(A) + P(B). Die Wahrscheinlichkeit, dass eines der beiden Ereignisse eintritt, ist die Summe ihrer Wahrscheinlichkeiten.

Zu den entscheidenden abgeleiteten Regeln gehören:

- *Komplementregel* : Das Komplement eines Ereignisses A, bezeichnet als A', stellt die Ergebnisse des Stichprobenraums dar, die nicht in A enthalten sind. P(A') = 1 - P(A).
- *Bedingte Wahrscheinlichkeit* : Bei zwei Ereignissen A und B misst die bedingte Wahrscheinlichkeit von A, vorausgesetzt, dass B eingetreten ist, bezeichnet mit P(A|B), den Grad, in dem das Eintreten eines Ereignisses das Eintreten des anderen Ereignisses beeinflusst.

- *Unabhängigkeit* : Zwei Ereignisse A und B gelten als unabhängig, wenn das Eintreten des einen Ereignisses keinen Einfluss auf die Wahrscheinlichkeit des anderen Ereignisses hat. In solchen Fällen ist $P(A \cap B) = P(A) * P(B)$.

Diese Regeln und Axiome liefern den notwendigen Hintergrund für die Durchführung statistischer Analysen mit Wahrscheinlichkeiten und ermöglichen es uns, gegenseitige Abhängigkeiten zwischen Variablen zu verstehen und mögliche Ergebnisse vorherzusagen.

2.1.4 Rolle der Wahrscheinlichkeitstheorie in der statistischen Analyse

Die Wahrscheinlichkeitstheorie ist in der statistischen Analyse von wesentlicher Bedeutung, da sie in der Lage ist, Unsicherheiten und Variabilität in den Daten umfassend zu berücksichtigen. Es unterstützt unter anderem die statistische Analyse:

1. *Beschreibende Analyse:* Die Wahrscheinlichkeitstheorie ermöglicht es uns, das Verhalten und die Eigenschaften der Daten im Hinblick auf die Wahrscheinlichkeit bestimmter Ereignisse oder Ergebnisse zu beschreiben, indem wir Wahrscheinlichkeitsverteilungen wie Gauß- oder Poisson-Verteilungen verwenden.
2. *Inferenzanalyse: Mit* der Wahrscheinlichkeitstheorie können wir auf der Grundlage der Analyse einer Stichprobe

Rückschlüsse und Verallgemeinerungen über größere Populationen ziehen. Techniken wie Hypothesentests und Konfidenzintervalle haben ihre Wurzeln in der Wahrscheinlichkeitstheorie.

3. *Modellierung und Prognose:* Die Wahrscheinlichkeitstheorie bildet die Grundlage für prädiktive Analysen mithilfe statistischer und maschineller Lernmodelle. Beispielsweise ermöglichen uns probabilistische grafische Modelle wie Bayes'sche Netzwerke die Erfassung komplexer Zusammenhänge und Abhängigkeiten innerhalb der Daten.
4. *Entscheidungsfindung unter Unsicherheit:* Die Wahrscheinlichkeitstheorie erleichtert die Entscheidungsanalyse, indem sie Unternehmen dabei hilft, die potenziellen Risiken und Vorteile verschiedener Maßnahmen zu quantifizieren und so optimale Entscheidungen zu treffen.

Zusammenfassend lässt sich sagen, dass die Wahrscheinlichkeitstheorie für das Verständnis statistischer Analysekonzepte und -techniken von wesentlicher Bedeutung ist. Es dient als zugrundeliegender Rahmen für den Umgang mit Unsicherheit und Variabilität in realen Szenarien und befähigt uns, fundierte Entscheidungen zu treffen, genaue Schlussfolgerungen zu ziehen und genaue Prognosen zu erstellen. Während wir unsere Reise in die Welt der statistischen Analyse, der Prognose und des maschinellen Lernens fortsetzen, werden die Konzepte, Prinzipien und Regeln der Wahrscheinlichkeit unsere ständigen Begleiter sein.

2.1 Grundlegende Statistiken: Wahrscheinlichkeits-, deskriptive und schlussfolgernde Analyse

Lassen Sie uns tiefer in den Bereich der wesentlichen Statistiken eintauchen und die drei entscheidenden Komponenten untersuchen: Wahrscheinlichkeit, deskriptive Analyse und Schlussfolgerungsanalyse. Wir werden die grundlegenden Konzepte, realen Anwendungen und ihre Relevanz für Prognose- und maschinelle Lerntechniken erläutern.

2.1.1 Wahrscheinlichkeit

Die Wahrscheinlichkeit bildet die Grundlage für statistische Analysen und hilft bei der Quantifizierung der Wahrscheinlichkeit bestimmter Ergebnisse oder Ereignisse. Im Kontext von Prognosen und maschinellem Lernen spielt es eine entscheidende Rolle für den potenziellen Erfolg unserer Modelle und Techniken.

A. Schlüssel Konzepte

- *Experiment* : Jede Aktion oder jeder Prozess, der genau definierte Ergebnisse erzeugt. Beispiele hierfür sind das Würfeln, das Ziehen einer Karte aus einem Stapel oder das Starten einer Marketingkampagne.
- *Probenraum* : Die Menge aller möglichen Ergebnisse eines Experiments. Für einen sechsseitigen Würfel wäre der Probenraum {1, 2, 3, 4, 5, 6}.

- *Ereignis* : Eine Teilmenge des Stichprobenraums, die ein bestimmtes Ergebnis oder eine Gruppe von Ergebnissen darstellt. Beispielsweise ist das Würfeln einer geraden Zahl ein Ereignis.
- *Wahrscheinlichkeit* : Ein Wert zwischen 0 und 1, der die Wahrscheinlichkeit des Eintretens eines Ereignisses darstellt. Es ist das Verhältnis der Anzahl günstiger Ergebnisse zur Gesamtzahl möglicher Ergebnisse im Stichprobenraum.

Die Wahrscheinlichkeit kann mit verschiedenen Methoden berechnet werden, etwa der klassischen Wahrscheinlichkeit, der empirischen Wahrscheinlichkeit und der subjektiven Wahrscheinlichkeit. Die klassische Wahrscheinlichkeit impliziert das Fehlen von Vorwissen und die gleiche Wahrscheinlichkeit für alle Ergebnisse, während die empirische Wahrscheinlichkeit aus historischen Daten oder beobachteten Ereignissen abgeleitet wird. Die subjektive Wahrscheinlichkeit hingegen beruht auf dem Urteil von Experten oder persönlichen Überzeugungen.

B. Anwendungen aus dem wirklichen Leben

Wahrscheinlichkeit wird in verschiedenen realen Szenarien eingesetzt, etwa bei der Risikobewertung, der medizinischen Diagnose, der Wettervorhersage und im Finanzwesen. Im Finanzsektor können Fachleute beispielsweise durch die Berechnung der Wahrscheinlichkeit von Anlagerenditen Portfolios für Kunden erstellen, die Risiko und Ertrag optimal ausbalancieren. Ebenso verwenden Wettervorhersager Wahrscheinlichkeitsmodelle, um die

Wahrscheinlichkeit von Regen oder Schnee vorherzusagen, sodass wir unseren Tag effizienter planen können.

C. Relevanz für Prognosen und maschinelles Lernen

Bei Prognosen und maschinellem Lernen ermöglichen Wahrscheinlichkeitsmodelle genauere Vorhersagen und helfen bei der Beurteilung der Leistung unserer Methoden. Beispielsweise hilft die Wahrscheinlichkeitsverteilung in Klassifizierungsalgorithmen dabei, die wahrscheinlichste Klasse für eine bestimmte Eingabe zu bestimmen. Darüber hinaus bietet die Wahrscheinlichkeitstheorie eine Grundlage für fortgeschrittene statistische Techniken wie Bayes'sche Statistik und Markov-Modelle, die im maschinellen Lernen weit verbreitet sind.

2.1.2 Deskriptive Analyse

Die deskriptive Analyse zielt darauf ab, die wichtigsten Merkmale eines Datensatzes zusammenzufassen, zu organisieren und zu visualisieren und so einen unschätzbaren Ausgangspunkt für eine gründlichere Untersuchung der Daten zu bieten.

A. Schlüssel Konzepte

- *Maße der zentralen Tendenz* : Diese Metriken quantifizieren die Mitte eines Datensatzes, einschließlich Mittelwert (arithmetisches Mittel), Median (Mittelwert) und Modus (häufigster Wert).

Sie geben Einblick in den typischen oder repräsentativen Wert der Daten.

- *Streuungs- oder Variabilitätsmaße* : Diese Metriken bewerten die Streuung von Daten, einschließlich Bereich (Maximum-Minimum), Varianz und Standardabweichung, und liefern Informationen über die Diversität und Heterogenität des Datensatzes.
- *Maße der Verteilungsform* : Diese Metriken beschreiben die Verteilung von Daten im Hinblick auf Symmetrie (Schiefe) und Spitze (Kurtosis) und bieten Einblicke in die zugrunde liegenden Muster oder Trends.
- *Visualisierungen* : Grafische Darstellungen wie Histogramme, Balkendiagramme, Streudiagramme und Boxplots sind wichtige Werkzeuge zur Veranschaulichung der Verteilung und Beziehungen innerhalb der Daten.

B. Anwendungen aus dem wirklichen Leben

Die deskriptive Analyse wird in einer Vielzahl von Bereichen eingesetzt, beispielsweise im Marketing, im Gesundheitswesen, im Sport und im Finanzwesen. Einzelhändler könnten deskriptive Analysen nutzen, um Kundenverhaltensmuster und Kauftrends zu verstehen, während medizinisches Fachpersonal sie nutzen könnte, um Faktoren zu untersuchen, die die Patientenergebnisse beeinflussen. Deskriptive Statistiken bilden auch die Grundlage für datengesteuertes Storytelling im Journalismus und Business Intelligence.

C. Relevanz für Prognosen und maschinelles Lernen

Die deskriptive Analyse ist in der Anfangsphase jedes Prognose- oder Machine-Learning-Projekts von entscheidender Bedeutung, da sie dabei hilft, Trends, Anomalien und Beziehungen innerhalb der Daten zu identifizieren, die als Grundlage für die anschließende Modellauswahl, Feature-Entwicklung und Leistungsbewertung dienen können. Darüber hinaus dienen deskriptive Statistiken häufig als Eingabemerkmale für Algorithmen des maschinellen Lernens.

2.1.3 Inferenzanalyse

Während sich die deskriptive Analyse auf die Zusammenfassung und Veranschaulichung der Daten konzentriert, geht die inferenzielle Analyse noch einen Schritt weiter, indem sie auf der Grundlage des Datensatzes Schlussfolgerungen zieht und Vorhersagen trifft. Im Kern umfasst die Inferenzanalyse Techniken, die eine Verallgemeinerung von einer Stichprobe auf eine Population ermöglichen.

A. Schlüssel Konzepte

- *Schätzung* : Der Prozess der Annäherung an Bevölkerungsparameter (z. B. Mittelwert, Anteil) auf der Grundlage von Stichprobenstatistiken. Schätzungen können Punktschätzungen (Einzelwerte) oder Intervallschätzungen (Wertebereich mit einem bestimmten Konfidenzniveau) sein.
- *Hypothesentest* : Ein Verfahren zur Bewertung von Behauptungen oder Annahmen über Bevölkerungsparameter anhand von Stichprobendaten. Dabei geht es darum, eine

Nullhypothese aufzustellen, eine Alternativhypothese zu formulieren, eine geeignete Teststatistik auszuwählen, den p-Wert zu berechnen und eine Entscheidung auf der Grundlage des gewählten Signifikanzniveaus zu treffen.

- *Regressionsanalyse* : Eine Reihe von Techniken zur Modellierung der Beziehung zwischen einer (abhängigen) Antwortvariablen und einer oder mehreren erklärenden (unabhängigen) Variablen. Regressionsmodelle wie die lineare Regression und die logistische Regression ermöglichen Vorhersagen und Schätzungen der kausalen Wirkung bestimmter Faktoren auf die Antwortvariable.
- *Nichtparametrische Tests* : Methoden, die nicht auf bestimmten Annahmen über die zugrunde liegende Bevölkerungsverteilung beruhen, wie etwa der Normalitätsannahme. Nichtparametrische Tests wie der Wilcoxon-Rangsummentest oder die Rangkorrelation nach Spearman können eingesetzt werden, wenn parametrische Tests nicht geeignet sind.

B. Anwendungen aus dem wirklichen Leben

Die Inferenzanalyse findet in verschiedenen Bereichen weit verbreitete Anwendung, etwa in der öffentlichen Ordnung, im Marketing, im Gesundheitswesen und in der wissenschaftlichen Forschung. Beispielsweise verwenden Arzneimittelstudien Inferenztechniken, um die Wirksamkeit neuer Medikamente zu bestimmen, während Marktforscher Inferenzanalysen verwenden, um die Wirkung verschiedener Werbekampagnen abzuschätzen.

C. Relevanz für Prognosen und maschinelles Lernen

Die Inferenzanalyse ist die Grundlage vieler Prognosetechniken, beispielsweise der Zeitreihenanalyse, und spielt eine wesentliche Rolle bei der Bewertung und Feinabstimmung von Modellen für maschinelles Lernen. Hypothesentests können verwendet werden, um die Bedeutung einzelner Merkmale zu bewerten oder die Leistung mehrerer Modelle zu vergleichen, während die Regressionsanalyse eine Möglichkeit bietet, die Bedeutung von Merkmalen zu quantifizieren und kausale Zusammenhänge in den Daten aufzudecken. Darüber hinaus sind inferenzielle Konzepte wie Stichprobenentnahme, Konfidenzintervalle und Fehleranalyse für eine robuste Schätzung und Bewertung von Prognosen und Ergebnissen des maschinellen Lernens unerlässlich.

2.1 Wahrscheinlichkeit: Die Sprache der Unsicherheit

Wahrscheinlichkeit ist ein grundlegendes Konzept in der Statistik, das die mit Ereignissen oder Situationen verbundene Unsicherheit quantifiziert. Es ist ein Maß dafür, wie wahrscheinlich es ist, dass ein Ereignis eintritt, und es spielt eine entscheidende Rolle beim Verständnis und der Analyse realer Phänomene. In diesem Unterabschnitt besprechen wir die Grundlagen der Wahrscheinlichkeit, ihre Beziehung zur Zufälligkeit und ihre Anwendung in der statistischen Analyse.

2.1.1 Grundkonzepte und Terminologie

In der Wahrscheinlichkeitstheorie beschäftigen wir uns mit *Experimenten* und *Ereignissen* . Ein Experiment ist ein Verfahren, das zu einem oder mehreren Ergebnissen führt, während ein Ereignis ein bestimmtes Ergebnis oder eine Reihe von Ergebnissen eines Experiments ist. Sehen wir uns einige Beispiele an:

- Eine Münze werfen: Das Experiment besteht darin, die Münze zu werfen, und die möglichen Ereignisse sind „Kopf" und „Zahl".
- Einen Würfel werfen: Das Experiment besteht darin, einen Würfel zu werfen, und die möglichen Ereignisse sind „eine 1 würfeln", „eine 2 würfeln" und so weiter.

Die Wahrscheinlichkeit eines Ereignisses wird als Zahl zwischen 0 und 1 ausgedrückt, wobei 0 bedeutet, dass das Ereignis unmöglich ist, und 1 bedeutet, dass das Ereignis sicher ist. Die Wahrscheinlichkeiten aller möglichen Ereignisse in einem Experiment summieren sich immer auf 1. Nun wollen wir einige Konzepte formal definieren:

- **Probenraum (S)** : Die Menge aller möglichen Ergebnisse eines Experiments, z. B. S = {H, T} für das Werfen einer Münze.
- **Ereignis (E)** : Eine Teilmenge des Beispielraums, z. B. E = {H} für das Ereignis „Kopf" beim Werfen einer Münze.
- **Wahrscheinlichkeit (P)** : Eine Funktion, die jedem Ereignis im Stichprobenraum eine Zahl zwischen 0 und 1 zuweist und dabei die folgenden Axiome erfüllt:

1. Für jedes Ereignis E gilt 0 <= P(E) <= 1

2. P(S) = 1
3. Wenn sich zwei Ereignisse E und F gegenseitig ausschließen (dh sie können nicht beide gleichzeitig auftreten), dann ist $P(E \cup F) = P(E) + P(F)$.

2.1.2 Zufälligkeit und Häufigkeitsinterpretation

Das Konzept eines Zufallsereignisses spielt eine entscheidende Rolle für die Wahrscheinlichkeit. Zufälligkeit bezeichnet die Unvorhersehbarkeit eines Ereignisses, das heißt, es ist unmöglich, den genauen Ausgang mit Sicherheit zu bestimmen. Die Häufigkeitsinterpretation der Wahrscheinlichkeit bietet jedoch eine Möglichkeit, die Wahrscheinlichkeit zufälliger Ereignisse zu verstehen und zu quantifizieren.

Bei der Häufigkeitsinterpretation wird die Wahrscheinlichkeit eines Ereignisses als die langfristige relative Häufigkeit seines Auftretens in einer großen Anzahl von Versuchen betrachtet. Wenn beispielsweise die Wahrscheinlichkeit, eine Münze „Kopf“ zu werfen, 0,5 beträgt, dann erwarten wir, dass bei einer großen Anzahl von Würfen die Hälfte davon „Kopf“ ergibt. Es ist wichtig zu beachten, dass die Häufigkeitsinterpretation nicht das Ergebnis eines einzelnen Versuchs garantiert; es gibt lediglich eine Beschreibung des langfristigen Verhaltens des Experiments.

2.1.3 Bedingte Wahrscheinlichkeit und Unabhängigkeit

Die bedingte Wahrscheinlichkeit ist ein Maß für die Wahrscheinlichkeit des Eintretens eines Ereignisses, vorausgesetzt, dass bereits ein anderes Ereignis eingetreten ist. Die bedingte Wahrscheinlichkeit von Ereignis E unter der Annahme, dass Ereignis F eingetreten ist, wird als P(E|F) bezeichnet und ist definiert als:

$P(E|F) = P(E \cap F) / P(F)$, wenn $P(F) > 0$.

Zwei Ereignisse E und F gelten als **unabhängig** , wenn das Eintreten eines Ereignisses keinen Einfluss auf die Wahrscheinlichkeit des anderen Ereignisses hat. Mathematisch gesehen sind zwei Ereignisse unabhängig, wenn $P(E|F) = P(E)$ oder äquivalent $P(E \cap F) = P(E)P(F)$.

Unabhängigkeit ist ein entscheidendes Konzept in der statistischen Analyse, da sie die Berechnung von Wahrscheinlichkeiten vereinfacht und es uns ermöglicht, Rückschlüsse auf Ereignisse zu ziehen, ohne vollständige Informationen über die zugrunde liegenden Prozesse zu benötigen.

2.1.4 Satz von Bayes

Der Satz von Bayes ist ein aussagekräftiges Ergebnis der Wahrscheinlichkeitstheorie, das es uns ermöglicht, unsere Überzeugungen auf der

Grundlage neuer Erkenntnisse zu aktualisieren. Statistisch gesehen hilft es uns, die bedingte Wahrscheinlichkeit eines Ereignisses anhand der beobachteten Daten zu berechnen. Der Satz besagt, dass für alle Ereignisse E und F gilt:

$P(E|F) = P(F|E) * P(E) / P(F)$, wenn $P(F) > 0$.

In praktischen Anwendungen kann das Bayes-Theorem in einer Vielzahl von Bereichen eingesetzt werden, von der medizinischen Diagnose bis zur Spam-Filterung, und es bildet die Grundlage für die Bayes-Statistik, einen Zweig der Statistik, der sich auf die Aktualisierung von Wahrscheinlichkeiten konzentriert, sobald neue Informationen verfügbar werden.

2.1.5 Anwendung: Statistische Modellierung und Prognose

Wahrscheinlichkeit ist der Kern der statistischen Modellierung und Prognose. Durch die Entwicklung von Modellen, die die mit verschiedenen Ereignissen verbundene Unsicherheit quantifizieren, können wir auf der Grundlage der verfügbaren Daten fundierte Entscheidungen und Vorhersagen treffen. Einige Anwendungen umfassen:

- **Risikobewertung** : Durch die Analyse der Wahrscheinlichkeiten unerwünschter Ereignisse in verschiedenen Branchen wie Finanzen, Versicherungen und öffentlichem Gesundheitswesen können Unternehmen Risiken verwalten und entsprechend planen.

- **Qualitätskontrolle** : Mithilfe der Wahrscheinlichkeitstheorie können Unternehmen die Wahrscheinlichkeit fehlerhafter Produkte abschätzen und Strategien zur Verbesserung von Herstellungsprozessen umsetzen.
- **Signalverarbeitung** : In Kommunikationssystemen helfen Wahrscheinlichkeitsmodelle dabei, Muster in verrauschten Signalen zu erkennen und die Genauigkeit der Informationsübertragung und des Informationsempfangs zu verbessern.
- **Prognosen und Vorhersagen** : Wahrscheinlichkeitsmodelle werden häufig in der Wettervorhersage, Sportanalyse und Wirtschaftsprognosen verwendet, um Vorhersagen auf der Grundlage historischer Daten zu treffen.

Zusammenfassend lässt sich sagen, dass Wahrscheinlichkeit ein unverzichtbares Werkzeug in der Statistik und im maschinellen Lernen ist, das es uns ermöglicht, Unsicherheiten zu quantifizieren und datengesteuerte Entscheidungen in realen Situationen zu treffen. Das Verständnis der Wahrscheinlichkeitsprinzipien ist entscheidend für die effektive Anwendung statistischer Methoden und Techniken des maschinellen Lernens zur Lösung praktischer Probleme.

Kundenverhalten analysieren und vorhersagen

Einführung

Ein wichtiger Aspekt für die Führung eines erfolgreichen Unternehmens ist das Verständnis des Kunden. Die Kenntnis ihrer Vorlieben, ihres Ausgabeverhaltens und der Wahrscheinlichkeit, dass sie ein Produkt oder eine Dienstleistung kaufen, kann entscheidend sein, wenn es darum geht, strategische Entscheidungen zu treffen. In der modernen Zeit haben Unternehmen Zugriff auf beispiellose Mengen an Daten zum Kundenverhalten. Wenn diese Daten effektiv analysiert werden, können sie Erkenntnisse liefern, die Unternehmen in die Lage versetzen, fundierte Entscheidungen zu treffen.

In diesem Unterabschnitt diskutieren wir die Rolle von Statistiken, Prognosen und maschinellem Lernen bei der Analyse und Vorhersage des Kundenverhaltens. Sie lernen die verschiedenen Techniken und Modelle kennen, die in diesen Bereichen verwendet werden, sowie deren praktische Anwendungen. Wir beginnen mit einem allgemeinen Überblick über die Analyse des Kundenverhaltens und vertiefen uns dann in spezifische Methoden und Anwendungsfälle.

Analyse des Kundenverhaltens

Bei der Analyse des Kundenverhaltens werden die Entscheidungen und Handlungen von Kunden im Hinblick auf ihre Interaktionen mit Produkten oder Dienstleistungen untersucht. Dies kann die Verfolgung von Kaufhistorien, Surfverhalten auf Websites oder Apps, Interaktionen in sozialen Medien und mehr umfassen. An verschiedenen Touchpoints gesammelte Daten können verwendet werden, um ein umfassendes Bild der

Kundenpräferenzen zu erstellen, was Unternehmen dabei helfen kann, ihre Marketingstrategien, Produktangebote und das gesamte Kundenerlebnis zu verbessern.

Es gibt verschiedene Möglichkeiten, das Kundenverhalten zu analysieren, wie zum Beispiel:

1. **Deskriptive Analyse:** Dieser Ansatz konzentriert sich auf das Verständnis historischer Muster in den Daten. Unternehmen können deskriptive Analysen verwenden, um das Verhalten früherer Kunden zusammenzufassen, was dabei helfen kann, Trends oder saisonale Muster zu erkennen, die als Grundlage für die Entscheidungsfindung dienen.
2. **Predictive Analytics:** Predictive Analytics beinhaltet die Verwendung historischer Daten zur Erstellung von Modellen, die das zukünftige Kundenverhalten vorhersagen können. Diese Modelle können Unternehmen dabei helfen, Kundenbedürfnisse oder -präferenzen zu antizipieren und ihre Strategien proaktiv entsprechend anzupassen.
3. **Prescriptive Analytics:** Mit Prescriptive Analytics können Unternehmen die beste Vorgehensweise bestimmen, indem sie verschiedene Einschränkungen, Kosten und potenzielle Ergebnisse berücksichtigen. Dieser Ansatz hilft Unternehmen dabei, verschiedene Strategien zu bewerten und diejenige auszuwählen, die die besten Ergebnisse liefert.

Schauen wir uns nun die spezifischen Techniken genauer an, die bei Prognosen und maschinellem

Lernen zur Analyse des Kundenverhaltens eingesetzt werden.

Statistische Prognosetechniken für das Kundenverhalten

Statistische Prognosetechniken beinhalten die Verwendung historischer Daten, um zukünftige Trends oder Muster vorherzusagen. Hier sind einige häufig verwendete Methoden:

1. **Gleitender Durchschnitt:** Diese Technik berechnet den Durchschnittswert einer Variablen über einen bestimmten Zeitraum. Der gleitende Durchschnitt gleicht kurzfristige Schwankungen in den Daten aus und hebt zugrunde liegende Trends hervor. Es ist nützlich, um saisonale Muster zu erkennen oder allgemeine Trends im Kundenverhalten zu erfassen.
2. **Exponentielle Glättung:** Die exponentielle Glättung ist eine Erweiterung der Methode des gleitenden Durchschnitts, legt jedoch mehr Gewicht auf die aktuellsten Datenpunkte. Dadurch kann es besser auf aktuelle Änderungen im Kundenverhalten reagieren und ist nützlich für das Verständnis kurzfristiger Trends.
3. **Zerlegung:** Diese Technik zerlegt die historischen Daten in drei Komponenten: Trend, Saisonalität und Zufälligkeit. Diese Komponenten können verwendet werden, um zugrunde liegende Muster im Kundenverhalten zu verstehen und Prognosemodelle zu unterstützen.
4. **Box-Jenkins-Modell (ARIMA):** Das Box-Jenkins-Modell wird zur Beschreibung von Zeitreihendaten mithilfe der Komponenten

Autoregression (AR), Integration (I) und gleitender Durchschnitt (MA) verwendet. Mit dieser vielseitigen Technik können komplexe Muster im Kundenverhalten erfasst und genaue Prognosen erstellt werden.

Techniken des maschinellen Lernens zur Analyse des Kundenverhaltens

Techniken des maschinellen Lernens nutzen Algorithmen, die aus historischen Daten lernen, um Muster im Kundenverhalten vorherzusagen oder zu erkennen. Zu den beliebten Methoden des maschinellen Lernens gehören:

1. **Entscheidungsbäume:** Entscheidungsbäume sind eine Art Algorithmus, der das Kundenverhalten anhand einer Hierarchie von Bedingungen oder Merkmalen klassifizieren oder vorhersagen kann. Sie sind gut interpretierbar und daher nützlich für das Verständnis der Faktoren, die die Entscheidungsfindung der Kunden beeinflussen.
2. **Random Forest:** Random Forest ist eine Sammlung von Entscheidungsbäumen, die zusammenarbeiten, um die Genauigkeit von Vorhersagen zu verbessern. Es handelt sich um eine effiziente und genaue Technik zur Vorhersage des Kundenverhaltens und kann große Datensätze mit mehreren Funktionen verarbeiten.
3. **Clustering:** Clustering ist eine unbeaufsichtigte Technik des maschinellen

Lernens, die Kunden anhand von Ähnlichkeiten in ihrem Verhalten oder ihren Vorlieben gruppiert. Dies kann Unternehmen bei Segmentierungs-, Zielmarketing- und Personalisierungsbemühungen helfen.

4. **Neuronale Netze:** Neuronale Netze sind eine Art maschinelles Lernmodell, das vom menschlichen Gehirn inspiriert ist. Sie können zur Vorhersage von Kundenverhalten und -präferenzen verwendet werden, ihre Struktur kann jedoch komplex und schwer zu interpretieren sein.

Anwendungen aus dem wirklichen Leben

Hier sind einige reale Anwendungen, wie Unternehmen statistische Prognosen und Techniken des maschinellen Lernens verwenden, um das Kundenverhalten zu analysieren:

1. **Kundensegmentierung:** Mithilfe von Clustering und anderen unbeaufsichtigten Lerntechniken können Unternehmen Kunden anhand ihrer Vorlieben, ihres Verhaltens, ihrer demografischen Merkmale und anderer Merkmale gruppieren. Dies hilft bei der Erstellung gezielter Marketingkampagnen, der Verbesserung des Kundenerlebnisses und der Erstellung personalisierter Angebote.
2. **Vorhersage der Kundenabwanderung:** Kundenabwanderungsvorhersagemodelle können Unternehmen dabei helfen, Kunden zu identifizieren, die ihre Produkte oder Dienstleistungen wahrscheinlich nicht mehr nutzen werden. Durch das Verständnis der Faktoren, die

zur Abwanderung beitragen, können Unternehmen proaktive Maßnahmen ergreifen, um diese abzuschwächen, z. B. die Verbesserung des Kundensupports oder die Anpassung von Marketingbemühungen.

3. **Produktempfehlungen:** Kollaborative Filterung und andere Empfehlungsalgorithmen können verwendet werden, um Produkte oder Dienstleistungen vorzuschlagen, die für einen bestimmten Kunden relevant sind, basierend auf seinen Vorlieben und seinem bisherigen Verhalten. Dadurch kann das Kundenerlebnis insgesamt verbessert und der Umsatz gesteigert werden.
4. **Umsatzprognose:** Durch die Nutzung statistischer Modelle und Algorithmen für maschinelles Lernen können Unternehmen zukünftige Umsatzmengen genauer vorhersagen. Genaue Verkaufsprognosen ermöglichen eine bessere Produktionsplanung, Ressourcenzuteilung und Preisstrategien.
5. **Optimierung von Marketingkampagnen:** Unternehmen können maschinelle Lernalgorithmen verwenden, um ihre Marketingkampagnen zu optimieren und die Strategien zu ermitteln, die bei ihrer Zielgruppe am besten ankommen. Dies kann zu höheren Kapitalrenditen, einer stärkeren Kundenbindung und einer verbesserten Markentreue führen.

Abschluss

Das Verstehen und Vorhersagen des Kundenverhaltens ist entscheidend, wenn ein Unternehmen im heutigen Wettbewerbsmarkt erfolgreich sein möchte. Statistische Prognosen und Techniken des maschinellen Lernens bieten leistungsstarke Möglichkeiten zur Analyse, zum Verständnis und zur Vorhersage des Kundenverhaltens und helfen Unternehmen dabei, fundierte Entscheidungen zur Verbesserung ihrer Produkte, Dienstleistungen, Marketingstrategien und des gesamten Kundenerlebnisses zu treffen.

Da immer mehr Daten verfügbar werden, ist es für Unternehmen unerlässlich, in die Fähigkeiten, Werkzeuge und Kenntnisse zu investieren, die für die effektive Anwendung dieser Techniken in realen Szenarien erforderlich sind. Dadurch sind sie besser in der Lage, sich an die sich schnell verändernde Landschaft anzupassen und der Konkurrenz einen Schritt voraus zu sein.

Kombination statistischer Techniken, Prognosemethoden und Modelle des maschinellen Lernens für optimale Lösungen

In realen Anwendungen ist es oft von Vorteil, statistische Techniken, Prognosemethoden und Modelle des maschinellen Lernens zu integrieren, um robuste und optimale Lösungen für verschiedene Szenarien zu entwickeln. In diesem Unterabschnitt wird erläutert, wie diese Ansätze in der Praxis wirkungsvoll zusammenarbeiten und die Wirksamkeit jedes Tools steigern können.

Datenexploration und -vorbereitung

Vor der Anwendung statistischer oder prädiktiver Modelle ist es wichtig, die zugrunde liegenden Daten zu untersuchen und zu verstehen. Dazu gehört Folgendes:

1. **Datenbereinigung und Vorverarbeitung** : Diese Phase umfasst die Behandlung fehlender Werte, das Entfernen von Duplikaten, das Korrigieren von Inkonsistenzen und das Erkennen von Ausreißern. Der Einsatz statistischer Techniken wie Medianimputation, Interquartilbereiche oder Z-Scores kann dabei helfen, diese Probleme effektiv anzugehen.
2. **Datentransformation** : Durch die Anwendung von Transformationen wie Log-Transformationen oder Box-Cox-Transformationen kann die Varianz stabilisiert und die Schiefe der Daten verringert werden, was letztendlich die Leistung der Vorhersagemodelle verbessert.
3. **Feature Engineering** : Die Erstellung relevanter Features aus Rohdaten ist für effiziente Modelle für maschinelles Lernen unerlässlich. Techniken wie One-Hot-Codierung, Normalisierung und Dimensionsreduktion mithilfe der Hauptkomponentenanalyse (PCA) oder anderer statistischer Methoden können angewendet werden, um effektive Features zu erstellen.

Beschreibende und inferenzielle Statistik

Deskriptive Statistiken dienen als Grundlage für die Datenanalyse, indem sie eine Zusammenfassung der Daten liefern, während inferenzielle Statistiken Stichprobendaten verwenden, um Vorhersagen über die Bevölkerung zu treffen. Diese Techniken können dabei helfen, kritische Muster und Trends in den Daten zu identifizieren, was wiederum die Auswahl geeigneter Prognosemethoden oder Modelle für maschinelles Lernen unterstützen kann. Beispiele für zu verwendende Techniken sind:

1. **Zentrale Tendenz- und Streuungsmaße** : Mittelwert, Median, Modus, Varianz und Standardabweichung können wertvolle Informationen über die Datenverteilung liefern und so ein besseres Verständnis und eine bessere Modellauswahl ermöglichen.
2. **Hypothesentests** : Techniken wie T-Tests, Chi-Quadrat-Tests und ANOVA können dabei helfen, die statistische Signifikanz beobachteter Muster oder Unterschiede zwischen Gruppen zu bewerten, die die für die Vorhersagemodelle ausgewählten Merkmale beeinflussen könnten.
3. **Korrelations- und Regressionsanalyse** : Die Identifizierung linearer oder nichtlinearer Beziehungen zwischen Variablen kann für die Auswahl des am besten geeigneten Modells und die Gewährleistung der Gültigkeit von Vorhersagen von entscheidender Bedeutung sein.

Zeitreihenanalyse und Prognose

Zeitreihendaten, bei denen es sich um eine im Laufe der Zeit gesammelte Abfolge von

Beobachtungen handelt, erfordern oft spezielle Techniken zur Analyse und Prognose, da sie besondere Merkmale wie Saisonalität, Trends und Rauschen aufweisen. Beispiele für weit verbreitete Methoden sind:

1. **Exponentielle Glättung** : Ein Ansatz, der vergangene Beobachtungen unterschiedlich gewichtet, wobei neuere Beobachtungen eine höhere Bedeutung erhalten. Abhängig von den Eigenschaften der Zeitreihendaten können Techniken wie die einfache exponentielle Glättung, die lineare Trendmethode von Holt und die saisonale Methode von Holt-Winter verwendet werden.
2. **ARIMA (AutoRegressive Integrated Moving Average)** : Eine beliebte statistische Methode, die automatische Regression, gleitenden Durchschnitt und Differenzierung zur Modellierung und Prognose von Zeitreihendaten kombiniert.
3. **Prophet** : Ein von Facebook entwickeltes Open-Source-Prognosetool, das darauf ausgelegt ist, die gemeinsamen Merkmale von Zeitreihendaten automatisch zu verarbeiten.

Modelle für maschinelles Lernen

Zusätzlich zu herkömmlichen Statistik- und Prognosetechniken können Algorithmen des maschinellen Lernens verwendet werden, um Vorhersagen auf der Grundlage komplexer Muster in den Daten zu treffen. Beispiele für beliebte Modelle des maschinellen Lernens sind:

1. **Lineare und logistische Regression** : Einfache, aber leistungsstarke Techniken, die

hauptsächlich für Regressions- und Klassifizierungsaufgaben verwendet werden. Sie können für eine bessere Leistung mit Regularisierungstechniken wie der Lasso- und Ridge-Regression erweitert werden.

2. **Entscheidungsbäume und Zufallswälder** : Nichtlineare Modelle, die mithilfe einer Reihe von Entscheidungsregeln erstellt wurden und sowohl Regressions- als auch Klassifizierungsaufgaben bewältigen können. Zufällige Wälder verbessern diese Technik, indem sie mehrere Bäume erstellen und ihre Ergebnisse aggregieren.
3. **Neuronale Netze und Deep Learning** : Hochflexible Modelle, die komplexe Funktionen annähern und sich an eine Vielzahl von Datentypen anpassen können, darunter Bilder, Text und Zeitreihen.

Modellbewertung und -auswahl

Nach der Entwicklung mehrerer Modelle mit den oben genannten Techniken ist es wichtig, das Modell zu bewerten und auszuwählen, das für die jeweilige Aufgabe die beste Leistung bietet. Maße wie der mittlere quadratische Fehler (RMSE), der mittlere absolute Fehler (MAE) und das R-Quadrat können zum Vergleichen von Modellen und zur Auswahl des am besten passenden Modells verwendet werden.

Darüber hinaus können Kreuzvalidierungsmethoden wie die k-fache Kreuzvalidierung oder die Zeitreihen-Kreuzvalidierung dabei helfen, die Leistung eines Modells anhand unbekannter Daten abzuschätzen, indem sie den Datensatz aufteilen und das Modell anhand verschiedener Teilmengen trainieren.

Abschluss

Durch die Integration statistischer Techniken, Prognosemethoden und maschineller Lernmodelle kann die Gesamteffektivität der Lösung realer Probleme erheblich gesteigert werden. Durch das Verstehen und Aufbereiten der Daten, die Auswahl geeigneter Techniken und die Bewertung der Leistung von Modellen ist es möglich, optimale Lösungen abzuleiten, die an einzigartige Situationen in verschiedenen Bereichen wie Finanzen, Gesundheitswesen und Transport angepasst werden können.

Praxisnahe Anwendungen von Statistik, Prognosen und maschinellem Lernen

In den letzten Jahren haben die zunehmende Allgegenwärtigkeit von Daten und der rasante technologische Fortschritt zu einem erheblichen Anstieg der Nachfrage nach Fachkräften in den Bereichen Statistik, Prognose und maschinelles Lernen geführt. Diese Disziplinen sind in einer Vielzahl realer Anwendungen von entscheidender Bedeutung, die sich über verschiedene Branchen und Sektoren erstrecken. In diesem Unterabschnitt werden wir einige prominente Beispiele dafür diskutieren, wie diese Techniken in realen Umgebungen angewendet werden,

Innovationen vorantreiben, Entscheidungen treffen und unser Verständnis der Welt um uns herum prägen.

Gesundheitspflege

Die Anwendung von Statistiken, Prognosen und maschinellem Lernen im Gesundheitswesen hat die Branche revolutioniert und unzählige Leben gerettet. Diese Techniken spielen in verschiedenen Aspekten der Gesundheitsversorgung eine entscheidende Rolle, beispielsweise in der Diagnostik, Behandlungsplanung und personalisierten Medizin.

- **Diagnostik** : Algorithmen des maschinellen Lernens, insbesondere Deep-Learning-Modelle, haben beeindruckende Ergebnisse bei der Diagnose verschiedener Krankheiten wie Krebs, Herzerkrankungen und neurodegenerativen Erkrankungen auf der Grundlage medizinischer Bildgebungsdaten gezeigt. Diese Algorithmen können komplexe Muster in den Bildern analysieren, um frühe Anzeichen einer Krankheit zu erkennen, was zu frühzeitigen Interventionen und verbesserten Patientenergebnissen führt.
- **Behandlungsplanung** : Ein weiterer Bereich, in dem diese Techniken Wirkung zeigen, ist die Entwicklung personalisierter Behandlungspläne für Patienten. Algorithmen für maschinelles Lernen können große Mengen medizinischer Daten analysieren, um die Reaktion eines einzelnen Patienten auf verschiedene Behandlungen zu ermitteln. Dadurch können medizinische Fachkräfte maßgeschneiderte

Behandlungsempfehlungen erstellen, die mit größerer Wahrscheinlichkeit wirksam sind und weniger Nebenwirkungen haben.

- **Vorhersage von Epidemien** : Die Fähigkeit, die Ausbreitung von Infektionskrankheiten vorherzusagen, ist für ein wirksames öffentliches Gesundheitsmanagement von entscheidender Bedeutung. Statistische Modelle und Techniken des maschinellen Lernens werden in großem Umfang eingesetzt, um Epidemien vorherzusagen, Hotspots zu identifizieren und strategische Interventionspläne zu entwickeln. Dies wurde besonders deutlich während der COVID-19-Pandemie, als Forscher aus aller Welt diese Methoden nutzten, um die Verlaufsmuster der Krankheit vorherzusagen und die Wirksamkeit verschiedener Eindämmungsstrategien zu bewerten.

Finanzen

Die Finanzbranche ist ein weiterer Bereich, in dem sich Statistiken, Prognosen und maschinelles Lernen als vielversprechend erwiesen haben. Finanzinstitute und Investoren verlassen sich in hohem Maße auf diese Techniken, um ihre Entscheidungsprozesse zu informieren und das Risiko zu minimieren.

- **Bonitätsbewertung** : Kreditinstitute nutzen statistische Modelle und maschinelle Lernalgorithmen, um die Kreditwürdigkeit potenzieller Kreditnehmer zu bewerten. Faktoren wie Bonitätshistorie, Einkommensniveau und ausstehende Schulden werden in das Modell eingespeist, um einen Kreditscore zu erstellen, der

Kreditgebern hilft, die Ausfallwahrscheinlichkeit zu bestimmen.

- **Portfoliomanagement** : Algorithmen des maschinellen Lernens werden häufig zur Optimierung von Anlageportfolios und zum Risikomanagement eingesetzt. Diese Modelle können historische Finanzdaten analysieren und verschiedene Prognosetechniken anwenden, um die zukünftige Leistung verschiedener Vermögenswerte vorherzusagen. Daraus ergeben sich Anlagestrategien, die darauf abzielen, die Rendite zu maximieren und gleichzeitig bestimmte Risikotoleranzniveaus einzuhalten.
- **Algorithmischer Handel** : Hochfrequenz- und algorithmischer Handel dominieren zunehmend die Finanzmärkte. Diese Handelssysteme nutzen Statistiken und maschinelles Lernen, um Muster in Marktdaten zu erkennen, Handelsentscheidungen zu treffen und Aufträge blitzschnell auszuführen. Der Einsatz dieser Techniken hat die Dynamik der globalen Finanzmärkte verändert, indem die Liquidität verbessert und die Transaktionskosten gesenkt wurden.

Marketing

Eine der sich am schnellsten entwickelnden Anwendungen von Statistik, Prognosen und maschinellem Lernen liegt im Bereich Marketing. Unternehmen nutzen diese Techniken, um das Verbraucherverhalten zu verstehen, Marketingstrategien zu entwickeln und die Gesamtleistung zu optimieren.

- **Kundensegmentierung** : Algorithmen des maschinellen Lernens werden verwendet, um große Mengen demografischer, Verhaltens- und Transaktionsdaten zu analysieren, um Ähnlichkeiten zwischen Kunden zu identifizieren. Diese Ähnlichkeiten werden dann genutzt, um Kunden in Segmente zu gruppieren, sodass Vermarkter gezielte Werbekampagnen entwerfen können, die bei verschiedenen Zielgruppen besser ankommen.

- **Stimmungsanalyse** : Die Stimmungsanalyse, ein Teilgebiet der Verarbeitung natürlicher Sprache, wird verwendet, um die öffentliche Meinung zu einem bestimmten Produkt, einer bestimmten Dienstleistung oder einer bestimmten Idee durch die Analyse von Textdaten wie Social-Media-Beiträgen und Produktbewertungen einzuschätzen. Mithilfe dieser Informationen können Vermarkter Chancen erkennen und mögliche Bedenken ansprechen, bevor sie eskalieren.
- **Bedarfsprognose** : Eine genaue Bedarfsprognose ist für eine effektive Bestandsverwaltung und Ressourcenzuteilung von entscheidender Bedeutung. Statistische Modelle und Techniken des maschinellen Lernens ermöglichen es Unternehmen, die zukünftige Nachfrage nach Produkten und Dienstleistungen vorherzusagen, indem sie historische Verkaufsdaten, Wirtschaftstrends und andere relevante Faktoren analysieren. Dadurch können Unternehmen fundiertere Entscheidungen treffen und potenzielle Fallstricke vermeiden.

Dies ist nur ein kleiner Einblick in die vielen realen Anwendungen von Statistik, Prognosen und maschinellem Lernen. Da die Datenmengen weiterhin exponentiell wachsen und die

Technologien immer weiter voranschreiten, wird das Potenzial dieser Techniken zur Umgestaltung von Industrien und zur Verbesserung des Lebens wahrscheinlich weiter zunehmen. Es gab noch nie einen besseren und aufregenderen Zeitpunkt, um in die Welt der Daten, Algorithmen und Wahrscheinlichkeiten einzutauchen.

Nutzung von Statistiken, Prognosen und maschinellem Lernen in realen Anwendungen

In der heutigen datengesteuerten Welt ist es von größter Bedeutung, evidenzbasierte Entscheidungen zu treffen. Durch die Nutzung der Leistungsfähigkeit von Statistiken, Prognosen und maschinellem Lernen können Einzelpersonen und Organisationen umsetzbare Erkenntnisse gewinnen und fundiertere Entscheidungen treffen. In diesem Abschnitt werden mehrere reale Anwendungen dieser Techniken untersucht und ihre Praktikabilität und Wirksamkeit in verschiedenen Branchen und Situationen hervorgehoben.

Umsatz- und Nachfrageprognose

Eine der häufigsten Anwendungen für Statistiken und Prognosen ist die Vorhersage zukünftiger Verkäufe und Nachfrage nach Produkten oder Dienstleistungen. Einzelhändler, Hersteller und Dienstleister können gleichermaßen von genauen Prognosen profitieren, um die

Bestandsverwaltung, Produktionsplanung und Ressourcenzuteilung zu optimieren.

Methoden wie Zeitreihenanalyse, Regressionsmodelle und maschinelle Lernalgorithmen (z. B. ARIMA, exponentielle Glättung und neuronale Netze) können eingesetzt werden, um historische Daten zu analysieren, Muster und Trends zu identifizieren und Prognosen zu erstellen. Diese Techniken ermöglichen es Unternehmen, datengesteuerte Entscheidungen zu treffen, Betriebskosten zu senken und die Kundenzufriedenheit zu verbessern, indem sie die Verfügbarkeit von Produkten und Dienstleistungen sicherstellen.

Marketing und Kundensegmentierung

Das Verständnis des Kundenverhaltens ist für die Entwicklung wirksamer Marketingstrategien von entscheidender Bedeutung. Durch die Anwendung von Clustering-Algorithmen, Klassifizierungsmodellen und anderen Techniken des maschinellen Lernens können Vermarkter Kunden in Gruppen mit ähnlichen Merkmalen, Vorlieben und Kaufgewohnheiten einteilen.

Dieser zielgerichtete Ansatz ermöglicht es Unternehmen, ihre Marketingbotschaften, Werbeangebote und Produktempfehlungen für jedes Segment anzupassen, was zu höheren Konversionsraten und einer stärkeren Kundenbindung führt. Darüber hinaus können fortschrittliche Modelle des maschinellen Lernens verwendet werden, um die Kundenstimmung zu analysieren und den Ruf der Marke auf Social-

Media-Plattformen zu verfolgen, sodass Unternehmen datengesteuerte Entscheidungen über Produktentwicklungs- und PR-Strategien treffen können.

Gesundheitswesen und medizinische Forschung

Statistiken, Prognosen und maschinelles Lernen spielen in der Gesundheitsbranche eine entscheidende Rolle. Von der Analyse klinischer Studiendaten bis hin zur Vorhersage von Krankheitsausbrüchen sind diese Techniken von entscheidender Bedeutung für den medizinischen Fortschritt und die Verbesserung der Patientenergebnisse.

Mithilfe maschineller Lernalgorithmen können beispielsweise Krankheitsverläufe vorhergesagt und personalisierte Behandlungspläne für Patienten mit chronischen Erkrankungen wie Diabetes oder Krebs entwickelt werden. Darüber hinaus kann die statistische Analyse elektronischer Gesundheitsakten Korrelationen zwischen Patientenmerkmalen, Behandlungen und Ergebnissen aufdecken und es Forschern ermöglichen, potenzielle Risikofaktoren zu identifizieren und gezielte Interventionen zu entwickeln.

Finanz- und Risikomanagement

Im Finanzsektor sind Statistiken und maschinelles Lernen weit verbreitet. Wertpapierfirmen nutzen prädiktive Algorithmen, um Markttrends vorherzusagen und Investitionsentscheidungen zu treffen, während Banken und Kreditinstitute maschinelle Lernmodelle nutzen, um die Kreditwürdigkeit von Kunden zu beurteilen und die Wahrscheinlichkeit eines Kreditausfalls vorherzusagen.

Insbesondere das Risikomanagement stützt sich stark auf statistische Analysen und Prognosen. Beispielsweise werden Value-at-Risk-Modelle (VaR) häufig verwendet, um potenzielle Verluste in einem bestimmten Portfolio abzuschätzen, sodass Finanzmanager fundiertere Entscheidungen über die Vermögensallokation und Risikominderungsstrategien treffen können.

Qualitätskontrolle in der Fertigung und vorausschauende Wartung

Die Sicherstellung der Produktqualität und die Aufrechterhaltung der Anlagenverfügbarkeit sind entscheidende Erfolgsfaktoren im produzierenden Gewerbe. Durch die Nutzung der Leistungsfähigkeit von Statistiken, Prognosen und maschinellem Lernen können Unternehmen beide Aspekte optimieren.

Statistische Methoden wie Regelkarten und Hypothesentests können verwendet werden, um Herstellungsprozesse in Echtzeit zu überwachen, Anomalien und Abweichungen zu erkennen und zu signalisieren, wann Korrekturmaßnahmen erforderlich sind. Algorithmen des maschinellen Lernens können auch zur Vorhersage von Geräteausfällen und zur Schätzung des Wartungsbedarfs auf der Grundlage von

Sensordaten eingesetzt werden, wodurch kostspielige Stillstände vermieden und die betriebliche Effizienz gesteigert werden.

Transport- und Logistikoptimierung

Im Transport- und Logistikwesen sind ausgefeilte Algorithmen und Prognosetechniken der Schlüssel zur Kostensenkung, zur Verbesserung der Servicebereitstellung und zur Optimierung des Betriebs. Flugvorhersagemodelle können beispielsweise unter Berücksichtigung von Faktoren wie Wetterbedingungen und Flugverkehr Hinweise auf optimale Flugrouten geben.

Ebenso setzen Logistikunternehmen Routing-Algorithmen und Nachfrageprognosemodelle ein, um optimale Lieferrouten zu planen und eine effiziente Ressourcennutzung sicherzustellen. Jüngste Entwicklungen im Bereich maschinelles Lernen und künstliche Intelligenz, wie autonome Fahrzeuge und intelligente Verkehrsmanagementsysteme, versprechen noch größere Fortschritte in diesem Bereich.

Zusammenfassend lässt sich sagen, dass die Anwendungen von Statistik, Prognosen und maschinellem Lernen umfangreich und vielfältig sind und ein breites Spektrum an Branchen und Anwendungsfällen abdecken. Durch die Anwendung dieser Techniken auf reale Probleme können Unternehmen und Organisationen wertvolle Erkenntnisse gewinnen, die Entscheidungsfindung verbessern und die Effizienz steigern, was letztendlich zu besseren Ergebnissen und Resultaten führt.

Abschnitt: Anwenden von Statistiken, Prognosen und maschinellem Lernen IRL

Unterabschnitt: Anwendungsfälle aus der Praxis und praktische Tipps

In der sich ständig weiterentwickelnden digitalen Landschaft von heute erweist sich die Anwendung von Statistiken, Prognosen und maschinellem Lernen in einer Vielzahl realer Szenarien als unerlässlich. Vom Gesundheitswesen bis zum Finanzwesen haben diese proaktiven Ansätze in verschiedenen Sektoren erhebliche Verbesserungen gebracht und es Unternehmen ermöglicht, wertvolle Erkenntnisse aus verfügbaren Daten zu gewinnen. Ziel dieses Unterabschnitts ist es, einen Überblick über praktische Anwendungsfälle dieser Technologien zu geben und einige Tipps für deren erfolgreiche Implementierung zu geben.

1. Gesundheitswesen

Anwendungsfall: Diagnose und Behandlung von Krankheiten

Techniken des maschinellen Lernens, insbesondere Deep Learning, haben sich als vielversprechend erwiesen, die Art und Weise zu verändern, wie Mediziner verschiedene

Gesundheitszustände diagnostizieren und behandeln. Beispielsweise wurden Bilderkennungsmodelle erfolgreich eingesetzt, um Tumore in medizinischen Scans zu identifizieren, was eine bessere Vorhersage und ein früheres Eingreifen ermöglicht.

Praktische Tipps:

- Arbeiten Sie mit medizinischem Fachpersonal zusammen, um spezifische Diagnose- und Behandlungsbedürfnisse zu verstehen.
- Stellen Sie die Einhaltung von Datenschutzbestimmungen wie HIPAA sicher.
- Investieren Sie in hochwertige Trainingsdaten und nutzen Sie die Kreuzvalidierung, um die Modellleistung zu bewerten.

2. Finanzen

Anwendungsfall: Betrugserkennung und Risikomanagement

Finanzinstitute verlassen sich häufig auf fortschrittliche statistische Modelle und Algorithmen für maschinelles Lernen, um verdächtige Transaktionen zu identifizieren und die mit Kreditvergabe- und Investitionsentscheidungen verbundenen Risiken einzuschätzen. Durch die Nutzung historischer Transaktionsdaten und anderer relevanter Informationen können diese Modelle Muster erkennen, die auf betrügerische Aktivitäten oder ein potenzielles Kreditrisiko hinweisen.

Praktische Tipps:

- Aktualisieren Sie Ihre Modelle regelmäßig mit neuen Daten, um die Wirksamkeit gegen sich entwickelnde Betrugsstrategien aufrechtzuerhalten.
- Nutzen Sie Ensemble-Methoden, um die Stärken verschiedener Algorithmen zu kombinieren und die Gesamtleistung zu verbessern.
- Verstehen Sie die spezifischen Risiken verschiedener Finanzprodukte und passen Sie die Modelle entsprechend an.

3. Einzelhandel

Anwendungsfall: Bedarfsprognose

Eine genaue Bedarfsprognose spielt eine entscheidende Rolle bei der Gewährleistung einer effizienten Bestandsverwaltung und Vertriebsprozesse. Durch die Analyse historischer Verkaufsdaten sowie externer Faktoren wie saisonaler Trends und Wettbewerbsaktivitäten können statistische Modelle und Techniken des maschinellen Lernens die zukünftige Nachfrage vorhersagen und es Einzelhändlern so ermöglichen, Bestellmengen zu optimieren und Ressourcen effektiv zuzuteilen.

Praktische Tipps:

- Beziehen Sie externe Faktoren wie Feiertage, Werbeaktionen von Mitbewerbern und Produktlebenszyklen in Ihr Prognosemodell ein.
- Überprüfen Sie regelmäßig die Leistung Ihres Modells, um Verbesserungsmöglichkeiten zu identifizieren.

- Nutzen Sie mehrere Prognosetechniken wie Zeitreihenanalyse und Algorithmen für maschinelles Lernen, um die Genauigkeit zu erhöhen.

4. Marketing

Anwendungsfall: Kundensegmentierung und -targeting

Unternehmen können ihren Kundenstamm segmentieren, indem sie Daten wie Demografie, Kaufverhalten und Interaktionsmuster mit fortschrittlichen statistischen Techniken und Algorithmen für maschinelles Lernen analysieren. Dies ermöglicht eine bessere Ausrichtung von Marketingkampagnen und stellt sicher, dass Werbemaßnahmen bei der Zielgruppe ankommen, was zu einer verbesserten Kundenzufriedenheit und -bindung führt.

Praktische Tipps:

- Beginnen Sie mit einem einfachen Segmentierungsansatz, beispielsweise Clustering oder Entscheidungsbäumen, und wechseln Sie nach und nach zu fortgeschritteneren Techniken.
- Bewerten Sie Ihre Kundensegmente regelmäßig neu, um Veränderungen im Verbraucherverhalten und in den Vorlieben zu berücksichtigen.
- Integrieren Sie Ihre Segmentierungserkenntnisse in verschiedene Aspekte Ihres Unternehmens, von der Produktentwicklung bis zum Kundenservice.

5. Transport

Anwendungsfall: Verkehrsvorhersage und Routenoptimierung

Verkehrsunternehmen nutzen häufig statistische Modelle und Techniken des maschinellen Lernens, um Verkehrsmuster zu analysieren und Stauniveaus vorherzusagen. Solche Prognosen können dazu beitragen, Staus zu reduzieren, die Effizienz öffentlicher Verkehrssysteme zu verbessern und die Routenplanung zu verbessern.

Praktische Tipps:

- Integrieren Sie Echtzeitdaten wie Wetterbedingungen und Ereignisse in Ihre Verkehrsvorhersagemodelle.
- Nutzen Sie standortbasierte Daten, um Algorithmen zur Routenoptimierung zu verbessern.
- Arbeiten Sie mit Stadtplanungs- und Transportexperten zusammen, um Änderungen in der Transportinfrastruktur zu verstehen, die sich auf Ihre Modelle auswirken können.

6. Herstellung

Anwendungsfall: Vorausschauende Wartung

Durch die Kombination von Sensordaten mit historischen Wartungsaufzeichnungen und der Verwendung von Algorithmen für maschinelles Lernen können Hersteller Geräteausfälle und andere Wartungsprobleme genau vorhersagen. Dies ermöglicht es ihnen, Wartungsaktivitäten proaktiv zu planen, kostspielige Ausfallzeiten zu vermeiden und eine optimale Leistung der Produktionslinie sicherzustellen.

Praktische Tipps:

- Wählen Sie sorgfältig Funktionen und Sensoren aus, die relevante Daten für die vorausschauende Wartung liefern.
- Trainieren Sie Ihre Modelle für maschinelles Lernen anhand verschiedener Wartungsszenarien, um eine robuste Leistung sicherzustellen.
- Achten Sie auf die Interpretierbarkeit Ihrer Modelle, da dies dazu beitragen kann, Vertrauen zwischen den Wartungsteams aufzubauen und die Einführung zu erleichtern.

Durch das Verständnis der realen Anwendungsfälle von statistischen Modellen, Prognosen und maschinellen Lerntechniken und die Befolgung der in diesem Unterabschnitt dargelegten praktischen Tipps können Fachleute aus verschiedenen Sektoren Prozesse optimieren, sich an Veränderungen anpassen und die Komplexität der heutigen digitalen Landschaft bewältigen größeres Selbstvertrauen.

3. Zeitreihenanalyse- und Prognosetechniken

3. Zeitreihenanalyse- und Prognosetechniken

Zeitreihenanalyse und -prognose sind wesentliche Techniken, die in verschiedenen Bereichen eingesetzt werden, darunter Finanzen, Wirtschaft, Ökologie und Meteorologie. Diese Techniken ermöglichen es Praktikern, Trends und Muster in sequentiellen Daten zu analysieren und vorherzusagen, was sie zu unschätzbaren Werkzeugen für die Entscheidungsfindung und das Risikomanagement macht.

In diesem Abschnitt besprechen wir gängige Zeitreihenanalyse- und Prognosemethoden, ihre Anwendungen in der realen Welt und die Rolle des maschinellen Lernens bei diesen Techniken.

3.1 Einführung in die Zeitreihenanalyse

Eine Zeitreihe ist eine Folge von Datenpunkten, die in zeitlicher Reihenfolge indiziert sind. Die Zeitreihenanalyse umfasst die Methoden zum Extrahieren aussagekräftiger Statistiken und anderer Merkmale aus beobachteten Zeitreihendaten.

Das Hauptziel der Zeitreihenanalyse besteht darin, die zugrunde liegende Struktur und Muster innerhalb der Daten zu verstehen, die dann zur Erstellung fundierter Prognosen verwendet werden können.

Die Zeitreihenanalyse besteht aus zwei Hauptkomponenten:

1. *Trendanalyse* : Hierbei wird die langfristige Bewegung bzw. Richtung der gesamten Serie untersucht.
2. *Saisonale Analyse* : Dabei geht es darum, wiederkehrende Muster in der Reihe – etwa zyklische Variationen oder periodische Schwankungen – über einen festen Zeitraum (z.

B. täglich, wöchentlich, monatlich oder jährlich) zu entdecken.

Zu den realen Anwendungen der Zeitreihenanalyse gehören Aktienkursvorhersagen, Verkaufsprognosen, Wettervorhersagen und die Schätzung des Energieverbrauchs.

3.2 Zeitreihenprognosetechniken

Bei der Durchführung von Zeitreihenprognosen stehen zahlreiche Techniken zur Auswahl. Hier werden wir einige der beliebtesten Ansätze und ihre jeweiligen Vor- und Nachteile untersuchen.

1. *Autoregression (AR)* : Das autoregressive Modell geht davon aus, dass der aktuelle Wert einer Zeitreihe linear von ihren vergangenen Werten abhängt. Das Autoregressionsmodell hilft bei der Beschreibung der Autokorrelationsstruktur der Reihe und kann für kurzfristige Prognosen verwendet werden.
2. *Gleitende Durchschnitte (MA)* : Das Modell des gleitenden Durchschnitts wird verwendet, um die Reihen zu glätten, Rauschen zu reduzieren und zugrunde liegende Trends zu identifizieren. Dabei wird der Mittelwert eines rollierenden Fensters in der Reihe berechnet, was dabei helfen kann, Muster und Trends im Zeitverlauf zu erkennen. Es handelt sich um eine einfache Technik, die komplexe Muster in Zeitreihendaten möglicherweise nicht erfasst.
3. *Exponentielle Glättung* : Exponentielle Glättung ist eine Zeitreihenvorhersagemethode, die vergangenen Beobachtungen exponentiell

abnehmende Gewichtungen zuweist. Der Hauptvorteil dieser Technik besteht darin, dass sie empfindlicher auf aktuelle Änderungen in Datenmustern reagiert als einfache Modelle mit gleitendem Durchschnitt.

4. *ARIMA (Autoregressive Integrated Moving Average)* : ARIMA ist eine Klasse linearer Modelle, die die Techniken der Autoregression und der gleitenden Durchschnitte kombiniert. Es ist für die Verarbeitung stationärer Zeitreihendaten konzipiert und kann auf univariate Zeitreihendaten angewendet werden. Es erfordert eine sorgfältige Abstimmung der Parameter, was für Praktiker eine Herausforderung sein kann.
5. *Saisonale Zerlegung von Zeitreihen (STL)* : STL ist eine Methode, die eine Zeitreihe in Trend-, Saison- und Restkomponenten zerlegt. Es hilft bei der Identifizierung und Quantifizierung zugrunde liegender Komponenten und erleichtert so die Erstellung von Prognosemodellen auf Basis der zerlegten Zeitreihen.
6. *Prophet* : Prophet wurde von Facebook entwickelt und ist eine Open-Source-Bibliothek für Zeitreihenprognosen, die auf additiven Regressionsmodellen basiert. Es ist für die Verarbeitung von Zeitreihendaten mit Saisonalität, Feiertagen und anderen besonderen Ereignissen konzipiert. Es ist besonders nützlich für Geschäftszeitreihendaten und bietet eine genaue und flexible Prognoselösung.

3.3 Maschinelles Lernen für die Zeitreihenvorhersage

Modelle des maschinellen Lernens erfreuen sich in der Zeitreihenprognose aufgrund ihrer

Fähigkeit, komplexe Muster und nichtlineare Abhängigkeiten in den Daten zu lernen, immer größerer Beliebtheit. Zu den gängigen Modellen des maschinellen Lernens, die für Zeitreihenprognosen verwendet werden, gehören:

1. *Rekurrente neuronale Netzwerke (RNNs)* : RNNs sind eine Art künstliches neuronales Netzwerk, das für die Verarbeitung sequenzieller Daten entwickelt wurde. Sie eignen sich besonders gut für Zeitreihenprognosen, da sie Muster auf unterschiedlichen Zeitskalen lernen und langfristige Abhängigkeiten in den Daten berücksichtigen können.
2. *Netzwerke mit langem Kurzzeitgedächtnis (LSTM)* : LSTM ist eine Art RNN-Architektur, die sich den Herausforderungen der Erfassung langfristiger Abhängigkeiten in Zeitreihendaten widmet. LSTM-Netzwerke werden häufig in Anwendungen wie Verkaufsprognosen, Aktienkursvorhersagen und Wettervorhersagen eingesetzt.
3. *Convolutional Neural Networks (CNNs)* : Obwohl CNNs hauptsächlich für Bilderkennungsaufgaben eingesetzt werden, haben sie sich bei der Zeitreihenvorhersage als wirksam erwiesen, insbesondere beim Umgang mit multivariaten Zeitreihendaten. Durch die Verarbeitung lokaler zeitlicher Muster können CNNs hierarchische Merkmale und Abhängigkeiten in den Zeitreihendaten erfassen.
4. *Support Vector Machines (SVMs)* : SVMs sind eine Klasse diskriminierender Klassifikatoren, die aufgrund ihrer Fähigkeit, hochdimensionale Daten zu verarbeiten, weit verbreitet sind. Sie wurden auch auf Zeitreihenvorhersagen angewendet, wo

sie mit Kerneln und Merkmalsextraktionstechniken kombiniert werden können, um zukünftige Werte vorherzusagen.

5. *Ensemble-Methoden* : Ensemble-Methoden kombinieren mehrere Basismodelle, um die Genauigkeit und Robustheit von Zeitreihenvorhersagen zu verbessern. Beispiele für Ensemble-Methoden sind Bagging, Boosting und Stacking, die die Stärken einzelner Modelle kombinieren, um einen leistungsfähigeren Prädiktor zu erstellen.

Zusammenfassend lässt sich sagen, dass Zeitreihenanalyse- und Prognosetechniken wesentliche Werkzeuge zum Verständnis und zur Vorhersage von Trends und Mustern in sequentiellen Daten sind. Unabhängig davon, ob traditionelle statistische Methoden oder fortgeschrittenere Ansätze des maschinellen Lernens zum Einsatz kommen, liefern diese Techniken unschätzbare Erkenntnisse in verschiedenen Bereichen, fördern intelligente Entscheidungen und verbessern unsere Fähigkeit, zukünftige Ereignisse vorherzusehen.

3. Zeitreihenanalyse- und Prognosetechniken

Bei der Zeitreihenanalyse handelt es sich um die Untersuchung von Datenpunkten, die zeitlich oder räumlich sequentiell geordnet sind. Im Allgemeinen konzentriert sich die Zeitreihenanalyse auf die Analyse der Muster und Trends in den Daten, um aussagekräftige Interpretationen vorzunehmen, die treibende Kraft hinter dem beobachteten Verhalten zu verstehen und genaue Vorhersagen und Vorhersagen für zukünftige Datenpunkte zu treffen. Die Zeitreihenanalyse wird in zahlreichen Bereichen umfassend eingesetzt, darunter Wirtschaft, Finanzen, Medizin, Meteorologie und Sozialwissenschaften.

In diesem Abschnitt werden wir uns mit verschiedenen Techniken der Zeitreihenanalyse und -prognose befassen und deren Theorie, Anwendungsfälle, Vorteile und Einschränkungen diskutieren.

3.1 Komponenten von Zeitreihendaten

Bevor wir uns mit verschiedenen Techniken befassen, müssen wir die Komponenten von Zeitreihendaten verstehen. Die folgenden vier Komponenten werden im Allgemeinen in Zeitreihendaten beobachtet:

1. **Trend** : Der Gesamtverlauf der Zeitreihendaten im Laufe der Zeit, entweder steigend oder fallend.
2. **Saisonalität** : Ein sich wiederholendes Muster oder eine Variation über feste Zeiträume, normalerweise aufgrund des Kalenders oder der Jahreszeit (z. B. monatliche oder vierteljährliche Schwankungen).
3. **Zyklisch** : Schwankungen ohne festen Zeitraum, die durch nichtsaisonale Ereignisse wie Konjunkturzyklen oder Marktbedingungen verursacht werden.
4. **Unregelmäßiges Rauschen** : Restvariationen oder Fluktuationen, die keiner der oben genannten

Komponenten zugeschrieben werden können und als zufällig gelten.

3.2 Glättungstechniken

Glättungstechniken in der Zeitreihenanalyse zielen darauf ab, Rauschen und Variationen innerhalb der Daten zu entfernen und dabei zu helfen, den zugrunde liegenden Trend, die Saisonalität und die zyklischen Komponenten zu identifizieren.

- **Gleitender Durchschnitt** : Diese Methode berechnet den Durchschnitt von Datenpunkten innerhalb eines bestimmten Fensters, wodurch kurzfristige Schwankungen effektiv geglättet und langfristige Trends identifiziert werden.
- **Exponentiell gewichteter gleitender Durchschnitt** : Ähnlich dem gleitenden Durchschnitt, weist jedoch den aktuellen Datenpunkten mehr Gewicht zu und liefert so eine genauere Darstellung der neuesten Trends.
- **Saisonale Anpassung** : Bei dieser Technik werden die Zeitreihendaten unter Berücksichtigung saisonaler Komponenten korrigiert, um den zugrunde liegenden Trend und die zyklischen Komponenten genauer zu erkennen.

3.3 Autoregressiver integrierter gleitender Durchschnitt (ARIMA)

ARIMA ist ein beliebtes statistisches Modell zur Vorhersage und zum Verständnis von Zeitreihendaten. Es kombiniert die Komponenten von AutoRegressive-Modellen (AR), Moving-

Average-Modellen (MA) und dem Konzept der Differenzierung zur Stationarisierung der Daten.

- **Autoregressiv (AR)** : Prognostiziert den Wert einer Variablen basierend auf ihren vorherigen Werten. Mathematisch handelt es sich um die lineare Kombination vorheriger Datenpunkte, multipliziert mit bestimmten Koeffizienten.
- **Gleitender Durchschnitt (MA)** : Verwendet einen ähnlichen mathematischen Ansatz, um Werte basierend auf den vorherigen Fehlern oder Residuen in den Daten vorherzusagen. Die Fehler aus den vorherigen Prognosen werden zur Anpassung der aktuellen Prognose verwendet.
- **Integriert (I)** : Stellt die Differenzierungsreihenfolge dar, die erforderlich ist, um die Daten stationär zu machen. Stationarität ist bei den meisten Zeitreihenanalysetechniken von entscheidender Bedeutung, da sie die Auswirkungen von Trends und Saisonalität reduziert und es uns ermöglicht, uns auf das inhärente Muster der Daten zu konzentrieren.

ARIMA-Modelle sind besonders nützlich, wenn die Daten ein lineares Muster aufweisen, stationär sind und keine fehlenden Werte aufweisen.

3.4 Saisonale Zerlegung von Zeitreihen (STL)

STL ist eine Technik, die eine Zeitreihe in drei Komponenten zerlegt: Trend, Saison und Rest (Rest). Zur Schätzung jeder Komponente werden Glättungsmethoden wie LOESS (Locally timated Scatterplot Smoothing) verwendet.

- **LOESS-Glättung** : Eine nichtparametrische Regressionsmethode, die mehrere lineare Modelle in einem auf k-nächsten Nachbarn basierenden Metamodell kombiniert. Es ist besonders nützlich für die Analyse nichtlinearer Muster und die Erstellung genauer und glatter Trendkurven.

Nach der Zerlegung der Zeitreihendaten mithilfe von STL können wir jede Komponente separat analysieren und vorhersagen und so ein genaueres und umfassenderes Verständnis der zugrunde liegenden Muster und des zukünftigen Verhaltens liefern.

3.5 Langes Kurzzeitgedächtnisnetzwerk (LSTM)

LSTM ist eine Art wiederkehrendes neuronales Netzwerk (RNN), das darauf ausgelegt ist, langfristige Abhängigkeiten und Muster in Zeitreihendaten zu lernen. Dieses maschinelle Lernmodell ist besonders nützlich für die Verarbeitung großer Datensätze mit komplexen Mustern und nichtlinearen Beziehungen.

LSTMs funktionieren, indem sie einen verborgenen Zustand aufrechterhalten, der sich im Laufe der Zeit weiterentwickelt, wenn neue Datenpunkte hinzugefügt werden. Das Modell passt seine Gewichtungen und Verzerrungen an, während es die Datensequenz lernt, sodass es langfristige Abhängigkeiten effektiv in seine Vorhersagen einbeziehen kann.

Aufgrund ihrer Fähigkeit, komplizierte Muster und Sequenzdynamiken zu erfassen, haben LSTMs in verschiedenen Anwendungen, einschließlich Spracherkennung, Verarbeitung natürlicher Sprache und Finanzprognosen, bedeutende Verwendung gefunden.

3.6 Facebook-Prophet

Prophet ist eine von Facebook entwickelte Open-Source-Bibliothek für Zeitreihenprognosen. Es basiert auf der beliebten statistischen Programmiersprache R und Python und ist daher einfach zu verwenden und in bestehende Datenanalyse-Pipelines zu integrieren.

Prophet verwendet ein additives Regressionsmodell, um Prognosen zu erstellen, indem es einen stückweise linearen oder logistischen Wachstumskurventrend, eine jährliche saisonale Komponente und eine wöchentliche saisonale Komponente kombiniert. Es verfügt außerdem über Funktionen zur Handhabung von Feiertagen und besonderen Ereignissen und liefert so genauere Prognosen für unregelmäßige Zeitreihen.

Die Einfachheit, Flexibilität und Robustheit von Prophet haben es sowohl bei Anfängern als auch bei erfahrenen Praktikern beliebt gemacht und ermöglichen ihnen die Analyse und Vorhersage einer Vielzahl von Zeitreihendaten.

Zusammenfassend lässt sich sagen, dass Zeitreihenanalyse und -prognose wesentliche Werkzeuge zum Verständnis von Daten und zur Vorhersage zukünftiger Trends sind. Die in diesem Abschnitt besprochenen Techniken können auf verschiedene Branchen und Anwendungsfälle angewendet werden, liefern wertvolle Erkenntnisse und verbessern die Entscheidungsfindung. Indem wir die zugrunde liegenden Prinzipien und Einschränkungen jeder Methode verstehen, können wir diese Techniken effektiver in unserer Arbeit anwenden und unser Verständnis der komplexen Muster und Dynamiken realer Daten verbessern.

3. Zeitreihenanalyse- und Prognosetechniken

Zeitreihenanalyse- und Prognosetechniken sind entscheidende Komponenten in zahlreichen realen Anwendungen, die von der Wirtschaft über Wettervorhersagen und Verkaufsprognosen bis hin zum Gesundheitswesen reichen. In diesem Unterabschnitt wird auf verschiedene Zeitreihenanalyse- und Prognosetechniken eingegangen, die in realen Umgebungen eingesetzt werden, sowie auf deren Bedeutung und Funktionalität.

3.1 Zeitreihendaten verstehen

Bevor Sie sich mit den Techniken befassen, ist es wichtig, sich mit Zeitreihendaten vertraut zu machen. Zeitreihendaten sind eine Folge von Datenpunkten, die in konsistenten Zeitintervallen erfasst werden. Beispielsweise sind tägliche Aktienkurse oder monatliche Verkaufszahlen Zeitreihendaten. Die Zeitreihenanalyse zielt darauf ab, verborgene Muster und Trends in den Daten aufzudecken, die dann zur Vorhersage zukünftiger Werte genutzt werden können.

3.2 Techniken zur Zeitreihenanalyse

Es gibt zahlreiche Techniken zur Zeitreihenanalyse, von denen jede einzigartige Einblicke und Prognosemöglichkeiten bietet. Die folgenden Methoden werden häufig in realen Anwendungen verwendet:

3.2.1 Autoregressives (AR) Modell

Ein autoregressives Modell geht davon aus, dass der aktuelle Wert einer Zeitreihe anhand einer linearen Kombination früherer Werte geschätzt werden kann. Diese Technik wird häufig in Anwendungen wie Finanzen und Wirtschaft eingesetzt, wo historische Trends für die Erstellung von Vorhersagen wichtig sind. Das AR-Modell kann für kurzfristige Prognosen verwendet werden, weist jedoch bei der Anwendung auf längerfristige Prognosen Einschränkungen auf.

3.2.2 Modell des gleitenden Durchschnitts (MA).

Ein gleitendes Durchschnittsmodell berechnet den Durchschnitt von Datenpunkten innerhalb eines bestimmten Fensters in der Zeitreihe. Durch die „Glättung" der Daten können gleitende Durchschnitte dazu beitragen, Rauschen zu beseitigen und zugrunde liegende Trends aufzudecken. Es wird häufig zur Interpretation von Zeitreihen im Vertrieb und Finanzwesen eingesetzt, wo die Offenlegung saisonaler Muster und Trends von entscheidender Bedeutung ist.

3.2.3 Modell des autoregressiven integrierten gleitenden Durchschnitts (ARIMA).

ARIMA vereint die Vorteile der AR- und MA-Modelle. Dazu gehört die Differenzierung der Zeitreihen, um sie stationär zu machen – zum Beispiel das Entfernen von Saisonalität und Trends, die möglicherweise vorhanden sind. Diese Technik ist vielseitig und kann verschiedene Zeitreihendatentypen verarbeiten, weshalb sie häufig für Prognosezwecke eingesetzt wird.

3.2.4 Exponentielles Glättungszustandsraummodell (ES)

Die exponentielle Glättung umfasst mehrere Prognosetechniken, die vergangenen Beobachtungen unterschiedliche Gewichtungen zuweisen und die Gewichtung typischerweise mit zunehmendem Alter der Beobachtung verringern. Beispiele für Techniken zur exponentiellen Glättung sind die einfache exponentielle Glättung, die doppelte exponentielle Glättung (Holt-Methode) und die dreifache exponentielle Glättung (Holt-Winters-Methode). Sie werden häufig in den Bereichen Wirtschaft, Finanzen und Volkswirtschaft für genaue kurzfristige Prognosen eingesetzt.

3.2.5 Modelle für maschinelles Lernen

Techniken des maschinellen Lernens wie Long Short-Term Memory (LSTM) und Gated Recurrent Unit (GRU) neuronale Netze können auch für die Zeitreihenanalyse und -prognose eingesetzt werden. Diese Deep-Learning-Modelle haben in den letzten Jahren aufgrund ihrer Fähigkeit, komplexe Muster und große Datensätze zu modellieren, an Popularität gewonnen. Sie werden häufig in Anwendungen eingesetzt, bei denen große Rechenressourcen zur Verfügung stehen und hochpräzise Prognosen gewünscht sind.

3.3 Prognosetechniken in Aktion: Anwendungen in der Praxis

3.3.1 Wettervorhersage

Die Wettervorhersage nutzt in großem Umfang die Zeitreihenanalyse, um zukünftige meteorologische Bedingungen vorherzusagen. Techniken wie AR-Modelle, exponentielle Glättung und Deep-Learning-Modelle helfen bei der Vorhersage von Temperaturen, Niederschlägen und anderen Wettervariablen, indem sie frühere Wetterdaten nutzen.

3.3.2 Börsenprognose

Im Finanzsektor sind Zeitreihenanalysetechniken für die Prognose von Aktienkursen, Wechselkursen und Markttrends unerlässlich. Durch die Verwendung historischer Daten zur Vorhersage zukünftiger Werte können Händler und Anleger fundierte Entscheidungen treffen, um Risiken zu minimieren und Erträge zu maximieren.

3.3.3 Wirtschaftsprognosen

Wirtschaftsindikatoren wie BIP, Inflation und Beschäftigungsquoten werden häufig mithilfe einer Zeitreihenanalyse modelliert. Durch die Analyse historischer Daten und die Identifizierung von Trends können politische Entscheidungsträger und Ökonomen bessere Strategien für Wirtschaftswachstum und Stabilität entwickeln.

3.3.4 Gesundheitswesen

Zeitreihenanalysen spielen eine entscheidende Rolle im Gesundheitswesen und helfen dabei, die Krankheitsprävalenz, Patientenaufnahmen und den Ressourcenbedarf in Krankenhäusern vorherzusagen. Im Zusammenhang mit der Krankheitsprävention können Zeitreihenmodelle dabei helfen, potenzielle Ausbrüche zu erkennen, sodass medizinische Fachkräfte schnell und effektiv reagieren können.

3.3.5 Supply Chain Management und Nachfrageprognose

Unternehmen nutzen Zeitreihenanalysen, um die zukünftige Nachfrage nach ihren Produkten vorherzusagen und so Lagerbestände, Fertigungspläne und Marketingstrategien zu optimieren. Durch den Einsatz von Techniken wie ARIMA und maschinellen Lernmodellen können Unternehmen sichere Entscheidungen auf der Grundlage genauer Nachfrageprognosen treffen.

Zusammenfassend lässt sich sagen, dass Zeitreihenanalyse- und Prognosetechniken unverzichtbare Werkzeuge in einer Vielzahl realer Anwendungen sind. Wenn Sie diese Methoden beherrschen, verbessern Sie Ihre Fähigkeiten in der Datenanalyse und Vorhersagemodellierung und können das verborgene Potenzial von

Zeitreihendaten in verschiedenen Bereichen erschließen.

3. Zeitreihenanalyse- und Prognosetechniken

Die Zeitreihenanalyse ist eine statistische Technik zur Untersuchung und Analyse einer Reihe von Datenpunkten, die über diskrete und gleichmäßig verteilte Zeitintervalle gesammelt werden. Das Hauptziel der Zeitreihenanalyse besteht darin, aussagekräftige Erkenntnisse zu gewinnen, Muster, Trends und Saisonalität in den Daten zu identifizieren und zukünftige Datenpunkte auf der Grundlage historischer Muster vorherzusagen.

In diesem Abschnitt besprechen wir die folgenden Zeitreihenanalyse- und Prognosetechniken, die in verschiedenen Branchen und Anwendungen, einschließlich Finanzen, Wirtschaft, Marketing und quantitativer Analyse, weit verbreitet sind:

3.1 Autoregressive (AR) Modelle

Ein autoregressives (AR) Modell ist ein lineares Modell, das frühere Datenpunkte (verzögerte Werte) verwendet, um zukünftige Werte vorherzusagen. Die Hauptannahme bei AR-Modellen besteht darin, dass der aktuelle Wert der Variablen linear von ihren vorherigen Werten abhängt. Autoregressive Modelle werden häufig in verschiedenen Bereichen wie Finanzen, Wirtschaft und Ingenieurwesen zur Analyse und Prognose von Zeitreihendaten verwendet.

Die Grundgleichung für ein autoregressives Modell der Ordnung *p* (AR(p)) ist definiert als:

$Y_t = c + \phi_1Y_{t-1} + \phi_2Y_{t-2} + \dots + \phi_pY_{t-p} + \epsilon_t$

Wo:

- Y_t ist der Wert der Zeitreihe zum Zeitpunkt *t*
- *c* ist der konstante Term
- $\phi_1, \phi_2, \dots, \phi_p$ sind die Parameter des Modells
- $Y_{t-1}, Y_{t-2}, \dots, Y_{t-p}$ sind die vorherigen Werte der Zeitreihe
- ϵ_t ist der Fehlerterm zum Zeitpunkt *t*

3.2 Modelle mit gleitendem Durchschnitt (MA).

Modelle des gleitenden Durchschnitts (MA) sind eine weitere beliebte lineare Prognosetechnik, die für Zeitreihendaten verwendet wird. Anstatt frühere Beobachtungen wie AR-Modelle zu verwenden, verwenden MA-Modelle Fehlerterme der Vergangenheit, um zukünftige Datenpunkte vorherzusagen. MA-Modelle gehen davon aus, dass der aktuelle Wert eine lineare Kombination früherer Fehlerterme ist, die als „Schocks“ oder „Rauschen“ in den Zeitreihendaten interpretiert werden können.

Die Grundgleichung für ein gleitendes Durchschnittsmodell der Ordnung *q* (MA(q)) ist definiert als:

$Y_t = \mu + \epsilon_t + \theta_1\epsilon_{t−1} + \theta_2\epsilon_{t−2} + \dots + \theta_q\epsilon_{t−q}$

Wo:

- Y_t ist der Wert der Zeitreihe zum Zeitpunkt t
- μ ist der konstante Term (Mittelwert der Zeitreihe)
- $\theta_1, \theta_2, \dots, \theta_q$ sind die Parameter des Modells
- $\epsilon_{t-1}, \epsilon_{t-2}, \dots, \epsilon_{tq}$ sind die vorherigen Fehlerterme
- ϵ_t ist der Fehlerterm zum Zeitpunkt t

3.3 Autoregressive Integrated Moving Average (ARIMA)-Modelle

Autoregressive Integrated Moving Average (ARIMA)-Modelle kombinieren sowohl autoregressive (AR) als auch gleitende Durchschnitts (MA)-Komponenten und berücksichtigen auch den Differenzierungsprozess, um die Zeitreihe stationär zu machen (d. h. konstanter Mittelwert und konstante Varianz über die Zeit). ARIMA-Modelle sind besonders nützlich für die Vorhersage instationärer Zeitreihendaten mit klar definierten Trend- und/oder Saisonalitätskomponenten.

Das ARIMA-Modell wird durch drei Parameter definiert: p (Ordnung des autoregressiven Termes), d (Grad der Differenzierung) und q

(Ordnung des Termes des gleitenden Durchschnitts). Ein ARIMA(p, d, q)-Modell kann ausgedrückt werden als:

$(1-\Sigma \phi_iL^i)(1-L)^d Y_t = \mu + (1+\Sigma \theta_jL^j)\epsilon_t$

Wo:

- Y_t ist der Wert der Zeitreihe zum Zeitpunkt t
- L ist der Verzögerungsoperator (z. B. $L^1Y_t = Y_{t-1}$)
- ϕ_i sind die autoregressiven Parameter
- θ_j sind die Parameter des gleitenden Durchschnitts
- d ist der Grad der Differenzierung
- ϵ_t ist der Fehlerterm zum Zeitpunkt t
- μ ist der konstante Term

3.4 Saisonale Zerlegung von Zeitreihen (STL)

Bei der saisonalen Zerlegung von Zeitreihen (STL) handelt es sich um eine Technik zur Aufteilung von Zeitreihendaten in mehrere Komponenten, beispielsweise Trend-, Saison- und Restkomponenten. STL ist besonders nützlich, um Saisonalitätsmuster in Zeitreihendaten zu analysieren und Prognosen für saisonale Effekte anzupassen.

Die STL-Zerlegung kann wie folgt dargestellt werden:

$Y_t = T_t + S_t + R_t$

Wo:

- Y_t ist der Wert der Zeitreihe zum Zeitpunkt *t*
- T_t ist die Trendkomponente zum Zeitpunkt *t*
- S_t ist die saisonale Komponente zum Zeitpunkt *t*
- R_t ist die Restkomponente zum Zeitpunkt *t*

3.5 Exponentielles Glättungszustandsraummodell (ETS)

Zustandsraummodelle mit exponentieller Glättung (ETS) sind eine Familie von Prognosemodellen, die auf den exponentiellen Glättungstechniken mit Zustandsraummodellierung aufbauen. ETS-Modelle können verschiedene Arten von Zeitreihenmustern verarbeiten, beispielsweise additive oder multiplikative Trends und Saisonalitäten. Der Hauptvorteil der Verwendung von ETS-Modellen besteht darin, dass sie im Vergleich zu anderen fortschrittlichen Techniken genaue kurzfristige Prognosen mit relativ geringerem Rechenaufwand erstellen können.

ETS-Modelle können in drei Hauptkomponenten kategorisiert werden:

- Ebene (gekennzeichnet durch *l*): Der dauerhafte oder langfristige Wert der Zeitreihe
- Trend (gekennzeichnet durch *b*): Die Steigung oder Änderung der Pegelkomponente im Zeitverlauf
- Saisonal (gekennzeichnet durch *s*): Das periodische oder sich wiederholende Muster in der Zeitreihe

Die Zustandsraumdarstellung eines ETS-Modells ist gegeben durch:

$Y_t = l_{t-1} + \alpha \epsilon_t$ $l_t = l_{t-1} + b_{t-1} + \alpha \epsilon_t$ $b_t = b_{t-1} + \beta \epsilon_t$

Wo:

- Y_t ist der Wert der Zeitreihe zum Zeitpunkt *t*
- l_t ist der Pegel zum Zeitpunkt *t*
- b_t ist der Trend zum Zeitpunkt *t*
- s_t ist der Saisonfaktor zum Zeitpunkt *t*
- α,β sind die Glättungsparameter
- ϵ_t ist der Fehlerterm zum Zeitpunkt *t*

3.6 Techniken des maschinellen Lernens und des Deep Learning für die Zeitreihenvorhersage

Neben den traditionellen Zeitreihenmodellen haben in den letzten Jahren verschiedene Techniken des maschinellen Lernens und des Deep Learning zur Lösung komplexer Zeitreihenprognoseprobleme an Popularität gewonnen. Einige dieser Techniken umfassen:

- **Support Vector Machines (SVM)** : SVM ist eine maschinelle Lerntechnik, die für Zeitreihenprognosen verwendet werden kann, indem die Zeitreihendaten mithilfe von Kernelfunktionen in einen höherdimensionalen

Raum umgewandelt und die optimale Trennungshyperebene gefunden werden.

- **Random Forests und Gradient Boosting Machines** : Diese Ensemble-Techniken können auf Probleme bei der Vorhersage von Zeitreihen angewendet werden, indem Schiebefenster- oder „Rolling-Origin"-Kreuzvalidierungsstrategien verwendet werden, um mehrere Entscheidungsbäume oder schwache Lernende auf verschiedenen Teilmengen der Zeitreihendaten zu trainieren.
- **Rekurrente neuronale Netze (RNN)** : RNNs sind eine Art künstlicher neuronaler Netze, die speziell für die Verarbeitung von Sequenzdaten wie Zeitreihen entwickelt wurden, indem sie Rückkopplungsverbindungen oder „Speicher"-Einheiten zum Speichern vergangener Informationen verwenden.
- **Neuronale Netze mit langem Kurzzeitgedächtnis (LSTM) und Gated Recurrent Unit (GRU)** : Sowohl LSTM- als auch GRU-Modelle sind fortgeschrittene Variationen von RNNs mit verbesserten Speichereinheiten, die in der Lage sind, langfristige Abhängigkeiten in Zeitreihendaten zu lernen, wodurch sie für komplexe Zwecke geeignet sind Prognoseprobleme.
- **Convolutional Neural Networks (CNN)** : CNNs sind spezialisierte neuronale Netzwerke, die ursprünglich für die Bildanalyse entwickelt wurden, aber auch auf Zeitreihenvorhersageprobleme angewendet werden können, indem die Zeitreihendaten als eindimensionales „Bild" behandelt und hierarchische Darstellungen mithilfe von Faltungsschichten erlernt werden.

Alle diese Techniken bieten bei richtiger Anwendung robuste und genaue Methoden für die Zeitreihenanalyse und -prognose. Die Auswahl der richtigen Technik hängt von der Art und Komplexität der Zeitreihendaten, dem Domänenwissen und den spezifischen Anforderungen der jeweiligen Prognoseaufgabe ab.

3. Zeitreihenanalyse- und Prognosetechniken

Bei der Zeitreihenanalyse werden historische Daten untersucht, um Muster und Trends zu identifizieren und zukünftige Ereignisse vorherzusagen. Diese Art der Analyse ist in vielen Geschäfts-, Wirtschafts- und Wissenschaftsbereichen von entscheidender Bedeutung, da sie bei der Entscheidungsfindung und beim Verständnis der zeitlichen Dynamik verschiedener Prozesse hilft. In diesem Abschnitt besprechen wir die folgenden Prognosetechniken:

- Autoregressive Integrated Moving Average (ARIMA)-Modelle
- Saisonale Zerlegung von Zeitreihen (STL) und saisonale Trendzerlegung mit LOESS (STL)
- Zustandsraummodelle mit exponentieller Glättung (ETS)
- Modelle mit langem Kurzzeitgedächtnis (LSTM).

3.1 Autoregressive Integrated Moving Average (ARIMA)-Modelle

Das ARIMA-Modell ist ein weit verbreiteter Ansatz für die Zeitreihenvorhersage. Es kombiniert autoregressive (AR) und gleitende Durchschnittselemente (MA) mit Differenzierung, um die Zeitreihe stationär zu machen. Einfach ausgedrückt weisen stationäre Zeitreihendaten keine Trends oder Saisonalität auf, was die Analyse und Vorhersage erleichtert. Das Modell wird durch drei Parameter definiert: p (Ordnung des AR-Terms), d (Grad der Differenzierung) und q (Ordnung des MA-Terms).

Die Auswahl der optimalen Parameter für das ARIMA-Modell kann mithilfe einer Rastersuche erfolgen, mit dem Ziel, eine Metrik wie das Akaike-Informationskriterium (AIC) oder das Bayesianische Informationskriterium (BIC) zu minimieren. Sobald die Parameter ausgewählt sind, kann das Modell an die historischen Daten angepasst und zur Vorhersage zukünftiger Beobachtungen verwendet werden. ARIMA hat jedoch Schwierigkeiten, wenn es um unregelmäßige, hochfrequente oder saisonale Daten geht.

3.2 Saisonale Zerlegung von Zeitreihen (STL) und saisonale Trendzerlegung mit LOESS (STL)

Saisonale Zerlegungstechniken wie STL werden verwendet, um eine Zeitreihe in ihre Bestandteile zu zerlegen – saisonal, Trend und Residuum. Diese Zerlegung ermöglicht es uns, die zugrunde liegenden Muster und Verhaltensweisen in den Daten zu verstehen, beispielsweise wie sich der Trend und die Saisonalität im Laufe der Zeit ändern. STL ist ein Akronym für Seasonal and Trend decomposition using Loess, eine nichtparametrische Methode zur Anpassung einer glatten Kurve an Daten.

Die STL-Methode ist hochgradig anpassbar und robust und ermöglicht die Analyse von Daten mit fehlenden oder verunreinigten Beobachtungen. Darüber hinaus kann STL mit anderen Prognosemethoden wie ARIMA oder ETS kombiniert werden, um Saisonalität zu berücksichtigen, die von diesen Modellen möglicherweise nicht erfasst wird.

3.3 Zustandsraummodelle mit exponentieller Glättung (ETS)

Zustandsraummodelle mit exponentieller Glättung, manchmal auch `Holt-Winters-Methode genannt ,` sind eine Familie von Zeitreihenvorhersagetechniken, die verschiedene Formen der exponentiellen Glättung verallgemeinern. Diese Modelle können Trends und Saisonalität berücksichtigen sowie Punktprognosen, Vorhersageintervalle und Glättung generieren. ETS unterscheidet sich von ARIMA dadurch, dass es Zeitreihen mit unregelmäßigen Mustern und Hochfrequenzdaten verarbeiten kann.

Es gibt drei Hauptkomponenten von ETS-Modellen: Fehler (E), Trend (T) und Saisonalität (S). Die Auswahl dieser Komponenten wird durch die Daten und die gewünschten Prognoseeigenschaften bestimmt. Beispielsweise würde ein Modell mit additiven Fehlern, additiven

Trends und ohne Saisonalität als ETS(A, A, N) bezeichnet. Die Auswahl der optimalen Modellparameter kann anhand verschiedener Kriterien erfolgen, beispielsweise der Minimierung des AIC oder BIC.

3.4 Long Short-Term Memory (LSTM)-Modelle

Long Short-Term Memory (LSTM) ist eine Art Recurrent Neural Network (RNN)-Architektur, die speziell für die Verarbeitung von Zeitreihendaten durch die Erfassung langfristiger Abhängigkeiten entwickelt wurde. LSTMs haben sich bei der Vorhersage komplexer Muster und nichtlinearer Beziehungen als erfolgreich erwiesen, was sie zu einer hervorragenden Wahl für Zeitreihenvorhersageaufgaben macht.

LSTMs bestehen aus mehreren Schichten, wobei jede Schicht über mehrere Speicherzellen verfügt. Diese Zellen verfügen über Eingabe-, Ausgabe- und Vergessenstore, die dabei helfen, den Informationsfluss durch das Netzwerk zu steuern und aufrechtzuerhalten. Dieses Design trägt dazu bei, das Problem des verschwindenden Gradienten zu mildern, das bei herkömmlichen RNNs häufig auftritt.

Beim Training eines LSTM-Modells werden die Zeitreihendaten in Sequenzen aufgeteilt und diese Sequenzen als Eingaben für das Modell bereitgestellt. Anschließend wird das Modell trainiert, um einen oder mehrere Schritte in der Zeitreihe vorherzusagen. Die Optimierung von Hyperparametern, beispielsweise der Anzahl der Schichten, der Anzahl der Zellen pro Schicht, der

Lernrate und der Abbruchrate, ist ein wesentlicher Schritt bei der Entwicklung von LSTM-Modellen.

Abschluss

Zeitreihenanalyse und -prognose spielen in verschiedenen realen Anwendungen eine entscheidende Rolle. Das Verstehen und Implementieren der geeigneten Techniken kann wertvolle Erkenntnisse liefern und dabei helfen, fundierte Entscheidungen zu treffen. Die in diesem Abschnitt besprochenen Techniken – ARIMA, STL, ETS und LSTM – bieten eine spannende Reihe von Optionen für Analysten und Praktiker, die die Leistungsfähigkeit der Zeitreihenanalyse nutzen möchten. Die Wahl der Methode hängt von der Art der Daten, den gewünschten Prognoseeigenschaften und natürlich den erforderlichen Rechenressourcen ab.

Integration von Statistiken, Prognosen und maschinellem Lernen in die Entscheidungsfindung

In unserer zunehmend datengesteuerten Welt ist es für Einzelpersonen und Organisationen von entscheidender Bedeutung, Daten nicht nur zu verstehen und mit ihnen zu arbeiten, sondern sie auch für fundierte Entscheidungen zu nutzen. Hier kommt die Integration von Statistiken, Prognosen und maschinellem Lernen ins Spiel. Die kombinierte Umsetzung dieser Ansätze trägt zur Verfeinerung der Entscheidungsfindung bei und führt letztlich zu präziseren Ergebnissen. In diesem Unterabschnitt besprechen wir einige praktische Schritte und Best Practices zur Integration dieser Techniken in Ihren realen Entscheidungsprozess.

1. Das Problem definieren

Bevor Sie sich mit der Datenanalyse befassen, ist es wichtig, zunächst das Problem zu identifizieren, das gelöst werden muss, oder die Frage, die Sie beantworten möchten. Durch die Festlegung eines klaren Ziels können Sie Ihren statistischen Ansatz und Ihre Modelle für maschinelles Lernen so anpassen, dass die gewünschten Ergebnisse erzielt werden. Um das Problem zu definieren:

- Umreißen Sie klar und deutlich die Frage oder das Problem, um das es geht,
- Bestimmen Sie die Variablen und Faktoren, die das Ergebnis beeinflussen können
- Definieren Sie den analytischen Ansatz, sei es beschreibend, prädiktiv oder präskriptiv.

2. Zusammenstellung Ihrer Daten

Nachdem Sie die Fragen bestimmt haben, die beantwortet werden müssen, sammeln Sie die Daten, die Sie für die Durchführung Ihrer Analyse benötigen. Daten können aus verschiedenen Quellen stammen, beispielsweise aus strukturierten Datenbanken, unstrukturiertem Text oder sogar aus Online-Quellen wie Social-Media-Plattformen. Stellen Sie sicher, dass die Daten zuverlässig und für das vorliegende Problem relevant sind. Die Bereinigung und Vorverarbeitung der Daten, einschließlich Organisation, Deduplizierung, Behandlung fehlender Werte und Normalisierung, sind wesentliche Schritte, um genaue und robuste Ergebnisse sicherzustellen.

3. Auswahl der richtigen Methode

Abhängig von Ihrem Problem können verschiedene statistische und maschinelle Lernmethoden besser geeignet sein als andere. Eine gute Faustregel besteht darin, mit traditionellen statistischen Techniken wie Hypothesentests, Regression oder Zeitreihenanalyse zu beginnen. Wenn diese Methoden keine zufriedenstellenden Ergebnisse liefern oder das Problem komplex ist, können maschinelle Lernalgorithmen wie Entscheidungsbäume, neuronale Netze oder Ensemble-Methoden eingesetzt werden. So wählen Sie die richtige Methode:

- Verstehen Sie die Annahmen und Einschränkungen der von Ihnen verwendeten Methoden.
- Beginnen Sie mit einfachen Modellen und bauen Sie bei Bedarf Komplexität auf
- Führen Sie eine gründliche Modellvalidierung durch, um die Genauigkeit und Zuverlässigkeit Ihrer Modelle zu vergleichen.

4. Modelle implementieren und Ergebnisse interpretieren

Nachdem Sie Ihre Analysemethoden ausgewählt haben, besteht der nächste Schritt darin, Ihre Modelle zu erstellen und Prognosen bzw. Prognosen zu erstellen. Es ist wichtig, sich vor einer Überanpassung zu hüten, die auftreten kann, wenn ein Modell zu kompliziert ist oder zu stark auf die gegebenen Daten trainiert wird. In realen Situationen ist es besser, sich für ein einfacheres, allgemeineres Modell zu entscheiden als für ein übermäßig komplexes. Die Interpretation der Ergebnisse Ihrer Analyse umfasst Folgendes:

- Bewertung der Bedeutung und Relevanz Ihrer Ergebnisse,
- Verstehen Sie, wie Ihre Ergebnisse mit dem vorliegenden Problem zusammenhängen, und
- Vermittlung von Ergebnissen und Erkenntnissen an Stakeholder mithilfe von Visualisierungen und klarer Sprache.

5. Erkenntnisse in die Tat umsetzen

Nehmen Sie sich nach der Interpretation Ihrer Ergebnisse die Zeit, darüber nachzudenken, wie diese in umsetzbare Empfehlungen umgesetzt werden können. Es ist wichtig, die realen Auswirkungen Ihrer Erkenntnisse zu berücksichtigen, da sie Entscheidungsträgern dabei helfen können, den Weg zu einer besseren Problemlösung zu ebnen. Um Erkenntnisse in Taten umzusetzen:

- Beschreiben Sie klar und deutlich die Schritte, die Ihrer Meinung nach auf der Grundlage Ihrer Erkenntnisse unternommen werden sollten.

- Quantifizieren Sie Ihre Empfehlungen nach Möglichkeit (z. B. prognostizierte Umsatzsteigerung) und
- Seien Sie darauf vorbereitet, Ihre Modelle zu überarbeiten und Ihre Empfehlungen basierend auf neuen Daten und sich ändernden Bedingungen anzupassen.

6. Überwachen und aktualisieren Sie Ihre Modelle

Wenn mehr Daten verfügbar werden und sich die Situationen im Laufe der Zeit ändern, bewerten und aktualisieren Sie Ihre Modelle regelmäßig neu, um Genauigkeit und Relevanz zu gewährleisten. Dieser Schritt stellt eine kontinuierliche Verfeinerung Ihres Entscheidungsprozesses sicher, indem er sich an veränderte Umgebungen anpasst und neue Informationen einbezieht. Um auf dem Laufenden zu bleiben:

- Legen Sie Benchmarks und Leistungskennzahlen für Ihre Analyse fest.
- Sammeln Sie regelmäßig Feedback von Endbenutzern und Entscheidungsträgern
- Nehmen Sie Anpassungen und Verbesserungen an Ihren Modellen auf der Grundlage neuer Daten, Methoden oder Domänenkenntnisse vor.

Zusammenfassend lässt sich sagen, dass die Integration von Statistiken, Prognosen und maschinellem Lernen in die Entscheidungsfindung im wirklichen Leben die Identifizierung des Problems, das Sammeln relevanter Daten, die

Auswahl geeigneter Methoden, die Bewertung von Modellergebnissen und die Umsetzung von Erkenntnissen in umsetzbare Empfehlungen umfasst. Durch die Befolgung dieser Best Practices und die kontinuierliche Überwachung und Aktualisierung von Modellen können Einzelpersonen und Organisationen datengesteuerte Entscheidungen treffen, die zu besseren Ergebnissen und Erfolg führen.

Big Data nutzen: Erkenntnisse und Muster extrahieren

In der heutigen schnelllebigen Welt generieren Unternehmen und Organisationen täglich immense Datenmengen. Diese Daten sind eine Goldgrube und enthalten Informationen und Muster, die ein erhebliches Potenzial für die Führung von Unternehmen, die Erstellung von Vorhersagen und die Beeinflussung der Entscheidungsfindung bieten können. Hier spielen Statistiken, Prognosen und maschinelles Lernen eine entscheidende, nicht zu unterschätzende Rolle.

In diesem Abschnitt besprechen wir, wie wir Big Data nutzen können, um Erkenntnisse und Muster zu extrahieren und diese effektiv in realen Situationen zu nutzen.

1. Explorative Datenanalyse (EDA)

Der erste Schritt beim Extrahieren von Mustern aus Daten ist die **explorative Datenanalyse (EDA)** . Dabei geht es darum, Daten visuell und quantitativ zu untersuchen, um ihre Hauptmerkmale zu verstehen und erste Muster, Trends und Beziehungen zu identifizieren. Dieser Schritt ermöglicht uns:

- Untersuchen Sie die Variabilität und Konsistenz der Daten
- Identifizieren Sie Anomalien und Ausreißer
- Identifizieren Sie Korrelationen zwischen Variablen
- Formulieren Sie Hypothesen für die weitere Analyse

Werkzeuge und Techniken

Mehrere Tools und Techniken können uns während des EDA-Prozesses helfen, darunter:

1. *Beschreibende Statistik* : Maße der zentralen Tendenz (Mittelwert, Median und Modus) und der Variabilität (Bereich, Varianz und Standardabweichung) können verwendet werden, um Daten zusammenzufassen und ihre Verteilung zu beschreiben.
2. *Visualisierungen* : Verschiedene Diagramme wie Balkendiagramme, Histogramme, Streudiagramme und Boxplots können die zugrunde liegende Struktur der Daten, Beziehungen zwischen Variablen und mögliche Ausreißer offenbaren.
3. *Korrelationsanalyse* : Identifizieren Sie die mögliche Korrelation zwischen Variablen mithilfe von Maßen wie dem Korrelationskoeffizienten

nach Pearson oder dem Rangkorrelationskoeffizienten nach Spearman.

2. Datenvorverarbeitung

Die Datenvorverarbeitung ist ein entscheidender Schritt, der die Qualität der Daten sicherstellt, die in den Modellierungsprozess eingespeist werden. Big Data liegt oft in roher, unverarbeiteter und verrauschter Form vor; Daher sind Datenvorverarbeitungstechniken unerlässlich, um Daten zu bereinigen, zu transformieren und aufzubereiten, damit sie effektiv in prädiktiven Modellierungs- und maschinellen Lernaufgaben verwendet werden können. Zu den häufigsten Datenvorverarbeitungsaufgaben gehören:

1. *Datenbereinigung* : Beheben und verwalten Sie fehlende Daten, doppelte Datensätze und Ausreißer.
2. *Feature Engineering* : Erstellung neuer Features aus vorhandenen Daten, die die Modellgenauigkeit verbessern können.
3. *Feature-Skalierung* : Features normalisieren oder standardisieren, damit sie innerhalb des gleichen Bereichs oder der gleichen Verteilung liegen.
4. *Feature-Auswahl* : Identifizieren Sie die relevantesten Features, die zur Vorhersage beitragen.

3. Auswahl des richtigen Modells

Nach der Aufbereitung der Daten ist es wichtig, das/die am besten geeignete(n) Modell(e) für Ihr spezifisches Problem auszuwählen. Dies erfordert Kenntnisse über verschiedene Methoden, ein Verständnis der Problemdomäne und ein Bewusstsein für die mit jedem Algorithmus verbundenen Kompromisse. Zu den wichtigsten Aspekten, die bei der Auswahl eines Modells zu berücksichtigen sind, gehören:

1. *Modellkomplexität* : Das Gleichgewicht zwischen Modellkomplexität und Modellinterpretierbarkeit sollte berücksichtigt werden. Komplexe Modelle wie Deep Learning oder Ensemble-Methoden liefern möglicherweise bessere Vorhersagen, sind jedoch schwieriger zu erklären oder zu interpretieren.
2. *Modellannahmen* : Stellen Sie sicher, dass die vom Modell getroffenen Annahmen mit Ihren Daten übereinstimmen und wahr sind.
3. *Metriken* : Verwenden Sie geeignete Bewertungsmetriken, die zu Ihrem Problembereich und Ihren Zielen passen, z. B. Genauigkeit, F1-Score oder mittlerer quadratischer Fehler.

4. Modellvalidierung und -bewertung

Nachdem Sie Ihr Modell ausgewählt und trainiert haben, ist es wichtig, seine Leistung zu validieren und seine Genauigkeit zu bewerten. Dieser Prozess hilft Ihnen, die Robustheit des Modells angesichts neuer Daten zu verstehen und zu überprüfen, ob es weit über den Trainingsdatensatz hinaus verallgemeinert.

1. *Kreuzvalidierung* : Teilen Sie Ihren Datensatz in mehrere Trainings- und Validierungssätze auf, um zu erfahren, wie gut sich Ihr Modell auf unsichtbare Daten verallgemeinern lässt.
2. *Hyperparameter-Tuning* : Durchlaufen Sie verschiedene Hyperparameter-Konfigurationen, um das Modell mit der besten Leistung zu ermitteln.
3. *Visualisierung der Modellleistung* : Nutzen Sie Tools wie Lernkurven, Verwirrungsmatrizen oder ROC-Kurven, um die Modellleistung visuell und quantitativ zu bewerten.

5. Modellbereitstellung und -überwachung

Es ist wichtig, Ihr trainiertes Modell in einer realen Situation einzusetzen und zu integrieren, um seine Erkenntnisse und Vorhersagen effektiv nutzen zu können. Dies könnte die Integration des Modells in verschiedene Anwendungen, Dienste oder Plattformen beinhalten. Es ist wichtig, Ihr Modell kontinuierlich zu überwachen, da sich die Leistung eines Modells mit der Zeit aufgrund von Änderungen in der Datenverteilung, die als *Konzeptdrift bezeichnet wird, verschlechtern kann* .

1. *Modellbereitstellung* : Stellen Sie Ihr Modell auf Produktionssystemen bereit oder integrieren Sie es mit APIs.
2. *Modellüberwachung* : Bewerten Sie die Leistung Ihres Modells regelmäßig anhand von Metriken und Benutzerfeedback.

3. *Wartung und Aktualisierung* : Aktualisieren und trainieren Sie Ihr Modell bei Bedarf kontinuierlich mit neuen Daten.

Abschluss

Um das enorme Potenzial von Big Data auszuschöpfen, ist es von entscheidender Bedeutung, zu verstehen, wie Statistiken, Prognosen und maschinelles Lernen effektiv in realen Situationen angewendet werden können. Durch die Beherrschung der explorativen Datenanalyse, Datenvorverarbeitung, Modellauswahl, Validierung und Bereitstellung verbessern Sie Ihre Fähigkeit, genaue, belastbare Vorhersagen zu generieren, die die Entscheidungsfindung in verschiedenen Bereichen leiten und vorantreiben können.

Entmystifizierung der Mythen rund um Statistik, Prognosen und maschinelles Lernen für reale Anwendungen

In unserem Alltag stoßen wir auf zahlreiche praktische Probleme, die möglicherweise mithilfe statistischer Techniken, Prognosemethoden und Algorithmen des maschinellen Lernens gelöst werden können. Allerdings ist es wichtig, zunächst einige Missverständnisse auszuräumen, die das Verständnis und die effektive Anwendung dieser wirkungsvollen Konzepte behindern können.

Mythos 1: Um Statistiken, Prognosen und maschinelles Lernen zu verstehen und anzuwenden, muss man über einen Fachabschluss verfügen oder ein „Mathematiker“ sein

Es stimmt zwar, dass solide Grundlagen in Mathematik und Statistik Ihnen einen Vorteil beim Erlernen und Anwenden dieser Konzepte verschaffen können, dies ist jedoch keineswegs eine Voraussetzung. Viele reale Probleme können in einfachere Komponenten zerlegt und mithilfe grundlegender statistischer Techniken oder einfacher Prognosemodelle gelöst werden. Es gibt zahlreiche Ressourcen, darunter Bücher, Online-Kurse und Tutorials, die es Menschen mit unterschiedlichem Hintergrund ermöglichen, die Grundlagen dieser Bereiche effektiv zu verstehen.

Darüber hinaus leben wir in einer Zeit, in der Programmiersprachen wie Python und R sowie benutzerfreundliche Softwarepakete und Bibliotheken zur Lösung komplexer statistischer und maschineller Lernprobleme zur Verfügung stehen. Diese Tools erleichtern es Nicht-Experten, Vorhersagen aus ihren Daten umzusetzen, zu verfeinern und zu visualisieren.

Mythos 2: Komplexe Modelle und Algorithmen garantieren bessere Ergebnisse

Obwohl Fortschritte beim maschinellen Lernen zur Entwicklung leistungsstarker und komplexer Algorithmen geführt haben, bedeutet dies nicht unbedingt, dass kompliziertere Modelle immer bessere Ergebnisse liefern. Tatsächlich kann die Anwendung herkömmlicher statistischer Methoden oder einfacher Modelle bei vielen realen Problemen zu ebenso genauen oder sogar besser interpretierbaren Ergebnissen führen.

Hochkomplexe Modelle können manchmal zu einer Überanpassung führen, bei der das Modell das Rauschen in den Daten anstelle des zugrunde liegenden Musters erfasst. Dies kann zu einer schlechten Vorhersagegenauigkeit führen und das Modell für den Einsatz in realen Anwendungen ungeeignet machen. Es ist wichtig, zunächst die Art des Problems und der Daten zu verstehen, bevor Sie ein geeignetes Modell oder einen geeigneten Algorithmus auswählen.

Mythos 3: Sie benötigen große Datenmengen, damit maschinelles Lernen und Prognosemodelle effektiv sind

Zwar erfordern einige Algorithmen für maschinelles Lernen, wie z. B. Deep Learning, große Datenmengen, es gibt jedoch viele Techniken, die mit kleineren Datensätzen effektiv arbeiten können. Techniken wie Kreuzvalidierung, Bootstrapping und Bayes'sche Methoden können dazu beitragen, die Modellgenauigkeit auch bei knappen Daten zu verbessern.

Auch bei Prognosen können Domänenwissen und Feature-Engineering oft die begrenzten Daten kompensieren. Das Verständnis saisonaler Muster, zyklischen Verhaltens und Trendänderungen kann den Prognoseprozess erheblich unterstützen.

Darüber hinaus kann Transfer-Learning, eine Technik, bei der ein Modell anhand großer Datensätze vorab trainiert und dann mithilfe kleiner Mengen domänenspezifischer Daten verfeinert wird, Modelle, die von Grund auf mit begrenzten Daten trainiert wurden, deutlich übertreffen.

Anwenden von Statistiken, Prognosen und maschinellem Lernen zur Lösung realer Probleme

Um die praktischen Anwendungen von Statistiken, Prognosen und maschinellem Lernen zu veranschaulichen, betrachten wir einige Beispielszenarien, die mit diesen Techniken bewältigt werden können.

1. **Geschäftsentscheidungen**

In der Geschäftswelt ist die datengesteuerte Entscheidungsfindung oft entscheidend, um wettbewerbsfähig zu bleiben. Verkaufsdaten können analysiert werden, um Markttrends, Kundenpräferenzen und saisonale Schwankungen zu erkennen. Prognosemodelle können dann verwendet werden, um den zukünftigen Bedarf abzuschätzen, Lagerbestände zu optimieren und Ressourcen zuzuweisen. Maschinelles Lernen kann eingesetzt werden, um Kunden für gezielte Marketingkampagnen zu segmentieren, die Kundenabwanderung vorherzusagen und potenzielle Umsatzwachstumsquellen zu identifizieren.

2. **Gesundheitspflege**

Quantitative Methoden spielen eine wichtige Rolle bei der Weiterentwicklung der Gesundheitsversorgung. Statistische Analysen werden häufig in klinischen Studien, der Epidemiologie und im Gesundheitswesen eingesetzt. Mithilfe von Prognosemodellen können Krankheitsausbrüche, Patientenaufnahmeraten und der Bedarf an medizinischem Personal vorhergesagt werden. Techniken des maschinellen Lernens können zur Frühdiagnose, zur personalisierten Medizin und zur Identifizierung von Mustern im Krankheitsverlauf eingesetzt werden.

3. **Finanzen und Wirtschaft**

Der Finanzsektor verlässt sich in hohem Maße auf statistische Techniken, Prognosemethoden und maschinelle Lernalgorithmen für Portfoliooptimierung, Risikomanagement, Aktienprognosen und Wirtschaftsprognosen. Datengesteuerte Erkenntnisse können Anlagestrategien leiten und maschinelles Lernen kann eingesetzt werden, um Betrug zu erkennen oder genaue Kreditrisikomodelle zu erstellen.

Indem wir die Mythen rund um Statistik, Prognosen und maschinelles Lernen entlarven, können wir besser verstehen, wie diese Techniken zur Lösung realer Probleme eingesetzt werden können. Ausgestattet mit den richtigen Werkzeugen und dem richtigen Verständnis können Personen mit unterschiedlichem Hintergrund diese leistungsstarken Methoden nutzen, um die Entscheidungsfindung zu verbessern und sinnvolle Ergebnisse in verschiedenen Bereichen zu erzielen.

Wahrscheinlichkeit nutzen, Unsicherheit modellieren und Entscheidungen beeinflussen

In diesem Unterabschnitt konzentrieren wir uns darauf, zu verstehen, wie wichtig es ist, Wahrscheinlichkeits- und Unsicherheitsmodelle effektiv zu nutzen und Entscheidungsprozesse in realen Umgebungen zu überzeugen. In der Praxis stoßen wir bei der Arbeit mit Statistiken oder Modellen des maschinellen Lernens häufig auf Unsicherheiten, die einen strengen Ansatz für Interpretation, Kommunikation und letztendlich die Handlungssteuerung erfordern.

Wahrscheinlichkeiten und reale Anwendungen verstehen

Wahrscheinlichkeit ist ein entscheidendes Konzept, das es uns ermöglicht, die Wahrscheinlichkeit des Eintretens eines Ereignisses zu messen. Die Wahrscheinlichkeitstheorie kann uns dabei helfen, Unsicherheiten zu modellieren und fundierte Entscheidungen in verschiedenen realen Situationen zu treffen. Betrachten wir einige gängige Beispiele:

1. **Finanzen** : Bewertung des Risikos von Anlageportfolios, Vorhersage von Aktienkursen und Schätzung der Wahrscheinlichkeit von Kreditausfällen.
2. **Gesundheitswesen** : Vorhersage der Wahrscheinlichkeit von Krankheitsausbrüchen, Analyse der Erfolgsquote verschiedener Behandlungen und Bestimmung der Wirksamkeit verschreibungspflichtiger Medikamente.
3. **Fertigung** : Vorhersage von Maschinenausfällen, Verbesserung von Produktionsprozessen und Lieferketteneffizienz sowie Bestimmung von Qualitätskontrollparametern.
4. **Sport** : Analysieren der Leistung von Teams oder Athleten, Vorhersagen von Spielergebnissen und Festlegen von Quoten für Wettmärkte.

In jedem dieser Fälle hilft uns die Wahrscheinlichkeit bei der Entscheidungsfindung, indem sie die mit dem vorliegenden Problem verbundene Unsicherheit quantifiziert.

Modellierungsunsicherheit

Die effektive Modellierung von Unsicherheit ist ein Schlüsselaspekt bei der Arbeit mit Daten, da reale Daten in der Regel ein gewisses Maß an Mehrdeutigkeit aufweisen. Um die Entscheidungsfindung zu verbessern, sollten wir uns verschiedener Unsicherheitsquellen und der entsprechenden Techniken zu deren Bewältigung bewusst sein. Zu den häufigsten Unsicherheitsquellen gehören:

1. **Messfehler** : Die Daten können Ungenauigkeiten enthalten, die auf Einschränkungen der Messgeräte, subjektive Interpretationen oder fehlerhafte Datenaufzeichnung zurückzuführen sind.
2. **Stichprobenunsicherheiten** : Umfragen oder Studien umfassen oft eine begrenzte Anzahl von Stichproben, die Extrapolation von Schlussfolgerungen über die gesamte Bevölkerung kann zu Unsicherheiten führen.
3. **Modellungenauigkeiten** : Die Annahmen und Vereinfachungen, die wir bei der Erstellung statistischer oder maschineller Lernmodelle treffen, können zu Ungenauigkeiten in den Vorhersagen führen.

Um die mit diesen Situationen verbundenen Unsicherheiten zu bewältigen, können wir Methoden wie die folgenden einsetzen:

- **Bayesianische Statistik** : Dieser Ansatz ermöglicht es uns, unsere Überzeugungen (in Form von Wahrscheinlichkeitsverteilungen) zu aktualisieren, wenn wir mehr Beweise (Daten) sammeln. Bei der Arbeit mit begrenzten oder verrauschten Daten können Bayes'sche Methoden einen robusten Rahmen für den Umgang mit Unsicherheiten bieten.

- **Konfidenzintervalle** : Diese stellen einen geschätzten Wertebereich dar, innerhalb dessen der wahre Parameterwert wahrscheinlich liegt. Konfidenzintervalle können uns helfen, die Unsicherheit bei stichprobenbasierten Schätzungen zu quantifizieren.
- **Monte-Carlo-Simulationen** : Bei dieser Technik werden viele mögliche Szenarien simuliert und die entsprechenden Ergebnisse berechnet. Es ist besonders nützlich für die Modellierung komplexer Systeme mit mehreren Variablen, bei denen analytische Lösungen schwierig zu berechnen sind.

Beeinflussung von Entscheidungen

Als Datenwissenschaftler oder -analysten müssen wir unsere Ergebnisse effektiv kommunizieren und Stakeholder davon überzeugen, auf der Grundlage unserer Analysen geeignete Maßnahmen zu ergreifen. Hier einige Tipps zur Kommunikation von Unsicherheiten und zur Beeinflussung von Entscheidungen:

1. **Visualisierung** : Die korrekte Darstellung von Unsicherheit durch Visualisierungen (z. B. Fehlerbalken, Konfidenzbänder oder Wahrscheinlichkeitsdichtediagramme) kann Entscheidungsträgern dabei helfen, die wichtigsten Ergebnisse intuitiver zu erfassen.

2. **Erzählung** : Formulieren Sie Ihre Ergebnisse in einer überzeugenden Erzählung, die die wichtigsten Erkenntnisse und ihre Auswirkungen auf das Ziel des Stakeholders hervorhebt.
3. **Vereinfachen** : Präsentieren Sie die wichtigsten Erkenntnisse auf leicht verständliche Weise und vermeiden Sie überwältigenden Fachjargon. Betonen Sie, wie sich die Ergebnisse auf die spezifischen Anliegen der Stakeholder auswirken werden.
4. **Grenzen anerkennen** : Seien Sie transparent über die Grenzen Ihrer Analyse und getroffenen Annahmen. Diese Offenheit stärkt das Vertrauen der Beteiligten und fördert eine genauere Interpretation der Ergebnisse.

Zusammenfassend lässt sich sagen, dass die Anwendung von Statistiken, Prognosen und maschinellem Lernen in realen Umgebungen erfordert, dass wir Unsicherheiten effektiv verstehen, modellieren und kommunizieren. Indem wir Wahrscheinlichkeiten nutzen, verschiedene Unsicherheitsquellen berücksichtigen und die Entscheidungsfindung durch effektive Kommunikation beeinflussen, können wir die inhärente Komplexität realer Probleme in fundierte, umsetzbare Erkenntnisse umwandeln.

Praxisnahe Anwendungen von Statistik, Prognosen und maschinellem Lernen

In der heutigen datengesteuerten Welt kann das Verständnis für die effektive Anwendung von

Statistiken, Prognosen und maschinellem Lernen in verschiedenen Kontexten, von der Industrie bis zum Alltag, einen Unterschied machen. Diese Methoden haben ein breites Anwendungsspektrum, von gezielter Werbung und Betrugserkennung bis hin zu Energiemanagement und Klimamodellierung. In diesem Abschnitt werden wir einige prominente und praktische Anwendungen dieser Techniken untersuchen.

1. Finanzen und Wirtschaft

Statistiken, Prognosen und maschinelles Lernen sind integraler Bestandteil der Finanz- und Wirtschaftswissenschaften, wo die Vorhersage zukünftiger Trends und das Risikomanagement von entscheidender Bedeutung sind.

- **Börsenprognosen** : Algorithmen des maschinellen Lernens wie Deep Learning und neuronale Netze können große Mengen an Finanzdaten verarbeiten, um Muster zu analysieren und Vorhersagen über Aktienkurse zu treffen. Anleger nutzen diese Vorhersagen, um fundierte Entscheidungen zu treffen und die Rendite zu maximieren.
- **Bonitätsbewertung und Ausfallvorhersage** : Banken und Finanzinstitute müssen die Kreditwürdigkeit ihrer Kunden beurteilen. Sie nutzen maschinelles Lernen und statistische Modelle, um die finanzielle Vergangenheit einer Person zu analysieren, einschließlich ausstehender Schulden, Zahlungshistorie und Einkommen, um die Wahrscheinlichkeit eines Zahlungsausfalls vorherzusagen.

- **Risikomanagement** : Der Finanzsektor muss potenzielle Risiken identifizieren und verwalten, um Verluste zu minimieren. Maschinelles Lernen und statistische Modelle helfen dabei, Muster in Marktdaten zu erkennen und potenzielle Bedrohungen vorherzusagen, was eine bessere Entscheidungsfindung und Risikominderung ermöglicht.

2. Gesundheitswesen

Die Gesundheitsbranche profitiert von der Anwendung fortschrittlicher Analysetechniken zur Verbesserung der Patientenversorgung und Krankheitsdiagnose.

- **Diagnose** : Algorithmen für maschinelles Lernen können medizinische Bilder (wie Röntgen-, MRT- und CT-Scans) analysieren und Muster identifizieren, die auf bestimmte Krankheiten hinweisen. Dadurch können Ärzte Krankheiten genauer und schneller diagnostizieren.
- **Arzneimittelentwicklung** : Pharmaunternehmen stehen vor der Herausforderung, schnell und genau zu bestimmen, welche Verbindungen am wirksamsten gegen Krankheiten sind. Die Analyse komplexer biologischer Daten mit maschinellem Lernen beschleunigt die Arzneimittelentwicklung und reduziert den Zeit- und Ressourcenaufwand für klinische Studien.
- **Genetik und Genomik** : Fortschrittliche statistische und maschinelle Lerntechniken helfen Forschern, den Zusammenhang zwischen genetischen Variationen und der Ausprägung von

Krankheiten zu verstehen und ebnen so den Weg für personalisierte Medizin und Therapien.

3. Sportanalyse

Sportorganisationen verlassen sich zunehmend auf Daten, um fundierte Entscheidungen über Spielerleistung, Strategie und Teammanagement zu treffen.

- **Leistungsanalyse** : Trainer und Management können maschinelle Lernalgorithmen verwenden, um Erkenntnisse aus Spielerleistungsdaten (wie Spielzügen, Statistiken und Bewegungsmustern) zu extrahieren, um Stärken, Schwächen und Verbesserungsmöglichkeiten zu bewerten.
- **Verletzungsprävention** : Durch die Analyse historischer Verletzungsdaten können Vereine gemeinsame Muster und Faktoren identifizieren, die zu Verletzungen beitragen, und so Präventionsstrategien entwickeln und Risiken minimieren.
- **Spielstrategie** : Fortschrittliche statistische Modelle können Teams dabei helfen, ihre Gegner zu studieren und effektivere Spielstrategien zu entwickeln.

4. Marketing und Werbung

Unternehmen nutzen datengesteuerte Marketingstrategien, um Kunden effektiver anzusprechen und die Effizienz ihrer Werbekampagnen zu verbessern.

- **Kundensegmentierung** : Techniken des maschinellen Lernens helfen Unternehmen,

Kundensegmente anhand von Verhalten, Vorlieben und demografischen Merkmalen zu identifizieren. Dies ermöglicht es ihnen, Marketingkampagnen genauer auszurichten und bessere Ergebnisse zu liefern.

- **Produktempfehlungen** : Online-Händler können umfangreiche Datensätze zum Kundenverhalten analysieren, um Kaufmuster, Vorlieben und Trends zu erkennen. Anschließend werden maschinelle Lernalgorithmen eingesetzt, um den Kunden personalisierte Produktempfehlungen zu geben und so den Umsatz und die Kundenzufriedenheit zu steigern.
- **Stimmungsanalyse** : Modelle des maschinellen Lernens können Textdaten aus sozialen Medien, Kundenrezensionen und anderen Quellen verarbeiten, um die Stimmung der Kunden in Bezug auf eine Marke, ein Produkt oder eine Dienstleistung zu verstehen. Marken können diese Erkenntnisse nutzen, um ihre Angebote zu verbessern, auf Kundenanliegen einzugehen und gezielte Marketingkampagnen zu starten.

5. Umwelt- und Energiemanagement

Eine genaue Vorhersage von Klima, Wetter und Energieverbrauch ist für den Umweltschutz und das Ressourcenmanagement von entscheidender Bedeutung.

- **Klimamodellierung** : Wissenschaftler verwenden ausgefeilte statistische Modelle und Algorithmen für maschinelles Lernen, um große Mengen an Klimadaten zu analysieren und so Prognosen über zukünftige Klimatrends,

Meeresspiegelanstiege und extreme Wetterereignisse zu erstellen.

- **Wettervorhersage** : Genaue Wettervorhersagen haben erhebliche Auswirkungen auf Branchen wie Landwirtschaft, Luftfahrt und Energiemanagement. Modelle des maschinellen Lernens tragen dazu bei, die Genauigkeit dieser Vorhersagen zu verbessern, indem sie komplexe meteorologische Daten analysieren.
- **Prognose des Energieverbrauchs** : Versorgungsunternehmen können mithilfe von maschinellem Lernen und statistischer Modellierung den zukünftigen Energiebedarf abschätzen und so die Energieproduktion optimieren, Verschwendung reduzieren und Ressourcen effizient verwalten.

Zusammenfassend lässt sich sagen, dass Statistiken, Prognosen und Techniken des maschinellen Lernens ein breites Spektrum an realen Anwendungen in verschiedenen Branchen haben. Durch die Nutzung der Leistungsfähigkeit von Daten und die Implementierung dieser Methoden können Unternehmen fundierte Entscheidungen treffen, um die Entscheidungsfindung zu verbessern, Abläufe zu optimieren und Innovationen voranzutreiben.

4. Regressionsmodelle und Predictive Analytics

4.1 Regressionsmodelle und Predictive Analytics

Regressionsmodelle sind eine der am weitesten verbreiteten Techniken im Bereich Predictive Analytics. Diese Modelle werden verwendet, um Beziehungen zwischen Variablen zu verstehen und Vorhersagen über zukünftige Werte einer Zielvariablen basierend auf den aktuellen Werten einer oder mehrerer Eingabevariablen zu treffen. In diesem Abschnitt lernen wir verschiedene Arten von Regressionsmodellen kennen, wie sie funktionieren und wie sie in Prognose- und maschinellen Lernanwendungen verwendet werden können.

4.1.1 Einfache lineare Regression

Die einfache lineare Regression ist eine statistische Methode, die die Beziehung zwischen zwei Variablen modelliert, indem eine lineare Gleichung an die beobachteten Daten angepasst wird. Dies erfolgt durch Anpassen der Steigung und des Achsenabschnitts der Linie, sodass die Summe der quadrierten Differenzen zwischen den beobachteten Werten und den entsprechenden vorhergesagten Werten minimiert wird. Die resultierende Linie kann dann verwendet werden, um den Wert der Zielvariablen für jeden gegebenen Wert der Eingabevariablen vorherzusagen.

Ein einfaches lineares Regressionsmodell kann wie folgt dargestellt werden:

$$ y = \beta_0 + \beta_1 \times x $$

Wo:

- y repräsentiert die abhängige Variable (dh die Variable, die wir vorhersagen möchten)
- x stellt die unabhängige Variable dar (d. h. die Variable, die zur Vorhersage verwendet wird)
- β_0 ist der Achsenabschnitt (dh der Wert von y, wenn x Null ist)
- β_1 ist die Steigung (d. h. die Stärke und Richtung der Beziehung zwischen x und y)

Sobald das Modell an die Daten angepasst wurde, können die Koeffizienten (β_0 und β_1) verwendet werden, um Vorhersagen für neue Werte von x zu treffen. Einfache lineare Regressionsmodelle werden häufig in Prognoseanwendungen verwendet, bei denen das Ziel darin besteht, auf der Grundlage historischer Daten Vorhersagen für zukünftige Werte zu treffen.

4.1.2 Multiple lineare Regression

Während die einfache lineare Regression die Beziehung zwischen zwei Variablen modelliert, erweitert die multiple lineare Regression dieses Konzept, um die Beziehung zwischen einer abhängigen Variablen und mehreren unabhängigen Variablen zu modellieren. Wie bei der einfachen linearen Regression besteht das Ziel darin, die am besten passende lineare Gleichung zu finden, die die Summe der quadrierten Differenzen zwischen den beobachteten Werten und den entsprechenden vorhergesagten Werten minimiert. Das resultierende Modell kann verwendet werden, um den Wert der Zielvariablen basierend auf einer beliebigen Kombination von Eingabevariablenwerten vorherzusagen.

Eine multiple lineare Regression kann wie folgt dargestellt werden:

$$ y = \beta_0 + \beta_1 \times x_1 + \beta_2 \times x_2 + ... + \beta_n \times x_n $$

Wo:

- $x_1, x_2, ..., x_n$ repräsentieren die unabhängigen Variablen
- β_0 ist der Achsenabschnitt und $\beta_1, \beta_2, ..., \beta_n$ repräsentieren die Koeffizienten für jede unabhängige Variable

Beim maschinellen Lernen werden häufig mehrere lineare Regressionsmodelle verwendet, um Vorhersagen mit vielen Eingabemerkmalen zu treffen. Sie können auch als Basismodell verwendet werden, um fortgeschrittenere Techniken wie neuronale Netze oder Entscheidungsbäume zu vergleichen.

4.1.3 Logistische Regression

Die logistische Regression ist eine Variante der linearen Regression, die zur Modellierung der Wahrscheinlichkeit eines kategorialen Ergebnisses verwendet wird, typischerweise in Form von binären Klassifizierungsproblemen (z. B. Ja/Nein oder 0/1). Dies ist besonders nützlich in Situationen, in denen die Beziehung zwischen den unabhängigen und abhängigen Variablen nicht linear ist oder in denen die Varianz der Residuen nicht konstant ist.

Ein logistisches Regressionsmodell kann wie folgt dargestellt werden:

$$ \hat{p}(x) = \frac{e^{\beta_0 + \beta_1 \times x}}{1 + e^{\beta_0 + \beta_1 \times x}} $$

Wo:

- $\hat{p}(x)$ ist die geschätzte Wahrscheinlichkeit, dass die Zielvariable gleich 1 ist (normalerweise ein Erfolg oder ein positives Ergebnis).
- Die anderen Variablen und Koeffizienten ähneln denen der linearen Regression

Sobald das Modell an die Daten angepasst wurde, können die Koeffizienten verwendet werden, um die Wahrscheinlichkeit abzuschätzen, dass die Zielvariable für einen beliebigen Wert der Eingabevariablen gleich 1 ist. Diese Wahrscheinlichkeiten können dann mit Schwellenwerten bewertet werden, um binäre Vorhersagen zu treffen.

Logistische Regressionsmodelle werden beim maschinellen Lernen häufig für binäre Klassifizierungsaufgaben oder in Fällen verwendet, in denen die Zielvariable eine Wahrscheinlichkeit ist.

4.1.4 Polynomielle Regression

Die polynomielle Regression ist eine Art Regressionsanalyse, die die Beziehung zwischen den abhängigen und unabhängigen Variablen als Polynom n-ten Grades modelliert. Die polynomiale Regression kann zur Anpassung komplexerer, nichtlinearer Beziehungen zwischen Variablen verwendet werden und kann als Erweiterung der multiplen linearen Regression betrachtet werden.

Ein polynomiales Regressionsmodell mit einer einzelnen unabhängigen Variablen kann wie folgt dargestellt werden:

$$ y = \beta_0 + \beta_1x + \beta_2x^2 + ... + \beta_nx^n $$

Polynomielle Regressionsmodelle sind besonders nützlich in Fällen, in denen die Beziehung zwischen den Variablen nicht linear ist oder in denen starke Wechselwirkungen zwischen den unabhängigen Variablen bestehen. Allerdings können diese Modelle auch zu einer Überanpassung neigen, insbesondere wenn der Grad des Polynoms groß ist.

4.1.5 Regularisierte Regressionsmodelle

Regularisierte Regressionsmodelle wie die Ridge-Regression und die Lasso-Regression sind Erweiterungen linearer Regressionsmodelle, die einen Strafterm in die Verlustfunktion einführen. Dieser Strafterm hilft, die Komplexität des Modells zu kontrollieren und eine Überanpassung zu verhindern, indem er die Koeffizienten gegen Null schrumpft. Regularisierte Regressionsmodelle sind besonders nützlich, wenn es um eine große Anzahl korrelierter Eingabevariablen geht, da sie dazu beitragen können, die Multikollinearität zu reduzieren und die Modellstabilität zu verbessern.

Abschluss

Zusammenfassend lässt sich sagen, dass Regressionsmodelle eine grundlegende Technik für Prognosen und maschinelles Lernen sind und es uns ermöglichen, die Beziehungen zwischen Variablen zu modellieren und vorherzusagen. Diese Modelle umfassen eine breite Palette von Techniken, von der einfachen linearen Regression bis hin zu komplexeren Modellen wie logistischer Regression und regulierten Regressionsmodellen. Um fundierte Entscheidungen bei der Erstellung von Vorhersagemodellen und Prognosen treffen zu können, ist es wichtig, die einzelnen Arten von Regressionsmodellen und ihre Anwendungen in realen Szenarien zu verstehen.

4.1 Regressionsmodelle und Predictive Analytics

4.1.1 Einführung in Regressionsmodelle

Regressionsmodelle sind leistungsstarke statistische Werkzeuge, mit denen die Beziehung zwischen einer oder mehreren unabhängigen Variablen (Prädiktoren) und einer abhängigen Variablen (Reaktion) geschätzt werden kann, wobei die Variabilität der Daten berücksichtigt wird. Mit anderen Worten: Regressionsmodelle helfen beim Verständnis der zugrunde liegenden Zusammenhänge und Trends zwischen Variablen, indem sie eine direkte Beziehung identifizieren, die in eine mathematische Gleichung übersetzt werden kann, um das Verhalten der Antwortvariablen vorherzusagen oder zu erklären.

Es gibt verschiedene Arten von Regressionsmodellen, darunter unter anderem lineare Regression, logistische Regression und multiple Regression, jeweils mit spezifischen Anwendungen, abhängig von der Art der beteiligten Variablen, der Datenverteilung und dem gewünschten Ergebnis.

4.1.2 Lineare Regression

Die lineare Regression ist eine statistische Methode, die darauf abzielt, die lineare Beziehung zwischen einer oder mehreren unabhängigen Variablen und einer kontinuierlichen abhängigen Variablen zu modellieren. Die Methode schätzt die Koeffizienten der unabhängigen Variablen, die als der Betrag interpretiert werden können, um den sich die abhängige Variable für jede Einheitsänderung der unabhängigen Variablen ändert, während alles andere konstant gehalten wird.

Das Hauptziel der linearen Regression besteht darin, die Summe der quadrierten Differenzen zwischen den beobachteten Werten und den vorhergesagten Werten zu minimieren. Dies wird als Residualsumme der Quadrate (RSS) bezeichnet und kann mathematisch dargestellt werden als:

$$ RSS = \sum_{i=1}^n (Y_i - \hat{Y}_i)^2, $$

Wo:

- n ist die Anzahl der Beobachtungen,

- Y_i sind die beobachteten Werte der abhängigen Variablen und
- $\hat{Y}_i$ sind die vorhergesagten Werte der abhängigen Variablen.

Die lineare Regression hat im wirklichen Leben mehrere Anwendungen, z. B. die Vorhersage von Verkäufen, die Schätzung von Immobilienpreisen und die Bestimmung des Zusammenhangs zwischen BIP-Wachstum und Arbeitslosenquote.

4.1.3 Logistische Regression

Die logistische Regression ähnelt der linearen Regression, wird jedoch verwendet, wenn die abhängige Variable binärer oder kategorialer Natur ist. Das Modell schätzt die Wahrscheinlichkeiten jedes Ergebnisses, indem es die logistische Funktion auf die lineare Regressionsgleichung anwendet, dargestellt als:

$$ \text{logit}(p) = \text{ln}\left(\frac{p}{1-p}\right) = \beta_0 + \beta_1 X_1 + \cdots + \beta_n X_n, $$

Wo:

- p ist die Wahrscheinlichkeit, dass das Ereignis von Interesse (Erfolg) eintritt,
- X_i sind die unabhängigen Variablen und
- β_i sind die zu schätzenden Koeffizienten (ähnlich der linearen Regression).

Das logistische Regressionsmodell kann erweitert werden, um mehrere kategoriale Ergebnisse (multinomiale logistische Regression) und geordnete kategoriale Ergebnisse (ordinale logistische Regression) zu verarbeiten. Die logistische Regression wird in der medizinischen Forschung, im Marketing und in der sozialwissenschaftlichen Forschung häufig verwendet, um beispielsweise die Kundenabwanderung vorherzusagen oder die Wahrscheinlichkeit zu analysieren, dass ein Patient aufgrund bestimmter Merkmale eine bestimmte Krankheit entwickelt.

4.1.4 Multiple Regression

Die multiple Regression erweitert die Idee der linearen und logistischen Regression, indem sie mehrere unabhängige Variablen einbezieht, um die Variabilität der abhängigen Variablen besser zu erklären. Dies kann besonders nützlich sein, wenn mit komplexen Systemen gearbeitet wird, bei denen eine einzelne Variable die Änderungen der abhängigen Variablen nicht erklären kann.

Bei der multiplen linearen Regression lautet die Gleichung:

$$ Y = \beta_0 + \beta_1 X_1 + \beta_2 X_2 + \cdots + \beta_n X_n + \epsilon, $$

Wo:

- Y ist die abhängige Variable,
- X_i sind die unabhängigen Variablen und
- β_i sind die zu schätzenden Koeffizienten.

In ähnlicher Weise modelliert die multiple logistische Regression den Einfluss mehrerer unabhängiger Variablen auf eine binäre oder kategoriale abhängige Variable.

Zusätzlich zu den Vorteilen der Berücksichtigung von mehr als einer unabhängigen Variablen ermöglicht die multiple Regression auch die Analyse von Wechselwirkungen zwischen Variablen, möglichen Störeffekten und die Identifizierung der wichtigsten Prädiktoren für ein bestimmtes Ergebnis.

4.1.5 Anwendungen in Prognosen und maschinellem Lernen

Regressionsmodelle spielen eine wesentliche Rolle in der prädiktiven Analyse, indem sie einen mathematischen Rahmen zur Schätzung oder Prognose des Werts einer abhängigen Variablen auf der Grundlage einer oder mehrerer unabhängiger Variablen bereitstellen. Beim maschinellen Lernen werden Regressionsmodelle, insbesondere die lineare Regression, häufig als Basis verwendet, um die Leistung komplexerer Modelle wie Entscheidungsbäume, Support-Vektor-Maschinen und Deep-Learning-Algorithmen zu vergleichen.

Darüber hinaus können Regressionsmodelle in andere Techniken wie Zeitreihenanalyse, Ensemble-Lernen und Regularisierungsmethoden integriert werden, um ihre Vorhersageleistung zu verbessern und eine bessere Verallgemeinerung auf unsichtbare Daten zu ermöglichen.

4.1.6 Wichtige Erkenntnisse für Regressionsmodelle

1. Regressionsmodelle sind robuste Werkzeuge zur Schätzung der Beziehung zwischen Variablen und stellen eine mathematische Gleichung bereit, um das Verhalten abhängiger Variablen auf der Grundlage unabhängiger Variablen vorherzusagen oder zu erklären.
2. Lineare Regression, logistische Regression und multiple Regression sind weit verbreitete Regressionsmodelle, die jeweils spezifische Anwendungen haben, abhängig von der Art der beteiligten Variablen, der Datenverteilung und dem gewünschten Ergebnis.
3. Regressionsmodelle spielen eine wichtige Rolle in der prädiktiven Analyse und können für eine Vielzahl von Prognose- und maschinellen Lernanwendungen in verschiedenen Bereichen wie Wirtschaft, Marketing, Medizin und Sozialwissenschaften eingesetzt werden.

Titel: 4. Regressionsmodelle und prädiktive Analysen

4.1 Einführung in Regressionsmodelle

Regressionsmodelle sind statistische Werkzeuge, die verwendet werden, um die Beziehung zwischen einer abhängigen Variablen und einer oder mehreren unabhängigen Variablen zu verstehen. Sie werden hauptsächlich für prädiktive Analysen, Prognosen und gelegentliche Schlussfolgerungen verwendet.
Regressionsmodelle werden häufig in verschiedenen Bereichen eingesetzt, beispielsweise im Finanzwesen, im

Gesundheitswesen, im Sport und in den Sozialwissenschaften.

4.2 Lineare Regression

Die lineare Regression ist das grundlegendste und am weitesten verbreitete Regressionsmodell. Es stellt eine lineare Beziehung zwischen der abhängigen Variablen (Y) und der/den unabhängigen Variablen (X) her. Die Gleichung für eine einfache lineare Regression (eine unabhängige Variable) lautet:

$$Y = \alpha + \beta X + \epsilon$$

Wo:

- Y ist die abhängige Variable
- X ist die unabhängige Variable
- α ist der Achsenabschnitt (Wert von Y, wenn X=0)
- β ist die Steigung (Änderung von Y bei einer Einheitsänderung von X)
- ε ist der Fehlerterm (Differenz zwischen dem vorhergesagten und dem tatsächlichen Wert von Y)

Bei der multiplen linearen Regression wird die Gleichung erweitert, um mehrere unabhängige Variablen *(X1, X2, ..., Xn) einzubeziehen* :

$$Y = \alpha + \beta_1 X_1 + \beta_2 X_2 + ... + \beta_n X_n + \epsilon$$

4.3 Modellbewertung und Annahmen

Um die Leistung eines Regressionsmodells zu bewerten, müssen dessen Genauigkeit und die Einhaltung der zugrunde liegenden Annahmen überprüft werden. Zu den wichtigsten Kennzahlen für die Modellbewertung gehören:

1. **R-Quadrat (R^2):** Ein Maß dafür, wie gut das Modell die Variation der abhängigen Variablen erklärt. Das R-Quadrat liegt zwischen 0 und 1, wobei höhere Werte auf eine bessere Modellanpassung hinweisen.
2. **Angepasstes R-Quadrat:** Ähnlich wie R-Quadrat, jedoch angepasst an die Anzahl unabhängiger Variablen im Modell. Diese Metrik ermöglicht bessere Modellvergleiche.
3. **Mittlerer quadratischer Fehler (MSE):** Ein Maß für die durchschnittliche quadratische Differenz zwischen den vorhergesagten und tatsächlichen Werten der abhängigen Variablen. Niedrigere MSE-Werte weisen auf eine bessere Modellleistung hin.
4. **Mittlerer absoluter Fehler (MAE):** Ein Maß für die durchschnittliche absolute Differenz zwischen den vorhergesagten und tatsächlichen Werten der abhängigen Variablen. Niedrigere MAE-Werte weisen auf eine bessere Modellleistung hin.

Lineare Regressionsmodelle basieren auf mehreren Annahmen:

1. **Linearität:** Es besteht eine lineare Beziehung zwischen den abhängigen und unabhängigen Variablen.
2. **Unabhängigkeit:** Die Beobachtungen sind unabhängig voneinander.

3. **Konstante Varianz:** Die Varianz des Fehlerterms ist für alle Werte der unabhängigen Variablen konstant.
4. **Normalität:** Der Fehlerterm folgt einer Normalverteilung.

Wenn diese Annahmen verletzt werden, könnten die Vorhersagen des Modells unzuverlässig sein. Um diese Annahmen zu überprüfen, können Restanalysen und Diagnosetests durchgeführt werden.

4.4 Regularisierung in Regressionsmodellen

Überanpassung ist ein häufiges Problem beim maschinellen Lernen, bei dem das Modell bei den Trainingsdaten gut abschneidet, bei neuen, unsichtbaren Daten jedoch schlecht. Regularisierungstechniken können helfen, dieses Problem zu lösen, indem sie der Regressionsgleichung einen Strafterm hinzufügen, der verhindert, dass das Modell das Rauschen in den Daten anpasst.

Zwei beliebte Regularisierungstechniken in Regressionsmodellen sind die Lasso- (L1) und die Ridge-Regression (L2). Die Lasso-Regression fügt der Kostenfunktion einen L1-Strafterm hinzu, der die Summe der Absolutwerte der Regressionskoeffizienten ist. Die Ridge-Regression fügt der Kostenfunktion einen L2-Strafterm hinzu, der die Summe der Quadrate der Regressionskoeffizienten ist.

Diese Techniken können dazu beitragen, die Komplexität des Modells zu reduzieren, eine

Überanpassung zu verhindern und die Generalisierung auf unbekannte Daten zu verbessern.

4.5 Nichtlineare Regressionsmodelle

In realen Szenarien ist die Beziehung zwischen den abhängigen und unabhängigen Variablen möglicherweise nicht immer linear. Nichtlineare Regressionsmodelle können dabei helfen, diese Nichtlinearitäten zu erfassen und die Vorhersagegenauigkeit zu verbessern. Zu den häufig verwendeten nichtlinearen Regressionsmodellen gehören:

1. **Polynomielle Regression:** Das Modell führt Terme höherer Ordnung der unabhängigen Variablen ein, um nichtlineare Beziehungen zu erfassen.
2. **Logistische Regression:** Ein verallgemeinertes lineares Modell, das für binäre Klassifizierungsaufgaben verwendet wird. Es modelliert die Wahrscheinlichkeit, dass die abhängige Variable entweder 0 oder 1 ist.
3. **Generalisierte additive Modelle (GAMs):** Diese Modelle verwenden glatte Funktionen, um nichtlineare Beziehungen zwischen den abhängigen und unabhängigen Variablen zu modellieren.
4. **Neuronale Netze:** Dies sind leistungsstarke Modelle, die in der Lage sind, komplexe nichtlineare Beziehungen in Datensätzen mit einer großen Anzahl von Merkmalen zu erfassen.

4.6 Fazit

Regressionsmodelle und prädiktive Analysen spielen in verschiedenen realen Anwendungen eine entscheidende Rolle, von der Umsatzprognose bis zur medizinischen Diagnostik. Das Verständnis der zugrunde liegenden Konzepte und Techniken ist für die effektive Anwendung und Interpretation der Ergebnisse von entscheidender Bedeutung.

Bei der Arbeit mit Regressionsmodellen ist es wichtig sicherzustellen, dass das Modell die Annahmen erfüllt und auf den gegebenen Daten eine gute Leistung erbringt. Erwägen Sie den Einsatz von Regularisierungstechniken, um eine Überanpassung zu verhindern, und erkunden Sie nichtlineare Regressionsmodelle, wenn in den Daten keine linearen Beziehungen erkennbar sind.

4. Regressionsmodelle und Predictive Analytics

4.1 Einführung

In diesem Abschnitt werden wir uns mit einer der am häufigsten verwendeten Techniken sowohl in der Statistik als auch im maschinellen Lernen befassen: Regressionsmodelle. Ein Regressionsmodell ist eine Art statistisches Modell, das versucht, die Beziehung zwischen einer abhängigen (Ziel-)Variablen und einer oder mehreren unabhängigen (Prädiktor-)Variablen vorherzusagen. Obwohl es verschiedene Arten von Regressionsmodellen gibt, dienen sie alle einem wesentlichen Zweck: das Verhalten eines Phänomens zu verstehen und vorherzusagen, indem die Auswirkungen bestimmter Faktoren auf die Antwortvariable analysiert werden.

Predictive Analytics ist ein Zweig der Datenanalyse, der statistische Modelle und Techniken des maschinellen Lernens nutzt, um auf der Grundlage historischer Daten Vorhersagen und Vorhersagen über zukünftige Ereignisse zu treffen. Regressionsmodelle spielen eine entscheidende Rolle in der prädiktiven Analyse und ermöglichen es den Beteiligten, fundierte Entscheidungen zu treffen und in verschiedenen realen Szenarien, wie etwa Risikomanagement, Finanzprognosen, Kundenansprache und Gesundheitsfürsorge, geeignete Maßnahmen zu ergreifen.

In diesem Abschnitt untersuchen wir verschiedene Arten von Regressionsmodellen, ihre Annahmen und wie sie in verschiedenen Branchenbereichen angewendet werden können. Darüber hinaus werden wir Bewertungsmetriken, Modellvalidierungstechniken und Best Practices zur Optimierung und Abstimmung von Regressionsmodellen diskutieren, um die höchstmögliche Vorhersageleistung zu erzielen.

4.2 Lineare Regressionsmodelle

Die lineare Regression ist wahrscheinlich das bekannteste und am weitesten verbreitete Regressionsmodell. Dabei wird davon ausgegangen, dass die Beziehung zwischen der abhängigen Variablen und den Prädiktoren linear ist. In seiner einfachsten Form kann ein lineares Regressionsmodell mit einer Prädiktorvariablen wie folgt dargestellt werden:

$y = \alpha + \beta x + \varepsilon$

Wo:

- y ist die abhängige Variable,
- α ist der Achsenabschnitt des Modells (Wert von y, wenn $x=0$),
- β ist der Koeffizient (Steigung) der Prädiktorvariablen x und
- ε ist der Fehlerterm, der Modellresiduen darstellt (Differenz zwischen den beobachteten und vorhergesagten Werten).

Beim Umgang mit mehreren Prädiktorvariablen nimmt die Gleichung die folgende Form an:

$y = \alpha + \beta 1x1 + \beta 2x2 + ... + \beta nxn + \varepsilon$

Es gibt verschiedene Algorithmen zum Schätzen der Parameter, wie zum Beispiel Ordinary Least Squares (OLS), Gradient Descent und andere. Lineare Regressionsmodelle sind einfach zu interpretieren und dienen oft als Ausgangspunkt für anspruchsvollere Modelle.

4.3 Nichtlineare und verallgemeinerte Regressionsmodelle

Obwohl lineare Regressionsmodelle sehr nützlich sein können, erfassen sie oft nicht die Komplexität und nichtlinearen Beziehungen in realen Daten. Daher verfügen wir über nichtlineare und verallgemeinerte Regressionsmodelle, die diese Einschränkungen beheben können. Einige Beispiele sind:

1. **Polynomielle Regression** : Beinhaltet das Hinzufügen von Termen höherer Ordnung von Prädiktorvariablen, wodurch nichtlineare Beziehungen erfasst werden.
2. **Generalisierte lineare Modelle (GLMs)** : Eine Familie von Modellen, die es abhängigen Variablen ermöglichen, verschiedenen Verteilungen außer der Normalverteilung (z. B. Poisson- oder Binomialverteilung) zu folgen und gleichzeitig eine lineare Beziehung in einem bestimmten Funktionsraum aufrechtzuerhalten (z. B. logistische Regression für die binäre Klassifizierung).).
3. **Entscheidungsbäume und Zufallswälder** : Nichtlineare, hierarchische Modelle, die sich an komplexe Datenmuster anpassen und Interaktionen zwischen Prädiktorvariablen erfassen können.
4. **Support Vector Machines (SVM)** : Ein vielseitiger Algorithmus, der durch Minimierung einer bestimmten Verlustfunktion für Regressionsanwendungen (z. B. Support Vector Regression) angepasst werden kann.
5. **Künstliche neuronale Netze (ANN)** : Eine Familie von Modellen, die von biologischen neuronalen Netzen inspiriert sind und mithilfe einer Kombination aus künstlichen Neuronen und Schichten komplexe nichtlineare Beziehungen zwischen Prädiktoren und der abhängigen Variablen lernen können.

4.4 Modellbewertung und -validierung

Die Auswahl des besten Regressionsmodells für ein bestimmtes Problem ist keine einfache Aufgabe. Zusätzlich zur Wahl des Modells gibt es zahlreiche Faktoren wie die Auswahl von

Merkmalen, Modellannahmen und die Abstimmung von Hyperparametern, die die Leistung des Modells erheblich beeinflussen können. Daher ist es wichtig, die Vorhersageleistung des Regressionsmodells zu bewerten und zu validieren.

In diesem Zusammenhang sind Bewertungsmetriken und Modellvalidierungstechniken zwei wichtige Aspekte, die es zu berücksichtigen gilt. Die gebräuchlichsten Bewertungsmetriken für Regressionsmodelle sind:

1. **Mittlerer quadratischer Fehler (MSE)** : Misst die durchschnittliche quadratische Differenz zwischen den vorhergesagten und den tatsächlichen Werten.
2. **Root Mean Squared Error (RMSE)** : Die Quadratwurzel von MSE, die die durchschnittliche Abweichung darstellt (in derselben Einheit wie die abhängige Variable).
3. **Mittlerer absoluter Fehler (MAE)** : Der Durchschnitt der absoluten Unterschiede zwischen vorhergesagten und tatsächlichen Werten.
4. **R-Quadrat (Bestimmungskoeffizient)** : Stellt den Anteil der Varianz in der abhängigen Variablen dar, die durch die Prädiktorvariablen erklärt wird.

Um die Leistung des Modells zu validieren, werden häufig Kreuzvalidierungstechniken eingesetzt, wie zum Beispiel:

1. **K-Falten-Kreuzvalidierung** : Partitionierung des Datensatzes in k gleich große Teilstichproben, Training des Modells auf k-1-

Falten und Validierung auf der verbleibenden Falte. Dieser Vorgang wird k -mal wiederholt und die durchschnittliche Leistung wird berechnet.
2. **Leave-One-Out (LOO)-Kreuzvalidierung** : Ein Sonderfall von K-Fold, bei dem k der Anzahl der Datenpunkte entspricht und eine weniger verzerrte Schätzung der Modellleistung liefert.
3. **Bootstrapping** : Resampling mit Ersatz aus dem Originaldatensatz, Training und Validierung des Modells für jeden Resampling-Datensatz, was eine robustere Schätzung der Modellleistung und -unsicherheit ermöglicht.

4.5 Anwendungen und Anwendungsfälle

Regressionsmodelle und prädiktive Analysen können auf eine Vielzahl von Branchen und Anwendungsfällen angewendet werden. Einige Beispiele sind:

1. **Finanzen** : Prognose von Aktienkursen, Kreditrisikobewertung, Customer Lifetime Value und Portfoliooptimierung.
2. **Gesundheitswesen** : Vorhersage von Patientenergebnissen, Krankheitsverlauf und Identifizierung von Risikofaktoren für verschiedene Erkrankungen.
3. **Marketing** : Kundensegmentierung, Targeting und Vorhersage der Wirksamkeit von Marketingkampagnen.
4. **Sport** : Leistungsanalyse und Vorhersage von Teams oder einzelnen Athleten.
5. **Lieferkette und Logistik** : Bedarfsprognose, Bestandsoptimierung und Transportplanung.

Zusammenfassend lässt sich sagen, dass Regressionsmodelle und prädiktive Analysen wesentliche Werkzeuge für die Analyse realer Daten und das Treffen fundierter Entscheidungen sind. Durch das Verständnis der zugrunde liegenden Theorie und die Anwendung bewährter Verfahren können Praktiker diese Techniken nutzen, um einen erheblichen Mehrwert zu schaffen und Lösungen für aktuelle Herausforderungen zu finden, mit denen verschiedene Branchen konfrontiert sind.

4. Regressionsmodelle und Predictive Analytics

4.1 Einführung in Regressionsmodelle

Die Regressionsanalyse ist eine leistungsstarke statistische und maschinelle Lerntechnik, die zum Verständnis der Beziehungen zwischen Variablen verwendet wird und es uns ermöglicht, auf der Grundlage der beobachteten historischen Daten Vorhersagen über zukünftige Ereignisse zu treffen. Kurz gesagt: Die Regressionsanalyse hilft uns, Muster, Trends und Zusammenhänge innerhalb der Daten aufzudecken und so fundierte Entscheidungen zu treffen.

Es gibt viele Arten von Regressionsmodellen, die am weitesten verbreiteten sind jedoch die lineare Regression, die logistische Regression und die multiple Regression. Jedes dieser Modelle hat seine eigenen Stärken und Grenzen und ihre Anwendbarkeit hängt von der Art der analysierten Daten sowie von den Zielen der Analyse ab. In diesem Unterabschnitt konzentrieren wir uns auf die Konzepte und Anwendungen dieser Regressionsmodelle und wie sie effektiv in realen Szenarien eingesetzt werden können.

4.2 Lineare Regression

Die lineare Regression ist ein Ansatz zur Modellierung der Beziehung zwischen einer abhängigen Variablen (häufig als „y" bezeichnet) und einer oder mehreren unabhängigen Variablen (häufig als „x" bezeichnet). Dieser Zusammenhang wird durch die Gleichung beschrieben:

$$y = a + bx + \varepsilon$$

Dabei ist „a" der Achsenabschnitt (der Wert von „y", wenn „x" 0 ist), „b" ist die Steigung (die Rate, mit der sich „y" ändert, wenn „x" zunimmt) und „ε" ist die Fehlerterm (die Differenz zwischen dem vorhergesagten und dem tatsächlichen Wert von „y"). Das Ziel der linearen Regression besteht darin, die am besten passende Linie (dh die Linie mit dem kleinsten Fehler) zu bestimmen, die zur Vorhersage von „y" basierend auf „x" verwendet werden kann.

In realen Anwendungen kann die lineare Regression für eine Vielzahl von Zwecken verwendet werden, z. B. zur Vorhersage des Umsatzes eines Produkts auf der Grundlage seines Preises und seiner Werbekosten, zur Schätzung des Energieverbrauchs eines Gebäudes auf der Grundlage der Außentemperatur und der Belegungsrate. und Vorhersage des Einkommens von Einzelpersonen basierend auf ihrem Bildungsniveau und ihrer Erfahrung.

4.2.1 Annahmen der linearen Regression

Damit die lineare Regression genaue und zuverlässige Ergebnisse liefert, müssen eine Reihe von Annahmen erfüllt sein. Zu den wichtigsten Annahmen gehören:

1. Linearität: Die Beziehung zwischen den unabhängigen und abhängigen Variablen muss linear sein.
2. Unabhängigkeit: Die Beobachtungen (Datenzeilen) sollten unabhängig voneinander sein.
3. Homoskedastizität: Die Varianz der Fehlerterme sollte über alle Ebenen der unabhängigen Variablen konstant sein.
4. Normalität: Die Fehlerterme (Residuen) sollten normalverteilt sein.

Wenn diese Annahmen nicht erfüllt sind, ist die lineare Regression möglicherweise nicht die beste Modellierungstechnik und es sollten alternative Methoden (z. B. nichtlineare Regression, Transformationen von Variablen) in Betracht gezogen werden.

4.3 Logistische Regression

Während die lineare Regression verwendet wird, wenn die abhängige Variable kontinuierlich ist, wird die logistische Regression verwendet, wenn die abhängige Variable binär ist (d. h. sie nimmt nur zwei mögliche Werte an, z. B. 0 oder 1, Erfolg oder Misserfolg, Ja oder Nein). Das Hauptziel der logistischen Regression besteht darin, die Wahrscheinlichkeit des Eintretens eines Ereignisses anhand einer Reihe von Prädiktorvariablen abzuschätzen.

Das logistische Regressionsmodell hat die Form der logistischen Funktion, einer S-förmigen Kurve, die die Beziehung zwischen den unabhängigen und abhängigen Variablen abbildet und zwischen 0 und 1 begrenzt ist. Die logistische Funktion ist gegeben durch:

```
P(y=1) = 1/(1 + e^-(a + bx))
```

Dabei stellt „P(y=1)" die Wahrscheinlichkeit des Eintretens des Ereignisses dar und „e" ist die Basis des natürlichen Logarithmus.

Die logistische Regression hat zahlreiche reale Anwendungen, darunter medizinische Diagnose (Vorhersage des Vorliegens oder Nichtvorhandenseins einer Krankheit anhand von Patientenmerkmalen), Bonitätsbewertung (Bestimmung der Wahrscheinlichkeit, dass ein Kreditnehmer aufgrund seiner Kredithistorie mit einem Kredit in Verzug gerät) und Kundenabwanderung Analyse (Ermittlung der Wahrscheinlichkeit, dass ein Kunde einen Dienst aufgrund seines Nutzungsverhaltens verlässt).

4.4 Multiple Regression

In vielen realen Situationen gibt es mehrere unabhängige Variablen, die die abhängige Variable beeinflussen können. Die multiple

Regression ist eine Erweiterung linearer und logistischer Regressionsmodelle, die es uns ermöglicht, mehrere Prädiktorvariablen in die Regressionsgleichung einzubeziehen. Das multiple lineare Regressionsmodell hat die Form:

```
y = a + b1x1 + b2x2 + ... + bnxn + ε
```

Dabei sind „x1, x2, ..., xn" die unabhängigen Variablen und „b1, b2, ..., bn" die entsprechenden Regressionskoeffizienten.

Mithilfe der multiplen Regression können wir mehr Erkenntnisse aus den Daten gewinnen und bessere Vorhersagen treffen, indem wir die interaktiven Effekte mehrerer Variablen berücksichtigen. Einige reale Anwendungen der multiplen Regression umfassen die Vorhersage von Immobilienpreisen (basierend auf Faktoren wie Standort, Größe und Ausstattung), Finanzprognosen (basierend auf Wirtschaftsindikatoren, unternehmensspezifischen Variablen und Marktbedingungen) und die Analyse des Klimawandels (basierend auf zu CO2-Emissionen, Sonneneinstrahlung und menschlichen Aktivitäten).

4.5 Modellbewertung und -auswahl

Nach der Anpassung eines Regressionsmodells an die Daten ist es wichtig, dessen Leistung und Anpassungsgüte zu bewerten, um die Genauigkeit und Zuverlässigkeit der Vorhersagen sicherzustellen. Eine beliebte Metrik zur Modellbewertung ist das Bestimmtheitsmaß (R-Quadrat), das den Anteil der Varianz in der abhängigen Variablen darstellt, der durch die unabhängigen Variablen erklärt werden kann. Weitere gängige Metriken sind der mittlere quadratische Fehler (RMSE), der mittlere absolute Fehler (MAE) und das Akaike-Informationskriterium (AIC).

Zusätzlich zur Bewertung der Leistung eines einzelnen Modells ist es oft notwendig, mehrere konkurrierende Modelle zu vergleichen und das beste Modell auszuwählen. In diesem Zusammenhang können Techniken wie Kreuzvalidierung, schrittweise Auswahl und Regularisierung (Ridge, LASSO und elastisches Netz) eingesetzt werden, um die optimale Kombination von Prädiktorvariablen und Modellparametern zu finden.

4.6 Fazit

Regressionsmodelle und prädiktive Analysen haben ein breites Spektrum an realen Anwendungen in verschiedenen Bereichen, darunter Wirtschaft, Finanzen, Gesundheitswesen und Umweltwissenschaften. Durch das Verständnis und die effektive Anwendung dieser Techniken können Fachleute die Macht der Daten nutzen, um fundiertere Entscheidungen zu treffen und Innovationen in ihren jeweiligen Bereichen voranzutreiben. Die Beherrschung dieser Modelle und ihrer zugrunde liegenden Annahmen sowie der Best Practices für die Modellbewertung und -auswahl ist eine wesentliche Fähigkeit für Statistiker, Datenwissenschaftler und Praktiker des maschinellen Lernens.

Praxisnahe Anwendungen von Statistik, Prognosen und maschinellem Lernen

In einer zunehmend datengesteuerten Welt ist es für Unternehmen, Forscher und politische Entscheidungsträger von entscheidender Bedeutung, die Leistungsfähigkeit der Datenanalyse zu nutzen, um Erkenntnisse zu gewinnen, fundierte Entscheidungen zu treffen und zukünftige Trends vorherzusagen. In diesem Abschnitt werden wir eine Vielzahl realer Anwendungen von Statistik, Prognosen und maschinellem Lernen untersuchen und hervorheben, wie diese Techniken in verschiedenen Disziplinen und Branchen angewendet werden können.

Geschäft und Finanzen

Unternehmen aus verschiedenen Branchen nutzen in großem Umfang Statistiken, Prognosen und maschinelles Lernen, um ihre Abläufe zu optimieren, wichtige Leistungsindikatoren (KPIs) zu überwachen und Wettbewerbsvorteile zu erzielen. Zu den spezifischen Anwendungen in diesem Bereich gehören:

1. **Verkaufsprognosen** : Unternehmen können historische Verkaufsdaten und externe Faktoren wie Feiertage, Wirtschaftsindikatoren und Werbeaktionen nutzen, um zukünftige Verkaufsmuster vorherzusagen. Genaue Prognosen können Unternehmen dabei helfen,

das Supply Chain Management zu optimieren, Ressourcen effizient zuzuteilen und Kosten zu senken.

2. **Kundensegmentierung** : Kundendaten, einschließlich Demografie, Kaufverhalten und Präferenzen, können analysiert werden, um Kunden in Marktsegmente zu gruppieren. Mit diesen Informationen können Unternehmen gezielte Marketingkampagnen entwerfen, spezielle Produkte oder Dienstleistungen entwickeln und Kundenbeziehungen verbessern.

3. **Betrugserkennung** : Algorithmen des maschinellen Lernens können Unregelmäßigkeiten bei Finanztransaktionen erkennen, indem sie Muster im Ausgabeverhalten analysieren. Banken und Kreditkartenunternehmen können diese Erkenntnisse nutzen, um betrügerische Aktivitäten schnell zu erkennen und zu verhindern und so sowohl sich selbst als auch ihre Kunden zu schützen.

4. **Börsenprognosen** : Quantitative Analysten oder „Quants" verwenden statistische Modelle und Algorithmen für maschinelles Lernen, um Aktienkurse vorherzusagen, Investitionsmöglichkeiten zu identifizieren und finanzielle Risiken zu verwalten.

Gesundheitswesen und Medizin

Statistiken, Prognosen und maschinelles Lernen spielen eine entscheidende Rolle bei der Verbesserung der Patientenversorgung, der Optimierung von Behandlungsplänen und der Weiterentwicklung der medizinischen Forschung. Einige spezifische Anwendungen umfassen:

1. **Krankheitsvorhersage und Risikobewertung** : Durch die Analyse genetischer Daten, Lebensstilfaktoren und Umweltbedingungen können Gesundheitsdienstleister das Risiko eines Patienten für die Entwicklung bestimmter Krankheiten bewerten und vorbeugende Maßnahmen empfehlen.
2. **Personalisierte Medizin** : Durch die Datenanalyse können Muster in der Krankengeschichte eines Patienten und dem Ansprechen auf Behandlungen identifiziert werden, sodass Ärzte Therapien und Medikamente individuell anpassen können, wodurch möglicherweise deren Wirksamkeit erhöht und Nebenwirkungen reduziert werden.
3. **Arzneimittelentwicklung** : Algorithmen für maschinelles Lernen können große Datensätze molekularer Strukturen analysieren und deren pharmakologische Eigenschaften vorhersagen, was den Prozess der Arzneimittelentdeckung unterstützt und dabei hilft, neue therapeutische Ziele zu identifizieren.
4. **Epidemiologie** : Prognosemodelle können die Ausbreitung von Infektionskrankheiten vorhersagen und so bei der Zuweisung öffentlicher Gesundheitsressourcen helfen und die öffentliche Politik informieren. Während der COVID-19-Pandemie waren beispielsweise statistische Modelle von entscheidender Bedeutung, um die Ausbreitung des Virus vorherzusagen und die Umsetzung von Eindämmungsmaßnahmen zu steuern.

Regierung und öffentliche Ordnung

Öffentliche Institutionen verlassen sich auf Datenanalysen, um Richtlinien zu gestalten, Ressourcen zuzuweisen und die Wirksamkeit von Programmen zu bewerten. Zu den wichtigsten Anwendungen gehören:

1. **Bevölkerungsprognosen** : Regierungen verwenden demografische Daten, um das Bevölkerungswachstum vorherzusagen und den zukünftigen Bedarf an Infrastruktur, Gesundheitsversorgung, Bildung und anderen öffentlichen Dienstleistungen abzuschätzen.
2. **Strafjustiz** : Datengesteuerte Modelle können dabei helfen, Gebiete mit hoher Kriminalität zu identifizieren und Strafverfolgungsstrategien zu unterstützen. Darüber hinaus kann maschinelles Lernen dabei helfen, Rückfallquoten vorherzusagen und wirksame Rehabilitationsprogramme zu identifizieren.
3. **Umweltüberwachung** : Die Analyse von Daten aus Fernerkundungstechnologien, Klimamodellen und anderen Quellen kann dabei helfen, Naturkatastrophen vorherzusagen, die Umweltverschmutzung zu überwachen und die Auswirkungen umweltpolitischer Maßnahmen zu bewerten.
4. **Wahlen und Umfragen** : Politische Kampagnen und Medienorganisationen nutzen Umfragedaten, um die Wählerstimmung einzuschätzen, statistische Modelle zur Vorhersage von Wahlergebnissen zu erstellen und politische Strategien zu informieren.

Ausbildung

Pädagogen und Administratoren können Datenanalysen nutzen, um Lehrmethoden zu verbessern, die Leistung der Schüler zu bewerten und das Schulmanagement zu optimieren. Einige Anwendungen umfassen:

1. **Lehrplanentwicklung** : Durch die Analyse der Testergebnisse und Lernstile der Schüler können Pädagogen Bereiche identifizieren, in denen Schüler Schwierigkeiten haben, und Lehrplanmaterialien an ihre Bedürfnisse anpassen.
2. **Vorhersage der Leistung von Schülern** : Algorithmen für maschinelles Lernen können dabei helfen, vorherzusagen, welche Schüler in bestimmten Fächern wahrscheinlich Schwierigkeiten haben oder hervorragende Leistungen erbringen werden, sodass Pädagogen gezielte Interventionen, zusätzliche Unterstützung oder Möglichkeiten für fortgeschrittene Kursarbeiten anbieten können.
3. **Ressourcenzuweisung** : Bildungseinrichtungen können Daten zu Einschreibungen, Demografie und Gemeindebedürfnissen nutzen, um Ressourcen wie Lehrer, Finanzierung und Einrichtungen strategisch zuzuweisen.

Fertigung und Logistik

Der effiziente Betrieb von Produktionsanlagen und Lieferketten hängt in hohem Maße von der Analyse von Produktionsdaten und der Optimierung von Prozessen ab. Zu den wichtigsten Anwendungen gehören:

1. **Qualitätssicherung** : Mithilfe der statistischen Prozesskontrolle können Hersteller Probleme in Produktionslinien identifizieren und so Fehler reduzieren und ein hohes Maß an Produktqualität aufrechterhalten.
2. **Vorausschauende Wartung** : Algorithmen für maschinelles Lernen können Daten von Gerätesensoren analysieren, um vorherzusagen, wann eine Maschine wahrscheinlich ausfallen wird, sodass Wartungsarbeiten proaktiv geplant und Ausfallzeiten minimiert werden können.
3. **Optimierung der Lieferkette** : Durch die Analyse von Nachfrageprognosen und Produktionsplänen können Unternehmen ihre Lieferkettenabläufe optimieren, Lagerkosten senken und die Kundenzufriedenheit verbessern.

Die in diesem Abschnitt beschriebenen Anwendungen von Statistik, Prognosen und maschinellem Lernen in verschiedenen Disziplinen und Branchen veranschaulichen die Leistungsfähigkeit und Flexibilität dieser Methoden. Durch den Einsatz dieser datengesteuerten Techniken können Unternehmen, Regierungen und andere Organisationen fundiertere Entscheidungen treffen, die Ressourcenzuweisung optimieren und letztendlich erhebliche Effizienz- und Effektivitätssteigerungen erzielen.

Praxisnahe Anwendungen von Statistik, Prognosen und maschinellem Lernen

In der heutigen datengesteuerten Welt sind Kenntnisse in Statistik, Prognosen und maschinellem Lernen unverzichtbar geworden, um fundierte Entscheidungen zu treffen, sei es in der Wirtschaft, in der Forschung oder in anderen Bereichen. In diesem Abschnitt werden verschiedene reale Anwendungen dieser Techniken untersucht und gezeigt, wie sie die Entscheidungsfindung verbessern, verborgene Muster aufdecken und zukünftige Ereignisse genauer vorhersagen können.

Gesundheitspflege

Im Gesundheitswesen kann der richtige Einsatz dieser Techniken zu besseren Patientenergebnissen, der Früherkennung von Krankheiten und personalisierten Behandlungsplänen führen. Zum Beispiel:

- *Krankheitsvorhersage* : Mithilfe von Algorithmen für maschinelles Lernen können medizinische Fachkräfte große Mengen historischer Patientendaten analysieren, um Krankheiten vorherzusagen und Risikofaktoren zu identifizieren. Dies kann zu einer Früherkennung und verbesserten Präventionsstrategien führen.
- *Personalisierte Medizin* : Maschinelles Lernen kann dabei helfen, individuelle Behandlungspläne zu erstellen, indem es das einzigartige genetische und molekulare Profil eines Patienten sowie seine Krankengeschichte und Lebensstilfaktoren analysiert.
- *Arzneimittelentwicklung* : Maschinelles Lernen und fortschrittliche statistische Techniken werden eingesetzt, um komplexe biologische Daten zu

analysieren, den Arzneimittelentwicklungsprozess zu beschleunigen und gezieltere und wirksamere Therapien zu ermöglichen.

Finanzen und Wirtschaft

Vom Risikomanagement über Anlagestrategien bis hin zur Analyse des Verbraucherverhaltens verlässt sich die Finanzbranche stark auf Statistiken, Prognosen und Methoden des maschinellen Lernens. Einige Anwendungen umfassen:

- *Bonitätsbewertung* : Banken und andere Finanzinstitute verwenden Modelle des maschinellen Lernens, um die Wahrscheinlichkeit von Kreditausfällen von Kunden vorherzusagen und so bessere Kreditentscheidungen zu treffen.
- *Algorithmischer Handel* : Algorithmen des maschinellen Lernens werden verwendet, um Marktdaten in Echtzeit zu analysieren, Handelsmöglichkeiten zu identifizieren und Geschäfte automatisch auszuführen, wodurch die Portfolioleistung optimiert wird.
- *Betrugserkennung* : Finanzinstitute nutzen Techniken des maschinellen Lernens und der Mustererkennung, um verdächtige Aktivitäten zu identifizieren und zu kennzeichnen, die Cybersicherheit zu verbessern und Finanzbetrug zu verhindern.

Einzelhandel und Marketing

Der Einzelhandel und die Marketingbranche können diese Techniken nutzen, um

Kundenpräferenzen vorherzusagen, die Preisgestaltung zu optimieren und die Effizienz der Lieferkette zu verbessern. Wichtige Anwendungen in diesen Bereichen sind:

- *Produktempfehlung* : Algorithmen für maschinelles Lernen untersuchen Benutzerpräferenzen, früheres Surfen und Kaufverhalten, um personalisierte Produktempfehlungen zu generieren, die das Kundenerlebnis verbessern und den Umsatz steigern.
- *Nachfrageprognose* : Mithilfe statistischer Modelle und Techniken des maschinellen Lernens können Einzelhändler zukünftige Verkaufsmuster vorhersagen und effektive Marketingstrategien entwickeln, um sicherzustellen, dass die richtigen Produkte zur richtigen Zeit verfügbar sind.
- *Dynamische Preisgestaltung* : Fortschrittliche Algorithmen können basierend auf Faktoren wie Angebot, Nachfrage und Wettbewerb optimale Preisstrategien ermitteln und so Umsatz und Rentabilität maximieren.

Transport und Logistik

Die Optimierung von Transport- und Logistikabläufen kann zu geringeren Kosten, höherer Effizienz und erhöhter Kundenzufriedenheit führen. Zu den Beispielen, in denen Statistiken, Prognosen und maschinelles Lernen eingesetzt werden können, gehören:

- *Routenoptimierung* : Modelle des maschinellen Lernens können Muster in Verkehrsdaten erkennen und ermöglichen so Transport- und

Logistikunternehmen, Routen zu optimieren und Reisezeiten zu verkürzen.

- *Vorausschauende Wartung* : Durch die Analyse historischer Daten zur Fahrzeugleistung und zu Komponentenausfällen können Modelle des maschinellen Lernens vorhersagen, wann eine Wartung erforderlich sein wird, wodurch Ausfallzeiten und Wartungskosten reduziert werden.
- *Vorhersage der Lieferzeit* : Effiziente Lieferzeitprognosen können durch den Einsatz von Algorithmen für maschinelles Lernen unter Berücksichtigung von Faktoren wie Verkehr, Wetter und historischen Lieferzeiten erreicht werden. Dies verbessert die Kundenzufriedenheit und die betriebliche Effizienz.

Umweltwissenschaften und Nachhaltigkeit

Auch die Bewältigung von Umweltherausforderungen und die Förderung der Nachhaltigkeit profitieren vom Einsatz statistischer Modelle und Techniken des maschinellen Lernens. Zum Beispiel:

- *Klimamodellierung* : Fortschrittliche statistische Techniken werden verwendet, um Umweltdaten zu analysieren, zukünftige Klimatrends vorherzusagen und politische Entscheidungen über Strategien zur Eindämmung des Klimawandels und zur Anpassung daran zu treffen.
- *Management natürlicher Ressourcen* : Maschinelles Lernen kann eingesetzt werden, um

Muster im Ressourcenverbrauch zu erkennen und die Ressourcenallokation zu optimieren und so nachhaltige Praktiken zu fördern.

- *Erneuerbare Energie* : Prognosealgorithmen können die Produktion erneuerbarer Energien wie Solar- und Windenergie vorhersagen und so Netzbetreiber dabei unterstützen, Angebot und Nachfrage effektiv auszugleichen.

Diese Beispiele veranschaulichen die weitreichenden und transformativen Auswirkungen von Statistiken, Prognosen und maschinellem Lernen in verschiedenen Branchen. Durch die Investition in diese Techniken können Unternehmen die Entscheidungsfindung verbessern, die Effizienz steigern und Innovationen in der realen Welt vorantreiben.

In den folgenden Kapiteln erhalten die Leser ein tieferes Verständnis für die Theorie und die praktischen Anwendungen dieser Techniken und werden in die Lage versetzt, sie effektiv in ihren eigenen Branchen und Bereichen einzusetzen.

Praxisnahe Anwendungen von Statistik, Prognosen und maschinellem Lernen

Die Konzepte von Statistik, Prognosen und maschinellem Lernen mögen abstrakt oder hochtechnisch erscheinen, aber sie haben zahlreiche praktische Anwendungen in unserem täglichen Leben. Von Unternehmen, die diese Tools nutzen, um fundierte Entscheidungen zu treffen, bis hin zu Forschern, die sie nutzen, um wissenschaftliche Entdeckungen voranzutreiben, ist ihr Wert bei der Bewältigung realer Herausforderungen nicht zu unterschätzen. In diesem Abschnitt werden verschiedene Bereiche untersucht, in denen diese drei Methoden angewendet werden, und es wird gezeigt, wie sie zusammenarbeiten, um unser Verständnis der Welt zu verbessern und unsere Entscheidungsprozesse zu verbessern.

Geschäft und Finanzen

Eine der wichtigsten Funktionen von Statistiken, Prognosen und maschinellem Lernen in der Geschäftswelt besteht darin, Entscheidungsprozesse und Marktanalysen zu unterstützen. Im Finanzwesen werden Aktien, Währungen und andere Vermögenspreise mithilfe dieser Techniken analysiert, wobei der Schwerpunkt auf der Identifizierung von Mustern, der Vorhersage von Trends und dem Management von Risiken liegt.

- **Verkaufsprognosen** : Unternehmen verlassen sich auf statistische Modelle und maschinelles Lernen, um zukünftige Verkaufsmengen vorherzusagen, sodass sie Ressourcen effizient zuweisen, Lagerbestände verwalten und Marketingkampagnen planen können. Techniken wie Zeitreihenanalyse, Regressionsmodelle und neuronale Netze werden auf historische Verkaufsdaten angewendet, um genaue Prognosen zu erstellen.
- **Kundenanalyse** : Unternehmen sammeln eine Fülle von Daten über ihre Kunden, einschließlich

demografischer Daten, Kaufhistorie und Online-Verhalten. Fortschrittliche Algorithmen für maschinelles Lernen wie Clustering und Klassifizierung können Unternehmen dabei helfen, Kundensegmente zu identifizieren, Marketingkampagnen anzupassen und Produktangebote zu verbessern.

- **Bonitätsbewertung** : Banken und Kreditinstitute verwenden statistische Modelle und maschinelles Lernen, um die Wahrscheinlichkeit vorherzusagen, dass ein Kreditnehmer seinen Kredit nicht zurückzahlen wird. Faktoren wie Bonität, Einkommensniveau und andere demografische Informationen werden berücksichtigt, um einen Kredit-Score zu erstellen, der dann zur Bestimmung der Kreditwürdigkeit und der Zinssätze verwendet wird.

Gesundheitswesen und Medizin

Statistiken, Prognosen und maschinelles Lernen sind zu unverzichtbaren Werkzeugen im Gesundheitswesen geworden, wo sie eine entscheidende Rolle bei der Verbesserung der Patientenergebnisse und der Optimierung der Gesundheitsversorgung spielen.

- **Prävention und Kontrolle von Krankheiten** : Epidemiologen verwenden statistische Methoden und mathematische Modellierungstechniken, um die Muster und die Ausbreitung von Infektionskrankheiten zu untersuchen, Risikofaktoren für bestimmte Krankheiten zu identifizieren und Präventionsstrategien zu bewerten. Sowohl Prognosen als auch maschinelles Lernen haben sich bei der

Vorhersage und Reaktion auf Ausbrüche und Pandemien als unschätzbar wertvoll erwiesen.

- **Wirkstoffforschung** : Die Entwicklung neuer Medikamente ist ein kostspieliger und zeitaufwändiger Prozess. Um diesen Prozess zu beschleunigen, werden maschinelles Lernen und statistische Methoden eingesetzt, indem potenzielle Medikamentenkandidaten vorhergesagt, bestehende Wirkstoffe optimiert und potenzielle Nebenwirkungen und Wechselwirkungen identifiziert werden.
- **Medizinische Bildgebung** : Algorithmen des maschinellen Lernens, insbesondere Deep-Learning-Methoden, haben in den letzten Jahren erhebliche Fortschritte bei der Bilderkennung und -analyse gemacht. Dies hat sich insbesondere im medizinischen Bereich als nützlich erwiesen, wo diese Techniken bei der automatisierten Erkennung und Klassifizierung von Tumoren und anderen medizinischen Zuständen mithilfe medizinischer Bilddaten wie Röntgenaufnahmen, MRTs und CT-Scans eingesetzt werden.

Klima- und Wettervorhersage

Genaue Klima- und Wettervorhersagen sind für verschiedene Branchen wie Landwirtschaft, Transport und Baugewerbe von entscheidender Bedeutung. Es spielt auch eine wichtige Rolle bei der Katastrophenplanung und -minderung. Moderne Wettervorhersagen basieren auf einer Mischung aus Statistiken, Prognosetechniken und Algorithmen für maschinelles Lernen.

- **Numerische Wettervorhersage** : Die Wettervorhersage stützt sich stark auf numerische

Wettervorhersagemodelle (NWP), bei denen die Erdatmosphäre, die Ozeane und die Landoberfläche mithilfe mathematischer Gleichungen simuliert werden. Diese Modelle generieren riesige Datenmengen, die dann mithilfe statistischer und maschineller Lerntechniken analysiert werden, um kurz- und langfristige Wettervorhersagen zu erstellen.

- **Modellierung des Klimawandels** : Die Vorhersage potenzieller zukünftiger Klimaveränderungen basiert auf komplexen Modellen, die zahlreiche Faktoren wie Treibhausgasemissionen, Landnutzungsänderungen und Sonneneinstrahlung berücksichtigen. Diese Modelle generieren große Datenmengen, die mithilfe statistischer und maschineller Lerntechniken sorgfältig analysiert werden müssen, um die potenziellen Auswirkungen des Klimawandels zu verstehen und wirksame Eindämmungsstrategien festzulegen.

Sport und Unterhaltung

Auch die Sport- und Unterhaltungsbranche nutzt Statistiken, Prognosen und maschinelles Lernen, um Leistungsdaten zu analysieren, Ergebnisse vorherzusagen und Entscheidungen zu treffen.

- **Sportanalysen** : Professionelle Sportteams sammeln und analysieren routinemäßig eine große Menge an Leistungsdaten und können so wertvolle Erkenntnisse über die Stärken und Schwächen ihrer Spieler und Gegner gewinnen. Fortschrittliche statistische Methoden und Algorithmen des maschinellen Lernens können verwendet werden, um Strategien zu entwickeln, Spieler zu bewerten und Talente zu identifizieren.

- **Vorhersage an den Kinokassen** : Filmstudios, Verleiher und Kinos nutzen Prognosetechniken und maschinelles Lernen, um die Einnahmen an den Kinokassen für kommende Filme vorherzusagen. Durch die Analyse historischer Einspielergebnisse, Marketingausgaben und Social-Media-Trends können sie fundiertere Entscheidungen darüber treffen, welche Filme produziert, vertrieben und beworben werden sollen.

Zusammenfassend lässt sich sagen, dass Statistiken, Prognosen und maschinelles Lernen in zahlreichen Branchen unverzichtbare Werkzeuge für reale Anwendungen sind. Sie ermöglichen es uns, komplexe Daten zu analysieren, genaue Vorhersagen zu treffen und letztendlich bessere Entscheidungen zu treffen. Mit der rasanten Weiterentwicklung dieser Techniken und Technologien werden ihre Wirkung und Relevanz nur noch zunehmen.

Praxisnahe Anwendungen von Statistik, Prognosen und maschinellem Lernen

In der heutigen Welt integrieren verschiedene Bereiche Statistiken, Prognosen und Techniken des maschinellen Lernens aktiv in ihre Entscheidungsprozesse. Diese Methoden werden in verschiedenen Bereichen angewendet, von Finanzen, Marketing, Wirtschaft und Medizin bis hin zu Umweltwissenschaften und sogar Sport. In diesem Abschnitt werden wir einige gängige reale Anwendungen dieser allgegenwärtigen Tools untersuchen.

Finanzen und Börse

Aktienmärkte und Finanzen gehören zu den wichtigsten Bereichen, in denen der Einsatz von Statistiken, Prognosen und maschinellen Lerntechnologien unverzichtbar ist. Portfoliomanager, Investoren und Finanzanalysten arbeiten unermüdlich daran, die optimalen Anlagestrategien, zukünftigen Preistrends, Risikobewertung und Vermögensallokation zu ermitteln, um die Rendite zu maximieren und die Risiken zu minimieren.

- *Risikobewertung* : Finanzexperten verwenden statistische Analysen, um historische Renditen zu bewerten, finanzielle Risiken mithilfe verschiedener Risikometriken zu messen und zu überwachen und Value-at-Risk-Messungen (VaR) oder erwartete Fehlbeträge zu berechnen, um das Risiko zu bestimmen.
- *Algorithmischer Handel* : Algorithmen des maschinellen Lernens, einschließlich Deep-Learning- und Reinforcement-Learning-Modellen, werden verwendet, um historische und Echtzeit-Marktdaten zu analysieren, Muster zu verstehen und Handelsentscheidungen im schnellen, wettbewerbsintensiven Umfeld des Aktienmarktes zu treffen.
- *Bonitätsbewertung und Kreditbewertung* : Finanzinstitute nutzen Datenanalysen, um die Kreditwürdigkeit ihrer Kunden zu bewerten, indem

sie deren Finanzhistorie, Einkommen und demografische Informationen analysieren, was zu einem besseren Risikomanagement und besseren Kreditentscheidungen führt.

Gesundheitswesen und Medizin

Gesundheitssysteme auf der ganzen Welt nutzen zunehmend statistische Analysen, maschinelles Lernen und Prognosetechniken, um Diagnose, Behandlungsplanung und Patientenergebnisse zu verbessern.

- *Diagnose und Behandlung* : Fortschrittliche Analysetechniken wie logistische Regression und Support-Vektor-Maschinen helfen bei der effizienten Erkennung und Klassifizierung von Krankheiten wie Krebs und Herz-Kreislauf-Erkrankungen durch die Untersuchung medizinischer Bilder oder elektronischer Gesundheitsakten.
- *Arzneimittelentdeckung und -entwicklung* : Algorithmen für maschinelles Lernen, einschließlich tiefer neuronaler Netze, erleichtern die Identifizierung potenzieller therapeutischer Ziele, die Arzneimittelentdeckung und personalisierte Medizinbemühungen durch die Untersuchung riesiger Mengen biomedizinischer Daten.
- *Epidemiologie* : Prognosemodelle, einschließlich Zeitreihenanalysen und agentenbasierter Modelle, spielen eine entscheidende Rolle bei der Vorhersage der Ausbreitung von Infektionskrankheiten und dem Verständnis der Auswirkungen verschiedener

Interventionsstrategien auf die Gesundheit der Bevölkerung.

Marketing und Vertrieb

Datengesteuertes Marketing hat sich zu einer strategischen Säule für Unternehmen entwickelt, um die Kundenbindung zu verbessern, Markentreue aufzubauen und den Umsatz zu steigern.

- *Kundensegmentierung* : Datenclustering- und Klassifizierungstechniken wie K-Means-Clustering und Entscheidungsbäume helfen dabei, Kunden anhand ihrer demografischen Merkmale, ihres Kaufverhaltens und ihrer Präferenzen zu identifizieren und zu gruppieren, was die Entwicklung gezielter und effektiver Verkaufs- und Marketingkampagnen ermöglicht.
- *Empfehlungssysteme* : Algorithmen des maschinellen Lernens wie kollaborative Filterung und Matrixfaktorisierung werden häufig zum Aufbau von Empfehlungsmaschinen verwendet, die Verbraucherpräferenzen vorhersagen und sie auf geeignete Produkte und Dienstleistungen leiten.
- *Verkaufsprognose* : Zeitreihenanalysen und Modelle für maschinelles Lernen wie ARIMA und LSTM werden eingesetzt, um Verkäufe vorherzusagen, Markttrends zu verstehen und eine bessere Bedarfsplanung und Bestandsverwaltung zu ermöglichen.

Umweltwissenschaften

Forscher in den Umweltwissenschaften nutzen statistische Methoden und Algorithmen des maschinellen Lernens, um verschiedene Umweltprobleme zu untersuchen, vorherzusagen und anzugehen und so letztendlich zu einer nachhaltigen Entwicklung beizutragen.

- *Klimavorhersage* : Klimawissenschaftler nutzen statistische Techniken wie die Hauptkomponentenanalyse und Methoden des maschinellen Lernens, einschließlich künstlicher neuronaler Netze, um Klimamuster zu analysieren und vorherzusagen, um die Folgen des Klimawandels besser zu verstehen und zu bewältigen.
- *Überwachung und Kontrolle der Umweltverschmutzung* : Umweltwissenschaftler nutzen Datenanalysen, um die Luft- und Wasserqualität zu überwachen, Verschmutzungsquellen zu identifizieren und Richtlinien zur Minderung der Umweltverschmutzung und zur Aufrechterhaltung des ökologischen Gleichgewichts zu entwickeln.

Sportanalyse

Sportmannschaften nutzen Datenanalysen zur Entwicklung von Gewinnstrategien, zum Scouting und zur Analyse der Spielerleistung.

- *Analyse der Spielerleistung* : Sportler und Sportmannschaften nutzen Analysetechniken wie Regressionsmodelle und Clusteranalysen, um die Leistung der Spieler zu bewerten, Stärken und Schwächen zu identifizieren, Erfolgsfaktoren zu messen und das Training und die Spielvorbereitung zu optimieren.

- *Vorhersage und Prävention von Verletzungen* : Modelle des maschinellen Lernens, einschließlich logistischer Regression und Entscheidungsbäume, werden zunehmend verwendet, um das Verletzungsrisiko von Sportlern einzuschätzen, indem historische Verletzungsdaten und individuelle Trainingsbelastung, Biomechanik und physiologische Faktoren untersucht werden.

Diese realen Anwendungen stellen nur einen kleinen Teil der Möglichkeiten dar, wie Statistiken, Prognosen und maschinelles Lernen zur Verbesserung verschiedener Aspekte des modernen Lebens eingesetzt werden. Die Möglichkeiten, diese Methoden anzuwenden, um Probleme zu lösen und fundiertere Entscheidungen über mehrere Bereiche hinweg zu treffen, nehmen mit zunehmender Datenmenge und fortschrittlicherer Technologie weiter zu.

Reale Anwendungen von Statistik, Prognose und maschinellem Lernen

In diesem Abschnitt werden wir uns mit verschiedenen Beispielen und Fallstudien aus der Praxis befassen, in denen Statistiken, Prognosen und maschinelles Lernen eine entscheidende Rolle bei der Transformation von Branchen, der Gestaltung von Entscheidungen und der Lösung von Problemen gespielt haben. Während wir diese Anwendungen untersuchen, werden Sie verstehen, wie diese Methoden implementiert werden können, um sinnvolle Veränderungen und Verbesserungen in verschiedenen Sektoren herbeizuführen.

Gesundheitspflege

Die Gesundheitsbranche wurde durch die Implementierung von Statistiken, Prognosen und Techniken des maschinellen Lernens revolutioniert. Von der Frühdiagnose von Krankheiten bis hin zur personalisierten Medizin haben diese Methoden sowohl die Patientenversorgung als auch die Gesamteffizienz verbessert.

- **Vorhersage und Prävention von Krankheiten** : Methoden des maschinellen Lernens, insbesondere Klassifizierungsalgorithmen, werden verwendet, um die Wahrscheinlichkeit vorherzusagen, dass Patienten bestimmte Erkrankungen wie Diabetes, Krebs und Herzerkrankungen entwickeln. Durch die Identifizierung von Hochrisikopersonen können Ärzte früher eingreifen und vorbeugende Maßnahmen verordnen.
- **Medizinische Bildgebung** : Mustererkennungs- und Deep-Learning-Algorithmen werden in großem Umfang zur automatischen Merkmalsextraktion aus medizinischen Bildern wie MRT-, CT-Scans und Röntgenaufnahmen eingesetzt. Dies hilft Ärzten, Krankheiten genauer und schneller zu erkennen und zu diagnostizieren.
- **Arzneimittelentwicklung** : Maschinelles Lernen wird auch bei der Entdeckung und

Entwicklung neuer Arzneimittel eingesetzt. Durch die Analyse riesiger Datenmengen können Algorithmen potenzielle therapeutische Wirkstoffe identifizieren, ihre Wirksamkeit vorhersagen und optimale Behandlungspläne vorschlagen.

Finanzen

Der Finanzsektor ist ein weiterer Bereich, in dem Statistiken, Prognosen und Techniken des maschinellen Lernens weit verbreitet sind.

- **Börsenprognosen** : Die Zeitreihenanalyse, eine statistische Prognosemethode, wird häufig zur Vorhersage von Aktienkursen, Markttrends und Wechselkursen verwendet. Basierend auf historischen Daten können diese Vorhersagen als Grundlage für Handelsentscheidungen und Anlagestrategien dienen.
- **Kreditrisikobewertung** : Modelle des maschinellen Lernens, wie z. B. Klassifizierungsalgorithmen, helfen Finanzinstituten dabei, das mit Kreditantragstellern verbundene Kreditrisiko einzuschätzen. Durch die Analyse der Bonität, des Einkommens und anderer Variablen der Antragsteller können diese Modelle die Ausfallwahrscheinlichkeit vorhersagen.
- **Betrugserkennung** : Betrügerische Aktivitäten wie Kreditkartenbetrug und Insiderhandel können mithilfe maschineller Lerntechniken wie der Anomalieerkennung erkannt werden. Durch die Identifizierung ungewöhnlicher Muster in großen Datensätzen können diese Methoden verdächtige Transaktionen für weitere Untersuchungen kennzeichnen.

Einzelhandel und E-Commerce

Die Einzelhandels- und E-Commerce-Branche hat stark von der Anwendung von Statistiken, Prognosen und Methoden des maschinellen Lernens profitiert.

- **Bedarfsprognose** : Eine genaue Bedarfsprognose ist entscheidend für eine optimale Bestandsverwaltung, die Kosten minimiert und Fehlbestände verhindert. Um die Kundennachfrage nach einem Produkt unter Berücksichtigung saisonaler Trends und anderer Einflussfaktoren besser vorhersagen zu können, werden Zeitreihenanalysen und Methoden des maschinellen Lernens eingesetzt.
- **Kundensegmentierung** : Techniken des maschinellen Lernens, insbesondere Clustering-Algorithmen, werden verwendet, um Kunden mit ähnlichem Kaufverhalten, ähnlichen Präferenzen und demografischen Merkmalen zu gruppieren. Mithilfe dieser Informationen können Unternehmen ihre Marketingbemühungen anpassen und personalisierte Empfehlungen anbieten, was zu einer höheren Kundenzufriedenheit und -treue führt.
- **Dynamische Preisgestaltung** : Algorithmen für maschinelles Lernen können verschiedene Faktoren wie Wettbewerbspreise, Nachfrage und historische Verkaufsdaten analysieren, um den optimalen Preis für ein Produkt zu berechnen. Diese dynamische Preisstrategie hilft Einzelhändlern und E-Commerce-Unternehmen, ihre Gewinne zu maximieren.

Transport und Logistik

Die effektive Integration von Statistiken, Prognosen und Techniken des maschinellen Lernens hat die Effizienz und Effektivität von Transport- und Logistiksystemen erheblich verbessert.

- **Routenoptimierung** : Modelle des maschinellen Lernens, insbesondere Reinforcement-Learning-Algorithmen, können die Fahrzeugroute unter Berücksichtigung von Echtzeit-Verkehrsdaten, Straßenbedingungen und Lieferfristen optimieren. Dies spart sowohl Zeit als auch Kraftstoff und senkt die Kosten und die Umweltbelastung.
- **Nachfragevorhersage** : Anbieter öffentlicher Verkehrsmittel nutzen Zeitreihenanalysen und Modelle des maschinellen Lernens, um die Fahrgastnachfrage vorherzusagen. Dies ermöglicht es ihnen, Routen, Fahrpläne und Kapazitäten zu ändern, um auf schwankende Passagierzahlen zu reagieren und so die Gesamteffizienz zu verbessern.
- **Autonome Fahrzeuge** : Maschinelles Lernen spielt eine zentrale Rolle bei der Entwicklung autonomer Fahrzeuge. Es ermöglicht Fahrzeugen, mithilfe von Daten von Sensoren, Kameras und GPS Entscheidungen zu treffen und von ihrer Umgebung zu lernen.

Die in diesem Abschnitt vorgestellten Beispiele stellen nur einen Bruchteil der Möglichkeiten dar, wenn es um die Anwendung von Statistiken, Prognosen und maschinellem Lernen in realen Situationen geht. Da die Technologie immer weiter voranschreitet, werden immer mehr Branchen diese datengesteuerten Methoden übernehmen, um komplexe Probleme anzugehen, Prozesse zu optimieren und bessere Ergebnisse zu liefern.

5. Grundlagen des maschinellen Lernens: Klassifizierung, Clustering und Empfehlung

5.1 Grundlagen des maschinellen Lernens: Klassifizierung, Clustering und Empfehlung

Maschinelles Lernen ist eine Methode der Datenanalyse, die die Erstellung analytischer Modelle automatisiert. Dabei handelt es sich um einen Zweig der künstlichen Intelligenz, der mithilfe von Algorithmen iterativ aus den Daten lernt und die Vorhersagen im Laufe der Zeit verbessert. Das Ziel des maschinellen Lernens besteht darin, Datenmuster zu untersuchen, genaue Vorhersagen zu treffen und die Entscheidungsfähigkeit zu verbessern. Maschinelles Lernen kann basierend auf den Aufgaben in drei Hauptbereiche eingeteilt werden: Klassifizierung, Clustering und Empfehlungssysteme. In diesem Abschnitt werden wir uns eingehend mit diesen drei Bereichen befassen, ihre realen Anwendungen diskutieren und erfahren, wie sie für verschiedene Branchen einen Mehrwert schaffen können.

5.1.1 Klassifizierung

Definition und Anwendung

Die Klassifizierung ist eine überwachte Lerntechnik, die sich mit dem Problem der Kategorisierung von Datenpunkten in eine von mehreren diskreten Klassen befasst. Das Ziel der Klassifizierung besteht darin, ein Modell zu erstellen, das die Klasse eines neuen, unsichtbaren Datenpunkts auf der Grundlage der bereits untersuchten Daten vorhersagen kann.

Zu den häufigsten Anwendungen der Klassifizierung gehören:

1. E-Mail-Filterung: Ein E-Mail-Anbieter kann Klassifizierungsalgorithmen für maschinelles Lernen verwenden, um Spam zu filtern oder E-Mails in verschiedene Labels wie „Primär", „Sozial" oder „Werbung" zu kategorisieren.
2. Betrugserkennung: Mithilfe der Klassifizierung können betrügerische Finanztransaktionen identifiziert werden, indem verschiedene Muster und abnormales Verhalten analysiert werden.
3. Medizinische Diagnose: Modelle des maschinellen Lernens können zur Vorhersage von Krankheiten auf der Grundlage der Analyse der Krankenakten und Testergebnisse des Patienten verwendet werden, beispielsweise zur Diagnose von Krebs anhand von Röntgenbildern oder EKG-Signalen.
4. Stimmungsanalyse: Mithilfe der Klassifizierung kann die Stimmung (positiv, negativ oder neutral) eines bestimmten Textes oder einer Kundenrezension ermittelt werden.

Arten von Klassifizierungsalgorithmen

Es stehen mehrere Klassifizierungsalgorithmen zur Verfügung, einige beliebte sind jedoch:

1. Logistische Regression
2. Naiver Bayes-Klassifikator
3. k-Nächste Nachbarn (k-NN)
4. Entscheidungsbäume
5. Zufällige Wälder
6. Support Vector Machines (SVM)

Jeder Algorithmus hat seine Stärken und Schwächen, daher ist es wichtig, basierend auf spezifischen Problemanforderungen und den verfügbaren Daten den am besten geeigneten Ansatz auszuwählen.

5.1.2 Clustering

Definition und Anwendung

Clustering ist eine unbeaufsichtigte Lerntechnik, bei der ähnliche Datenpunkte basierend auf ihren Merkmalen gruppiert werden. Im Gegensatz zur Klassifizierung sind keine vordefinierten Bezeichnungen verfügbar, und der Algorithmus lernt die Muster und Strukturen in den Daten selbst, um Cluster abzuleiten.

Einige Anwendungen des Clusterings umfassen:

1. Kundensegmentierung: Unternehmen können mithilfe von Clustering-Techniken ihre Kunden anhand ihres Verhaltens, ihrer demografischen Merkmale und Vorlieben segmentieren und so

gezielte Marketingkampagnen und personalisierte Serviceangebote ermöglichen.

2. Anomalieerkennung: Clustering kann verwendet werden, um ungewöhnliche Muster oder Ausreißer innerhalb des Datensatzes zu identifizieren, die auf Fehler oder potenziellen Betrug hinweisen können.
3. Dokumentgruppierung: Clustering-Algorithmen können dabei helfen, Dokumente basierend auf ihren Themen in Gruppen zu kategorisieren und so eine vereinfachte Inhaltsverwaltung oder Suchmaschinenergebnisse zu ermöglichen.
4. Bildsegmentierung: Clustering kann eingesetzt werden, um bestimmte Regionen oder Objekte in einem Bild zu identifizieren und so bei Bilderkennungsaufgaben zu helfen.

Arten von Clustering-Algorithmen

Zu den häufig verwendeten Clustering-Algorithmen gehören:

1. k-Means-Clustering
2. Hierarchisches Clustering
3. Dichtebasiertes räumliches Clustering von Anwendungen mit Rauschen (DBSCAN)
4. Gaußsche Mischungsmodelle (GMM)

Verschiedene Algorithmen eignen sich am besten für bestimmte Datensätze oder Probleme. Daher ist es wichtig, die zugrunde liegenden Annahmen und Merkmale jeder Methode zu verstehen, um gute Ergebnisse zu erzielen.

5.1.3 Empfehlungssysteme

Definition und Anwendung

Empfehlungssysteme sind Modelle, die die Präferenzen der Nutzer vorhersagen und personalisierte Produkt- oder Servicevorschläge machen. Sie sind für E-Commerce-Plattformen, Streaming-Dienste und andere Unternehmen, die mit einer Vielzahl von Produkten handeln und auf die Einbindung der Benutzer angewiesen sind, um Einnahmen zu generieren, von entscheidender Bedeutung.

Einige Anwendungsbereiche umfassen:

1. Produktempfehlungen: Empfehlen von Artikeln wie Büchern, Filmen oder Online-Produkten, die einem Benutzer aufgrund seines bisherigen Browserverlaufs, seiner Käufe oder Vorlieben gefallen könnten.
2. Inhaltspersonalisierung: Anpassen von Inhalten auf der Webseite oder Anwendung an die spezifischen Interessen und Vorlieben eines Benutzers.
3. Anzeigenausrichtung: Empfehlung der effektivsten Anzeigen für Benutzer basierend auf demografischen Daten und dem Surfverhalten.
4. Jobempfehlungen: Stellensuchende anhand ihrer Fähigkeiten und ihres beruflichen Werdegangs mit potenziellen Stellenangeboten in Kontakt bringen.

Arten von Empfehlungssystemen

Es gibt zwei Haupttypen von Empfehlungssystemen:

1. Kollaboratives Filtern: Dieser Ansatz basiert auf der Annahme, dass Benutzer, die in der Vergangenheit mit ähnlichen Artikeln interagiert oder ihnen ein Like gegeben haben, in Zukunft wahrscheinlich ähnliche Vorlieben haben werden. Die kollaborative Filterung kann weiter in benutzerbasierte und elementbasierte Methoden unterteilt werden.
2. Inhaltsbasierte Filterung: Dieser Ansatz basiert auf den Merkmalen der Artikel selbst und nutzt die Ähnlichkeit zwischen diesen Merkmalen, um Artikel zu empfehlen. Beispielsweise könnte ein inhaltsbasierter Filmempfehlungsgeber Faktoren wie Genres, Schauspielerlisten und Handlungsschlüsselwörter berücksichtigen, um ähnliche Filme vorzuschlagen.

Häufig wird ein hybrider Ansatz eingesetzt, der kollaborative und inhaltsbasierte Filtertechniken kombiniert, um die Empfehlungsgenauigkeit zu verbessern und Probleme mit der Datenknappheit zu reduzieren.

Zusammenfassend lässt sich sagen, dass maschinelles Lernen eine zentrale Rolle im Bereich der Datenanalyse und Entscheidungsfindung spielt. Die grundlegenden Techniken von Klassifizierungs-, Clustering- und Empfehlungssystemen ermöglichen es Unternehmen und Organisationen, das Beste aus ihren Daten herauszuholen, verborgene Muster zu entdecken und umsetzbare Erkenntnisse zu gewinnen, die letztendlich zu einer verbesserten Leistung und Benutzerzufriedenheit führen. Das Verständnis dieser Kerntechniken und ihrer realen Anwendungen hilft Datenbegeisterten und -profis, bessere Modelle zu erstellen und effizientere Lösungen zu entwickeln, um verschiedene Herausforderungen in der sich schnell entwickelnden Welt der Technologie zu bewältigen.

5.1 Anwendung von Klassifizierung, Clustering und Empfehlung in realen Situationen

In diesem Abschnitt diskutieren wir, wie die grundlegenden Techniken des maschinellen Lernens – Klassifizierung, Clustering und Empfehlung – auf reale Situationen angewendet werden können. Wir werfen einen Blick auf konkrete Beispiele aus verschiedenen Branchen, um zu verstehen, wie diese Techniken genutzt werden, um Erkenntnisse zu gewinnen, Aufgaben zu automatisieren und Mehrwert für Unternehmen zu schaffen.

5.1.1 Klassifizierung in Aktion

Bei der Klassifizierung wird einem Datenpunkt oder Objekt anhand seiner Eigenschaften eine Kategorie zugewiesen. Diese überwachte Lerntechnik wird häufig in vielen realen Anwendungen verwendet, wie zum Beispiel:

- **Spam-Erkennung** : E-Mail-Dienstanbieter wie Google und Microsoft verwenden maschinelle Lernalgorithmen, um E-Mails als Spam oder Nicht-Spam zu klassifizieren. Funktionen wie Absenderinformationen, Betreffzeile und E-Mail-

Inhalt werden verwendet, um den Algorithmus zu trainieren und Muster zu identifizieren, die auf Spam-E-Mails hinweisen.

- **Medizinische Diagnose** : Modelle des maschinellen Lernens können anhand der Krankenakten und Symptome von Patienten trainiert werden, um die Wahrscheinlichkeit verschiedener Krankheiten vorherzusagen. Beispielsweise kann die Klassifizierung, ob ein Tumor bösartig oder gutartig ist, basierend auf Faktoren wie Größe, Form und Dichte, bei der Früherkennung und Behandlung von Krebs hilfreich sein.
- **Bilderkennung** : Social-Media-Plattformen wie Facebook und Instagram verwenden Klassifizierungsalgorithmen, um Gesichter oder Objekte auf Fotos zu identifizieren und zu kennzeichnen. Diese Technologie kann auch auf Anwendungen wie autonome Fahrzeuge ausgeweitet werden, bei denen die Objekterkennung und -klassifizierung für eine sichere Navigation von entscheidender Bedeutung ist.
- **Kreditrisikobewertung** : Banken und Finanzinstitute verwenden Klassifizierungsmodelle, um die Kreditwürdigkeit potenzieller Kreditnehmer auf der Grundlage ihrer Kredithistorie, ihres Einkommens und anderer relevanter Informationen zu bewerten. Dies hilft bei der Entscheidung, ob Kreditanträge genehmigt oder abgelehnt werden.

5.1.2 Clustering in Aktion

Clustering ist eine unbeaufsichtigte Lerntechnik, mit der ähnliche Datenpunkte oder Objekte basierend auf ihren Eigenschaften gruppiert werden. Einige reale Anwendungen des Clusterings sind:

- **Kundensegmentierung** : Einzelhändler und E-Commerce-Unternehmen verwenden Clustering-Algorithmen, um Kunden mit ähnlichen Kaufgewohnheiten, Vorlieben und demografischen Merkmalen zu gruppieren. Dies hilft Unternehmen dabei, ihre Marketingbemühungen gezielter zu gestalten und personalisierte Werbeaktionen und Empfehlungen zu entwickeln.
- **Betrugserkennung** : Clustering kann verwendet werden, um Ausreißer oder ungewöhnliche Muster in großen Datensätzen zu identifizieren, die auf betrügerische Aktivitäten hinweisen können. Beispielsweise verwenden Banken Clustering-Algorithmen, um ungewöhnliche Transaktionsdaten zu erkennen, die auf Kreditkartenbetrug oder Geldwäsche hinweisen könnten.
- **Clustering von Nachrichtenartikeln** : Online-Nachrichtenportale und -Aggregatoren verwenden Clustering-Algorithmen, um ähnliche Nachrichtenartikel zu gruppieren, sodass Benutzer ein Thema eingehend untersuchen oder verwandte Inhalte entdecken können.
- **Analyse genomischer Daten** : Clustering wird in der Bioinformatik verwendet, um Gene mit ähnlichen Expressionsmustern zu gruppieren, was Einblicke in Genfunktionen, zelluläre Pfade und mögliche therapeutische Ziele liefern kann.

5.1.3 Empfehlung in die Tat

Empfehlungssysteme werden häufig verwendet, um Artikel, Produkte oder Inhalte basierend auf dem historischen Verhalten, den Vorlieben und Interessen der Benutzer vorzuschlagen. Zu den beliebten Anwendungen von Empfehlungssystemen gehören:

- **E-Commerce-Produktempfehlungen** : Online-Händler wie Amazon und eBay verwenden Empfehlungssysteme, um Benutzern basierend auf ihrem Browserverlauf, vergangenen Käufen und anderen Daten zum Benutzerverhalten Produkte vorzuschlagen, an denen sie interessiert sein könnten.
- **Empfehlungen für Filme und Fernsehsendungen** : Streaming-Plattformen wie Netflix und Hulu nutzen Empfehlungsalgorithmen, um Filme und Fernsehsendungen vorzuschlagen, die den Benutzern gefallen könnten, basierend auf ihrem Sehverlauf, Inhaltsbewertungen und benutzergenerierten Wiedergabelisten.
- **Musikempfehlung** : Musik-Streaming-Dienste wie Spotify und Pandora nutzen Empfehlungssysteme, um Playlists zu erstellen oder Songs für Benutzer basierend auf ihren Hörgewohnheiten, Lieblingskünstlern und Songpräferenzen vorzuschlagen.
- **Jobempfehlungen** : Jobportale und professionelle Networking-Sites wie LinkedIn verwenden Empfehlungsalgorithmen, um Benutzern basierend auf ihren Fähigkeiten, ihrem beruflichen Werdegang und ihren bevorzugten Branchen relevante Stellenangebote vorzuschlagen.

Zusammenfassend lässt sich sagen, dass Techniken des maschinellen Lernens wie

Klassifizierung, Clustering und Empfehlung weitreichende Auswirkungen und Anwendungen in verschiedenen Branchen haben. Indem wir ihre realen Umsetzungen verstehen, können wir die potenziellen Auswirkungen dieser Techniken erfassen und sie effektiv nutzen, um Erkenntnisse abzuleiten, Werte zu schaffen und komplexe Probleme zu lösen.

5.1 Klassifizierung, Clustering und Empfehlung: Schlüsselkonzepte und reale Anwendungen

Bei der Anwendung maschineller Lerntechniken in realen Szenarien ist es wichtig, die Grundlagen der Klassifizierung, Clusterung und Empfehlung zu verstehen, da diese Konzepte in verschiedenen Branchen weit verbreitet sind. In diesem Unterabschnitt werden wir uns eingehender mit diesen Grundlagen befassen und untersuchen, wie sie auf reale Probleme angewendet werden können.

5.1.1 Klassifizierung

Das Hauptziel der Klassifizierung besteht darin, anhand seiner Merkmale eine diskrete Bezeichnung für einen Eingabedatenpunkt vorherzusagen. Diese Art des maschinellen Lernens wird als *überwachtes Lernen bezeichnet* , da während der Modelltrainingsphase die Zielausgabe bekannt ist und dem Algorithmus zusammen mit den Eingabemerkmalen bereitgestellt wird. Es gibt zahlreiche Anwendungen der Klassifizierung, darunter:

- **Spam-Erkennung** : E-Mail-Dienstanbieter können mithilfe von Klassifizierungsalgorithmen anhand von Merkmalen wie der IP-Adresse des Absenders, der Betreffzeile und dem E-Mail-Inhalt feststellen, ob es sich bei einer E-Mail um Spam handelt oder nicht.
- **Kreditrisikobewertung** : Banken und Finanzinstitute können mithilfe von Klassifizierungsmodellen entscheiden, ob ein Kreditantrag genehmigt oder abgelehnt wird, basierend auf der Bonität, dem Einkommen und anderen relevanten Informationen des Antragstellers.
- **Medizinische Diagnose** : Ärzte können Klassifizierungstechniken nutzen, um anhand ihrer Symptome und Krankengeschichte die Wahrscheinlichkeit vorherzusagen, dass Patienten an einer bestimmten Krankheit leiden.

Zu den beliebten Klassifizierungsalgorithmen gehören die logistische Regression, Entscheidungsbäume und Support Vector Machines.

5.1.2 Clustering

Clustering ist eine Art *unbeaufsichtigtes Lernen* , bei dem ähnliche Datenpunkte gruppiert werden, ohne bekannte Zielausgaben zu verwenden. Das Ziel besteht darin, die natürliche Struktur innerhalb der Daten zu finden, indem Cluster so identifiziert werden, dass die Datenpunkte innerhalb jedes

Clusters so ähnlich wie möglich sind, während die Cluster selbst so unterschiedlich wie möglich voneinander sind. Einige praktische Anwendungen des Clusterings umfassen:

- **Kundensegmentierung** : Unternehmen können Clustering-Algorithmen verwenden, um ihre Kunden basierend auf ihrem Einkaufsverhalten, ihren Vorlieben oder demografischen Merkmalen in verschiedene Segmente zu gruppieren. Diese Informationen können zur Entwicklung gezielter Marketingkampagnen oder zur Personalisierung der Benutzererfahrungen genutzt werden.
- **Bildsegmentierung** : In der Bildverarbeitung kann Clustering angewendet werden, um ein Bild in verschiedene Bereiche zu unterteilen und so Objekte oder Muster im Bild zu identifizieren.
- **Anomalieerkennung** : Clustering-Techniken können verwendet werden, um ungewöhnliche Vorkommnisse in verschiedenen Bereichen zu erkennen, wie z. B. Netzwerksicherheit (z. B. Identifizierung ungewöhnlichen Netzwerkverkehrs, der auf einen Cyberangriff hinweisen könnte) oder Betrugserkennung (z. B. Erkennung ungewöhnlicher Ausgabemuster bei Kreditkarten).

Zu den gängigen Clustering-Algorithmen gehören K-Means, Hierarchical Clustering und DBSCAN.

5.1.3 Empfehlung

Empfehlungssysteme sind eine spezielle Art des maschinellen Lernens, die darauf abzielt, Benutzerpräferenzen vorherzusagen und Elemente oder Aktionen vorzuschlagen, an denen

Benutzer interessiert sein könnten. Diese Systeme sind in Bereichen unerlässlich, in denen es eine große und sich ständig ändernde Auswahl an Elementen gibt (z. B. Filme, Bücher, Nachrichtenartikel) oder eine überwältigende Menge an Daten (z. B. soziale Netzwerke, E-Commerce-Plattformen). Zu den realen Anwendungen von Empfehlungssystemen gehören:

- **Online-Shopping** : E-Commerce-Unternehmen können Empfehlungsalgorithmen verwenden, um Produkte vorzuschlagen, an denen ein Kunde basierend auf seinem Browserverlauf oder zuvor gekauften Artikeln wahrscheinlich interessiert sein könnte.
- **Unterhaltung** : Streaming-Plattformen wie Netflix oder Spotify verwenden Empfehlungssysteme, um Inhalte (z. B. Filme, Fernsehsendungen oder Lieder) vorzuschlagen, die einem Benutzer auf der Grundlage seines Seh- oder Hörverlaufs und der Vorlieben ähnlicher Benutzer gefallen könnten.
- **Nachrichten und Informationen** : Websites oder Apps, die Nachrichtenartikel oder Informationen bereitstellen, können Empfehlungstechniken verwenden, um Inhalte zu kuratieren, die auf die Interessen eines Benutzers zugeschnitten sind, basierend auf seinen Lesegewohnheiten und den Vorlieben von Benutzern mit ähnlichen Profilen.

Empfehlungsalgorithmen können grob in zwei Typen eingeteilt werden: *inhaltsbasierte Filterung* und *kollaborative Filterung* . Die inhaltsbasierte Filterung basiert auf den Merkmalen der Elemente und den Vorlieben des Benutzers, während die kollaborative Filterung auf dem Verhalten oder den Vorlieben anderer Benutzer mit ähnlichen Vorlieben in der Vergangenheit basiert.

Zusammenfassend lässt sich sagen, dass Klassifizierung, Clustering und Empfehlung grundlegende Techniken des maschinellen Lernens sind, die in verschiedenen Branchen weit verbreitet sind, um reale Probleme anzugehen. Das Verständnis dieser Konzepte ermöglicht es Fachexperten und Datenwissenschaftlern, geeignete Algorithmen auszuwählen und sie an bestimmte Aufgaben anzupassen. Letztendlich können sie maschinelles Lernen nutzen, um bessere Entscheidungen zu treffen, personalisierte Erfahrungen bereitzustellen oder komplexe Prozesse zu automatisieren.

5.1 Anwendung von Klassifizierungs-, Clustering- und Empfehlungstechniken in realen Szenarien

In diesem Unterabschnitt konzentrieren wir uns auf reale Anwendungen von drei grundlegenden Techniken des maschinellen Lernens: Klassifizierung, Clustering und Empfehlung. Wir werden praktische Beispiele aus verschiedenen Bereichen wie Finanzen, Gesundheitswesen, soziale Medien und E-Commerce untersuchen, um zu verdeutlichen, wie maschinelles Lernen dabei hilft, komplexe Probleme zu lösen und

Unternehmen und Einzelpersonen gleichermaßen einen Mehrwert zu bieten.

5.1.1 Einordnung in die Realität

Die Klassifizierung ist eine überwachte Lerntechnik, bei der ein Modell aus einem gekennzeichneten Datensatz lernt, um die Klasse oder Kategorie neuer, bisher nicht sichtbarer Datenpunkte vorherzusagen. Einige reale Anwendungen der Klassifizierung sind:

1. **Spam-Erkennung** : E-Mail-Dienstanbieter verwenden Klassifizierungsalgorithmen, um Spam-E-Mails zu identifizieren und herauszufiltern. Die Algorithmen lernen aus einem gekennzeichneten Datensatz, der sowohl Spam- als auch Nicht-Spam-E-Mails enthält, um vorherzusagen, ob es sich bei einer eingehenden E-Mail um Spam handelt.
2. **Betrugserkennung** : Finanzinstitute und Kreditkartenunternehmen nutzen Klassifizierungssysteme, um betrügerische Transaktionen zu erkennen. Das Modell lernt aus historischen Transaktionsdaten und prognostiziert anhand verschiedener Faktoren wie Transaktionsbetrag, Standort oder Nutzerverhalten, ob eine neue Transaktion wahrscheinlich betrügerisch ist oder nicht.
3. **Medizinische Diagnose** : Im Gesundheitswesen können Klassifizierungsalgorithmen dabei helfen, Krankheiten anhand der Symptome von Patienten oder medizinischen Testergebnissen zu diagnostizieren. Beispielsweise kann ein Algorithmus Labortestergebnisse, Vitalfunktionen

und andere relevante Daten analysieren, um vorherzusagen, ob ein Patient an einer bestimmten Krankheit oder einem bestimmten Leiden leidet.

4. **Bilderkennung** : Klassifizierungstechniken werden häufig bei Bilderkennungsaufgaben wie Gesichtserkennung, Objekterkennung und Handschrifterkennung eingesetzt. Beispielsweise kann ein Algorithmus aus einem beschrifteten Bilddatensatz lernen, menschliche Gesichter in neuen, unbekannten Bildern zu erkennen.
5. **Kundensegmentierung** : Unternehmen können Klassifizierungsmodelle verwenden, um ihre Kunden basierend auf Kaufverhalten, demografischen Informationen oder Vorlieben in verschiedene Segmente einzuteilen. Dies ermöglicht es Unternehmen, personalisierte Marketingkampagnen zu erstellen und gezielte Werbeaktionen oder Dienstleistungen für bestimmte Kundengruppen anzubieten.

5.1.2 Clustering im wirklichen Leben

Clustering ist eine unbeaufsichtigte Lerntechnik, mit der Datenpunkte basierend auf ihrer Ähnlichkeit oder Nähe gruppiert werden, ohne dass die expliziten Kategorien im Voraus bekannt sind. Einige Beispiele für reale Anwendungen des Clusterings sind:

1. **Marktsegmentierung** : Clustering-Algorithmen können eingesetzt werden, um Kundendaten (z. B. Demografie, Präferenzen, Kaufhistorie) zu analysieren und Gruppen oder Segmente mit ähnlichen Merkmalen zu identifizieren. Dies hilft Marketingteams, gezielte Werbung und

Verkaufsförderung für verschiedene Kundensegmente zu entwerfen.

2. **Anomalieerkennung** : Mithilfe von Clustering-Techniken können Anomalien oder Ausreißer erkannt werden, indem Datenpunkte identifiziert werden, die sich erheblich von den anderen Clustern unterscheiden. Dies kann in verschiedenen Bereichen angewendet werden, beispielsweise zur Betrugsprävention im Finanzwesen, zur Identifizierung fehlerhafter Maschinen in der Fertigung oder zur Erkennung ungewöhnlichen Benutzerverhaltens im Bereich der Cybersicherheit.
3. **Analyse sozialer Netzwerke** : Auf Social-Media-Plattformen können Clustering-Algorithmen verwendet werden, um Communities oder Benutzergruppen anhand ihrer Beziehungen, Interaktionen oder gemeinsamen Interessen zu identifizieren.
4. **Dokumenten-Clustering** : Clustering-Techniken können angewendet werden, um Dokumente oder Artikel mit ähnlichen Inhalten, Themen oder Schreibstilen zu gruppieren, was eine bessere Organisation und den Abruf von Informationen aus großen Textdatensätzen erleichtert.
5. **Bioinformatik** : Clustering wird in der Bioinformatikforschung häufig für Aufgaben wie Genexpressionsanalyse, Proteinstrukturvorhersage und biologische Netzwerkanalyse eingesetzt. Beispielsweise kann Clustering eingesetzt werden, um Gene mit ähnlichen Expressionsmustern unter bestimmten Bedingungen zu gruppieren, was auf eine ähnliche Funktionalität oder Co-Regulation hinweisen kann.

5.1.3 Empfehlung im wirklichen Leben

Empfehlungssysteme verwenden Algorithmen des maschinellen Lernens, um Benutzern relevante Elemente oder Inhalte basierend auf ihren Vorlieben, ihrem früheren Verhalten oder dem Verhalten anderer ähnlicher Benutzer vorzuschlagen. Einige praktische Beispiele für Empfehlungssysteme sind:

1. **Film- und Musikempfehlung** : Online-Streaming-Dienste wie Netflix und Spotify verwenden Empfehlungssysteme, um Benutzern basierend auf ihrem Seh- oder Hörverlauf und ihren Vorlieben Filme, Fernsehsendungen oder Songs vorzuschlagen.
2. **Produktempfehlung** : E-Commerce-Websites wie Amazon und eBay verwenden Empfehlungssysteme, um Kunden Artikel oder Produkte auf der Grundlage ihres Browserverlaufs, früherer Käufe und der Vorlieben ähnlicher Benutzer vorzuschlagen.
3. **Personalisierung von Inhalten** : Nachrichten-Websites, Foren und Social-Media-Plattformen verwenden Empfehlungssysteme, um Inhalte an einzelne Benutzer anzupassen und dabei deren Interaktionen, Interessen und Vorlieben zu berücksichtigen. Dies trägt dazu bei, dass Benutzer die relevantesten Inhalte sehen und mehr Zeit auf der Plattform verbringen.
4. **Empfehlungen zu sozialen Verbindungen** : Soziale Netzwerkplattformen wie LinkedIn und Facebook verwenden Empfehlungsalgorithmen, um Benutzern basierend auf ihrem bestehenden Netzwerk und gemeinsamen Interessen

potenzielle Verbindungen oder Freunde vorzuschlagen.

5. **Job-Matching** : Jobsuch-Websites und Karriereportale können Empfehlungssysteme verwenden, um Benutzern basierend auf ihren Fähigkeiten, ihrer Berufserfahrung, ihrem Standort und den Präferenzen ähnlicher Jobsuchender geeignete Jobs vorzuschlagen.

Zusammenfassend lässt sich sagen, dass Klassifizierungs-, Clustering- und Empfehlungstechniken zentrale Methoden des maschinellen Lernens sind, die zur Lösung einer Vielzahl realer Probleme eingesetzt werden können. Durch das Verständnis der Konzepte und Anwendungen dieser Techniken können Unternehmen und Einzelpersonen die Leistungsfähigkeit des maschinellen Lernens nutzen, um bessere Entscheidungen zu treffen, Prozesse zu rationalisieren und den Benutzern personalisierte Erlebnisse zu bieten.

5.3. Anwenden von Statistiken, Prognosen und maschinellem Lernen IRL (im wirklichen Leben)

Nachdem Sie sich ein umfassendes Verständnis der grundlegenden Konzepte der Klassifizierung, Clusterung und Empfehlung angeeignet haben, ist es wichtig, sich mit realen Anwendungen zu befassen, die diese Techniken integrieren. In diesem Abschnitt werden wir die verschiedenen Bereiche, Anwendungsfälle und Beispiele untersuchen, in denen Statistiken, Prognosen und

Algorithmen für maschinelles Lernen zur Lösung realer Probleme eingesetzt werden können.

5.3.1. Geschäft und Finanzen

Techniken des maschinellen Lernens spielen eine entscheidende Rolle dabei, Unternehmen und Finanzorganisationen dabei zu unterstützen, fundierte Entscheidungen zu treffen. Beispiele für Anwendungen in diesem Bereich sind:

- Bonitätsbewertung: Mithilfe von Klassifizierungsmodellen können Banken und Finanzinstitute die Kreditwürdigkeit von Antragstellern beurteilen oder anhand historischer Daten zwischen potenziell guten und schlechten Kreditnehmern unterscheiden.
- Betrugserkennung: Modelle des maschinellen Lernens können darauf trainiert werden, verdächtige Transaktionen zu erkennen und zu kennzeichnen, indem Muster und Korrelationen in großen Mengen an Finanztransaktionsdaten analysiert werden.
- Algorithmischer Handel: Prognosemodelle können Aktienkurse und andere interessante Finanzvariablen vorhersagen, die es Unternehmen ermöglichen, Handelsentscheidungen über den Kauf oder Verkauf von Aktien zu treffen.
- Vorhersage der Kundenabwanderung: Empfehlungssysteme können das Kundenverhalten vorhersagen und es Unternehmen ermöglichen, wertvolle Kunden zu binden, indem sie personalisierte Anreize oder Werbeaktionen anbieten.
- Marktsegmentierung: Clustering-Modelle helfen Unternehmen dabei, Kundengruppen mit

ähnlichen Vorlieben, Merkmalen oder demografischen Merkmalen zu identifizieren, die maßgeschneiderte Marketingstrategien ermöglichen.

5. &___second_completion<|im_sep|>3.2. Gesundheitspflege

Maschinelles Lernen hat die Gesundheitsbranche mit seinem Potenzial, komplexe Daten zu analysieren und wertvolle Erkenntnisse zu liefern, verändert. Zu den bekanntesten Anwendungen in diesem Bereich gehören:

- Krankheitsdiagnose: Klassifizierungsmodelle helfen bei der Diagnose verschiedener Krankheiten oder medizinischer Zustände, indem sie die Krankengeschichte des Patienten, Bilddaten und andere Testergebnisse analysieren.
- Arzneimittelentwicklung: Algorithmen des maschinellen Lernens helfen Biotechnologie- und Pharmaunternehmen dabei, potenzielle Arzneimittelkandidaten zu identifizieren, indem sie deren Wirksamkeit, Toxizität und potenzielle Nebenwirkungen auf der Grundlage der chemischen Strukturen und bekannten Wechselwirkungen mit biologischen Zielen vorhersagen.
- Patientenüberwachung: Prognosemodelle können die Wahrscheinlichkeit kritischer Ereignisse wie Herzinfarkt, Schlaganfall oder Diabetes vorhersagen und so eine frühzeitige

Intervention und eine bessere Behandlung chronischer Erkrankungen ermöglichen.

- Personalisierte Medizin: Empfehlungssysteme ermöglichen es Ärzten, optimale Behandlungspläne für Patienten auf der Grundlage ihrer genetischen Ausstattung, Krankengeschichte und Lebensstilfaktoren zu ermitteln und so die Wirksamkeit von Therapien zu erhöhen und gleichzeitig Nebenwirkungen zu minimieren.
- Genomanalyse: Durch Clustering-Analyse können Muster und Beziehungen innerhalb komplexer Genomdaten identifiziert werden, was gezielte Forschung und Therapien ermöglicht.

5.3.3. E-Commerce und Einzelhandel

Die E-Commerce-Branche hat erheblich vom Einsatz maschinellen Lernens in ihren täglichen Abläufen profitiert, das Kundenerlebnis verbessert und die Rentabilität gesteigert. Zu den wichtigsten Anwendungen gehören:

- Personalisierte Produktempfehlungen: Empfehlungssysteme analysieren das Surfverhalten, die Kaufhistorie und die Präferenzen der Kunden, um relevante Produkte oder Dienstleistungen vorzuschlagen.
- Nachfrageprognose: Mithilfe von Verkaufsprognosemodellen können Einzelhändler künftige Verkäufe abschätzen und so den Lagerbestand besser verwalten, Preisstrategien optimieren und Marketingmöglichkeiten identifizieren.

- Stimmungsanalyse: Klassifizierungsmodelle können die Stimmung und Meinungen von Kunden zu Produkten oder Marken erkennen, indem sie soziale Medien, Online-Bewertungen und andere Textdatenquellen analysieren.
- Anomalieerkennung: Betrügerische Aktivitäten und andere Unregelmäßigkeiten können mithilfe fortschrittlicher Mustererkennungs- und Anomalieerkennungstechniken erkannt und abgemildert werden.
- Dynamische Preisgestaltung: Modelle des maschinellen Lernens können optimale Preise basierend auf verschiedenen Faktoren vorhersagen und festlegen, z. B. der Preisgestaltung der Konkurrenz, Nachfrageschwankungen und Saisonalität, und so den Umsatz maximieren.

5.3.4. Herstellung und Produktion

Maschinelles Lernen hat durch die Optimierung von Prozessen und die Steigerung der Effizienz erhebliche Auswirkungen auf die Fertigungs- und Produktionsindustrie. Einige relevante Anwendungen umfassen:

- Qualitätskontrolle: Bildanalyse- und Klassifizierungsalgorithmen können Fehler in Produkten automatisch identifizieren, wodurch die Notwendigkeit manueller Inspektionen verringert und das Risiko menschlicher Fehler verringert wird.
- Vorausschauende Wartung: Prognosemodelle können Geräteausfälle vorhersagen und Wartungsbedarf identifizieren, sodass

Unternehmen rechtzeitig Reparaturen planen und Ausfallzeiten minimieren können.

- Lieferkettenmanagement: Techniken des maschinellen Lernens können Logistikabläufe optimieren, indem sie die Nachfrage genau vorhersagen, Engpässe in der Lieferkette identifizieren und das Lieferantenbeziehungsmanagement verbessern.
- Roboterautomatisierung: Algorithmen für maschinelles Lernen können Roboterarme und andere Automatisierungsgeräte steuern, um Produktionsprozesse zu optimieren, menschliche Eingriffe zu minimieren und die Gesamteffizienz zu steigern.

5.3.5. Energie- und Umweltmanagement

Maschinelles Lernen kann erheblich zur Bewirtschaftung und Schonung von Umweltressourcen und erneuerbaren Energiequellen beitragen. Zu den wichtigsten Anwendungen gehören:

- Prognose des Energieverbrauchs: Modelle des maschinellen Lernens können Energieverbrauchstrends vorhersagen und Unternehmen bei der Optimierung ihres Energieverbrauchs unterstützen.
- Produktion erneuerbarer Energien: Fortschrittliche Prognosemodelle können die Produktion erneuerbarer Energien wie Solarenergie und Windenergie vorhersagen und so eine bessere Integration in traditionelle Stromnetze ermöglichen.

- Katastrophenvorhersage und -management: Klassifizierungs- und Clustering-Algorithmen können Satellitenbilder, Klimadaten und geografische Informationen analysieren, um Naturkatastrophen vorherzusagen und bei der effizienten Ressourcenzuweisung bei Notfallmaßnahmen zu helfen.
- Modellierung des Klimawandels: Techniken des maschinellen Lernens können Wissenschaftlern dabei helfen, komplexe Umweltdaten zu analysieren und Muster des Klimawandels besser zu verstehen und so datengesteuerte politische Entscheidungen zur Eindämmung der globalen Erwärmung zu ermöglichen.
- Kontrolle der Umweltverschmutzung: Modelle des maschinellen Lernens können das Ausmaß der Umweltverschmutzung verfolgen und vorhersagen und so politischen Entscheidungsträgern dabei helfen, Strategien zur Reduzierung von Emissionen und zur Verbesserung der Luftqualität zu entwickeln.

Zusammenfassend lässt sich sagen, dass die allgegenwärtige Natur des maschinellen Lernens verschiedene Branchen und Domänen überschreitet. Durch die Einbeziehung von Klassifizierungs-, Clustering- und Empfehlungstechniken kann das Potenzial datengesteuerter Entscheidungsfindung erschlossen und die Optimierung von Prozessen, eine verbesserte Interaktion mit Kunden und eine effektive Nutzung von Ressourcen erleichtert werden. Der Einsatz dieser Konzepte und Tools in realen Szenarien kann Unternehmen zu ungeahnten Höhen führen und ihnen einen

Wettbewerbsvorteil in einer sich schnell entwickelnden globalen Landschaft verschaffen.

Prognosen und maschinelles Lernen im wirklichen Leben: Von geschäftlichen zu sozialen Auswirkungen

In diesem Abschnitt befassen wir uns mit der Anwendung statistischer Modelle, Prognosen und maschinellem Lernen in unserem täglichen Leben und bieten Beispiele aus der Praxis aus Wirtschaft, Wissenschaft, Sport und sozialen Auswirkungen. Wie wir sehen werden, können diese Tools die Entscheidungsfindung verbessern, das Wirtschaftswachstum vorantreiben und das Leben von Millionen Menschen auf der ganzen Welt verändern. Die Anwendungen sind umfangreich und reichen von der Vorhersage des Verbraucherverhaltens bis zur Bewältigung von Naturkatastrophen, und sie werden immer wichtiger, je mehr wir uns um eine bessere Zukunft bemühen.

Vorhersage des Verbraucherverhaltens im Einzelhandel

Einzelhandelsunternehmen profitieren von ihrer Fähigkeit, das Verbraucherverhalten vorherzusagen, die Ladengestaltung zu optimieren und die richtigen Produkte zur richtigen Zeit zu liefern. In diesem Bereich spielen Prognosemodelle und Algorithmen des maschinellen Lernens eine entscheidende Rolle für den Erfolg dieser Bemühungen. Beispielsweise nutzt Walmart , einer der größten Einzelhändler der Welt, maschinelle Lernalgorithmen, um seine Bestandsverwaltung zu optimieren und Kundenverhaltensmuster zu verstehen. Durch die Analyse riesiger Mengen historischer Daten wie vergangene Verkäufe und externe Faktoren wie Wetter und Feiertage kann Walmart den Filialverkehr und die Produktnachfrage vorhersagen und seine Lieferkette entsprechend koordinieren. Diese Modelle haben sich als unschätzbar wertvoll erwiesen, wenn es darum geht, die Regale der Geschäfte mit den Artikeln zu füllen, die die Kunden am meisten benötigen.

Finanz- und Investitionsmanagement

Auf den Finanzmärkten sind Händler und Anleger immer auf der Suche nach Möglichkeiten, Risiken zu minimieren und Erträge zu maximieren. Sie stützen sich stark auf statistische Modelle und Techniken des maschinellen Lernens, um Trends vorherzusagen, Chancen zu erkennen und Handelsstrategien zu entwickeln. Quantitative Händler verwenden Algorithmen, um Geschäfte im Handumdrehen auszuführen und auf Marktschwankungen zu reagieren, bevor die meisten Menschen sie überhaupt wahrnehmen können. In den letzten Jahren haben sich Robo-

Berater zu einer attraktiven Option für Privatanleger entwickelt, die personalisierte Anlageverwaltungsdienste mithilfe von Algorithmen anbieten, die auf Faktoren wie Risikotoleranz, Anlagezielen und Zeithorizont basieren. Diese KI-gesteuerten Tools können Einzelpersonen dabei helfen, fundierte Entscheidungen über ihre Investitionen zu treffen, auch ohne Vorkenntnisse im Finanzbereich.

Sportanalyse und Leistungsvorhersage

In der Welt des Sports hat sich ein deutlicher Wandel hin zur Nutzung von Datenanalysen und maschinellem Lernen vollzogen, um Ergebnisse vorherzusagen und die Leistung zu verbessern. Moneyball , ein beliebtes Buch und ein beliebter Film, schilderte, wie statistische Analysen – insbesondere das Konzept der „Sabermetrics" – die Art und Weise veränderten, wie Baseballteams Spieler scouten und bewerten. Fußballvereine wie der FC Liverpool nutzen Datenanalysen, um die Rekrutierung, das Scouting und die Strategie zu verbessern und so zu ihrem Erfolg auf dem Spielfeld beizutragen. Im Basketball ermöglichen Spieler-Tracking-Technologien und räumlich-zeitliche Analysen den Teams, Spielerbewegungen, Schlagauswahl und Verteidigungstaktiken zu analysieren und zu optimieren. Diese Techniken verhelfen den Teams zu einem Wettbewerbsvorteil und erhöhen ihre Chancen, Spiele und Meisterschaften zu gewinnen.

Gesundheitswesen und personalisierte Medizin

Das Gesundheitswesen ist ein weiterer Bereich, in dem maschinelles Lernen und Statistiken einen tiefgreifenden Einfluss auf das Leben der Menschen haben können. In den letzten Jahren sind prädiktive Analysen für die Erkennung und Diagnose von Krankheiten, das Verständnis von Patientenergebnissen und die Steuerung von Behandlungsplänen immer wichtiger geworden. Algorithmen können jetzt Krankenakten, Laborergebnisse und Genomdaten untersuchen, um Muster zu identifizieren, die auf eine Krankheit hinweisen, als Leitfaden für Behandlungsoptionen dienen oder personalisierte Medizinprogramme entwickeln können. Beispielsweise war AlphaFold von DeepMind in der Lage, Proteinstrukturen vorherzusagen, ein Durchbruch, der unser Verständnis von Krankheiten und die Entdeckung von Medikamenten unterstützen kann.

Eindämmung und Management von Naturkatastrophen

Naturkatastrophen wie Hurrikane, Erdbeben und Überschwemmungen können verheerende Folgen für Gemeinden auf der ganzen Welt haben. Die Vorhersage und Vorbereitung dieser Ereignisse ist von entscheidender Bedeutung, um ihre Auswirkungen auf Leben und Eigentum zu minimieren. Statistische Modelle, Prognosetools und Algorithmen für maschinelles Lernen können

Regierungsbehörden, Meteorologen und Notfallhelfern helfen, die Wahrscheinlichkeit von Naturkatastrophen zu verstehen und Ressourcen entsprechend zu priorisieren. Beispielsweise kombiniert das Deep Thunder-Projekt von IBM Daten aus mehreren Quellen wie Wetterstationen und Satelliten, um hyperlokale Wettervorhersagen zu erstellen, die vorhersagen können, wo ein Sturm zuschlagen könnte und wie stark er sein könnte. Diese Informationen können von entscheidender Bedeutung sein, um Notfallpläne zu erstellen und sicherzustellen, dass die Hilfe die Gebiete erreicht, die sie am meisten benötigen.

Klimawandel und nachhaltige Entwicklung

Während sich die Welt mit den Auswirkungen des Klimawandels auseinandersetzt, brauchen wir datengesteuerte, evidenzbasierte Richtlinien, um dieses drängende Problem anzugehen. Forscher verwenden statistische Modelle und Algorithmen für maschinelles Lernen, um Klimadaten zu analysieren, Zukunftsszenarien zu projizieren und die Wirksamkeit politischer Maßnahmen zu bewerten. Beispielsweise nutzen Tools wie Global Forest Watch Satellitenbilder, um Entwaldung und Landnutzungsänderungen auf der ganzen Welt zu erkennen. Klimamodelle können prognostizieren, wie sich Temperatur- und Niederschlagsmuster in den kommenden Jahrzehnten ändern könnten, und helfen politischen Entscheidungsträgern dabei, die Machbarkeit vorgeschlagener Strategien zur CO2-Reduktion zu bewerten oder den Bedarf an Infrastrukturinvestitionen zu beurteilen, die den durch den Klimawandel verursachten schweren Wetterereignissen standhalten können.

Abschluss

Von der Vorhersage von Verbraucherkäufen bis hin zum Verständnis des Klimawandels hat sich die Anwendung von Statistiken, Prognosen und maschinellem Lernen in verschiedenen realen Umgebungen als wertvolles Werkzeug erwiesen. Diese Methoden haben nicht nur Geschäftspraktiken verändert, sondern auch sinnvolle, lebensrettende Fortschritte bei sozialen Initiativen ermöglicht. Da unsere Welt im 21. Jahrhundert zunehmend datengesteuert wird, wird die Rolle dieser Methoden immer wichtiger; Die Nutzung ihrer Vorhersagekraft wird für den Aufbau einer besseren Zukunft von entscheidender Bedeutung sein.

Reale Implementierung statistischer Techniken, Prognosemodelle und Algorithmen für maschinelles Lernen

In diesem Unterabschnitt werden wir die Praktikabilität und Bedeutung statistischer Techniken, Prognosemodelle und Algorithmen für maschinelles Lernen diskutieren. Wir werden uns mit einigen Beispielen aus der Praxis befassen und untersuchen, wie diese leistungsstarken Tools verschiedene Branchen beeinflussen, Entscheidungsprozesse verbessern und unser Verständnis komplexer Muster und Verhaltensweisen in riesigen Datenmengen verbessern können.

Geschäft

Unternehmen aller Branchen verlassen sich auf statistische Analysen, Prognosemodelle und maschinelles Lernen, um bessere Entscheidungen zu treffen und Ergebnisse vorherzusagen. Beispiele beinhalten:

- **Marktforschung:** Die Anwendung statistischer Techniken zur Erhebung von Daten hilft Unternehmen, ihre Zielgruppe zu verstehen, effektive Marketingstrategien zu entwickeln und ihr Produktangebot zu optimieren.
- **Umsatzprognose:** Zeitreihenprognosemodelle können zukünftige Umsätze auf der Grundlage historischer Daten vorhersagen. Diese Informationen sind für die Bestandsverwaltung, Ressourcenzuweisung und Finanzplanung von entscheidender Bedeutung.
- **Kundensegmentierung:** Algorithmen für maschinelles Lernen können riesige Mengen an Kundendaten analysieren, um Muster zu erkennen und Kunden anhand ihres Verhaltens, ihrer Vorlieben oder ihrer demografischen Merkmale in verschiedene Gruppen einzuteilen.
- **Kreditrisikobewertung:** Finanzinstitute nutzen statistische und maschinelle Lernmodelle, um die Kreditwürdigkeit von Kunden zu beurteilen und so das Risiko der Kreditvergabe an Privatpersonen

oder Unternehmen mit hoher Ausfallwahrscheinlichkeit zu reduzieren.

Gesundheitspflege

Die Gesundheitsbranche profitiert in mehrfacher Hinsicht von der Anwendung dieser Tools:

- **Diagnose und Behandlung von Krankheiten:** Algorithmen für maschinelles Lernen können große Mengen an Patientendaten, einschließlich medizinischer Bilder und elektronischer Gesundheitsakten, analysieren, um Krankheitsausgänge vorherzusagen oder personalisierte Behandlungen zu empfehlen.
- **Arzneimittelentwicklung:** Forscher verwenden statistische Modelle und Techniken des maschinellen Lernens, um Genomdaten zu analysieren und potenzielle Arzneimittelziele zu identifizieren und so den Arzneimittelentwicklungsprozess zu beschleunigen.
- **Epidemiologische Studien:** Die Verfolgung und Vorhersage von Krankheitsausbrüchen erfordert ausgefeilte Statistik- und Prognosemodelle, die verschiedene Faktoren wie Geodaten, Bevölkerungsbewegungen, sozioökonomische Indikatoren und mehr analysieren können.

Umwelt und Klima

Umwelt- und Klimawissenschaftler nutzen diese leistungsstarken Werkzeuge, um unser Verständnis natürlicher Prozesse und der Folgen menschlicher Aktivitäten zu verbessern:

- **Wettervorhersage:** Meteorologen verlassen sich auf Statistiken, numerische Wettervorhersagemodelle und maschinelles Lernen, um kurz- und langfristige Wettermuster mit immer größerer Genauigkeit vorherzusagen.
- **Forschung zum Klimawandel:** Um die komplexen, interagierenden Variablen zu verstehen, die zum globalen Klimawandel beitragen, sind ausgefeilte statistische Techniken und Algorithmen des maschinellen Lernens erforderlich. Diese Tools helfen Wissenschaftlern, vergangene Trends besser zu verstehen und genauere Vorhersagen über zukünftige Klimaszenarien zu treffen.
- **Ressourcenmanagement:** Naturschützer und politische Entscheidungsträger verlassen sich auf statistische Analysen und Prognosemodelle, um die Wirksamkeit von Umweltpolitiken zu bewerten und fundierte Entscheidungen über die nachhaltige Nutzung natürlicher Ressourcen zu treffen.

Transport

Die Transportbranche nutzt statistische Techniken, Prognosemodelle und maschinelles Lernen, um Effizienz und Sicherheit zu verbessern:

- **Verkehrsvorhersage:** Prognosemodelle können Verkehrsmuster auf der Grundlage historischer Daten vorhersagen, sodass Stadtplaner die Verkehrsinfrastruktur optimieren und Staus reduzieren können.
- **Routenoptimierung:** Algorithmen für maschinelles Lernen können Geodaten

analysieren, um die effizientesten Routen für Transport- und Logistikunternehmen zu ermitteln und so den Kraftstoffverbrauch zu senken und Lieferzeiten zu verkürzen.

- **Autonome Fahrzeuge:** Die Entwicklung selbstfahrender Autos basiert stark auf maschinellen Lernalgorithmen, die riesige Datenmengen von Kameras, LiDAR-Systemen und anderen Sensoren analysieren können, um sicheres und effizientes Fahren zu ermöglichen.

Abschluss

Die realen Anwendungen statistischer Techniken, Prognosemodelle und maschineller Lernalgorithmen sind umfangreich und wirken sich auf praktisch jede Branche und jeden Aspekt des menschlichen Lebens aus. In der heutigen datengesteuerten Welt spielen diese leistungsstarken Tools eine immer wichtigere Rolle bei der Gestaltung unseres Verständnisses komplexer Systeme und beim Treffen besser fundierter Entscheidungen.

Durch die Nutzung dieser Techniken und deren Anpassung an bestimmte Branchen oder Anwendungen können Einzelpersonen und Organisationen Muster, Trends und Erkenntnisse aufdecken, die zu einer besseren Entscheidungsfindung und langfristigem Erfolg führen können. Ob es um die Vorhersage der Kundennachfrage, die Diagnose von Krankheiten oder die Eindämmung des Klimawandels geht: Statistische Methoden, Prognosemodelle und maschinelles Lernen spielen eine immer wichtigere Rolle bei unserer Fähigkeit, die

Herausforderungen und Chancen einer immer komplexer werdenden Welt zu meistern.

Reale Anwendungen von Statistik, Prognose und maschinellem Lernen

In diesem Unterabschnitt werden wir uns mit den praktischen Anwendungen von Statistik, Prognosen und maschinellem Lernen in verschiedenen Branchen und Sektoren befassen. Diese Techniken haben großen Einfluss auf die Art und Weise, wie wir in unserem täglichen Leben datengesteuerte Entscheidungen analysieren und treffen. Vom Gesundheitswesen bis zum Finanzwesen, vom Transportwesen bis zum Marketing haben Statistiken, Prognosen und maschinelles Lernen verschiedene Bereiche revolutioniert und es uns ermöglicht, bessere Vorhersagen zu treffen und wertvolle Erkenntnisse aus der Fülle der von uns generierten Daten zu gewinnen.

Gesundheitspflege

Statistiken, Prognosen und maschinelles Lernen spielen eine entscheidende Rolle in der Gesundheitsbranche. Sie helfen auf folgende Weise:

1. **Vorhersage von Krankheitsausbrüchen** : Algorithmen und Prognosemodelle für maschinelles Lernen können eingesetzt werden,

um das Auftreten und die Ausbreitung von Infektionskrankheiten auf der Grundlage historischer Daten, der menschlichen Mobilität und anderer relevanter Faktoren vorherzusagen. Dies führt zu besseren Krankheitspräventions- und Reaktionsstrategien, wie bei der COVID-19-Pandemie zu sehen ist.

2. **Medizinische Bildgebung und Diagnostik** : Modelle des maschinellen Lernens, wie z. B. Faltungs-Neuronale Netze, werden verwendet, um Muster und Anomalien in medizinischen Bilddaten (Röntgen, CT-Scans, MRT usw.) zu identifizieren. Dies hilft Ärzten, verschiedene Gesundheitszustände präziser und genauer zu diagnostizieren und zu behandeln.
3. **Personalisierte Medizin** : Mit Hilfe von Statistiken und maschinellem Lernen können Forscher Zusammenhänge zwischen den genetischen Daten von Patienten, ihrer Reaktion auf Medikamente und Behandlungsergebnissen identifizieren. Dieser datengesteuerte Ansatz ebnet den Weg für eine personalisierte Medizin und ermöglicht es Ärzten, Behandlungen individuell auf den Patienten abzustimmen.
4. **Arzneimittelentdeckung und -entwicklung** : Algorithmen für maschinelles Lernen helfen Pharmaunternehmen dabei, riesige Datenmengen zu sichten, um vielversprechende Arzneimittelkandidaten zu identifizieren und fundierte Entscheidungen über deren potenzielle Wirksamkeit und Sicherheit zu treffen. Dies beschleunigt den Entdeckungs- und Entwicklungsprozess von Medikamenten und bringt so lebensrettende Medikamente schneller auf den Markt.

Finanzen und Banken

Im Finanz- und Bankensektor werden statistische Methoden, Prognosemodelle und maschinelle Lernalgorithmen auf unterschiedliche Weise eingesetzt:

1. **Betrugserkennung** : Modelle des maschinellen Lernens werden häufig verwendet, um betrügerische Aktivitäten durch die Analyse von Mustern in umfangreichen Transaktionsdaten zu erkennen und zu verhindern. Diese Vorhersagemodelle helfen Banken dabei, verdächtige Transaktionen zu erkennen und umgehend Abhilfemaßnahmen zu ergreifen.
2. **Bonitätsbewertung** : Banken und Finanzinstitute nutzen Statistiken und maschinelles Lernen, um die Kreditwürdigkeit von Kunden anhand ihrer Finanzhistorie, ihres Beschäftigungsstatus und anderer Faktoren zu beurteilen. Dies trägt dazu bei, bessere Kreditentscheidungen zu treffen und die mit notleidenden Krediten verbundenen Risiken zu minimieren.
3. **Algorithmischer Handel** : Wertpapierfirmen verwenden statistische Modelle und Algorithmen für maschinelles Lernen, um große Mengen an Finanzdaten zu verarbeiten und zu analysieren, um Trends, Muster und Investitionsmöglichkeiten zu identifizieren. Diese Modelle helfen Händlern, bessere Entscheidungen zu treffen, Gewinne zu maximieren und das Risiko zu minimieren.
4. **Portfoliomanagement und -optimierung** : Fortschrittliche maschinelle Lernmodelle wie Reinforcement Learning werden verwendet, um optimale Anlageportfolios unter Berücksichtigung

von Faktoren wie erwarteten Renditen, Risikotoleranz und Marktbedingungen zu erstellen. Dieser datengesteuerte Ansatz hilft bei der effektiven Ressourcenallokation und langfristigen Anlagestrategien.

Transport und Logistik

Im Transport- und Logistiksektor werden Statistiken, Prognosen und Techniken des maschinellen Lernens auf folgende Weise eingesetzt:

1. **Nachfrageprognose** : Modelle des maschinellen Lernens werden verwendet, um die Nachfrage nach Transportdienstleistungen auf der Grundlage historischer Daten, demografischer Muster, sozioökonomischer Trends usw. vorherzusagen. Dadurch können Transportunternehmen ihr Flottenmanagement, ihre Routenplanung, Terminplanung und Ressourcenzuweisung optimieren.
2. **Optimierung der Lieferkette** : Statistische Modelle werden verwendet, um verschiedene Aspekte des Lieferkettenmanagements zu analysieren und zu optimieren, wie z. B. Bestandsverwaltung, Lieferantenauswahl, Risikominderung und Logistikplanung. Durch den Einsatz von Datenanalysen können Unternehmen die Effizienz ihrer Abläufe verbessern, Kosten senken und fundierte Geschäftsentscheidungen treffen.
3. **Verkehrsmanagement** : Die Analyse von Verkehrsdaten kann zusammen mit Algorithmen für maschinelles Lernen dabei helfen, den Verkehrsfluss zu optimieren, Staumuster

vorherzusagen und wirksame Maßnahmen wie dynamische Verkehrssignale, Erweiterung der Straßenkapazität und Verbesserungen im öffentlichen Nahverkehr zu empfehlen.

Marketing und Werbung

In den Bereichen Marketing und Werbung können Statistiken, Prognosen und maschinelles Lernen auf folgende Weise angewendet werden:

1. **Kundensegmentierung und -ausrichtung** : Modelle des maschinellen Lernens können umfangreiche Kundendaten analysieren, um anhand ihrer demografischen Merkmale, Vorlieben und Verhaltensweisen unterschiedliche Kundensegmente zu identifizieren. Dies hilft Vermarktern, ihre Kampagnen, Werbeaktionen und Angebote effektiver auszurichten und den Return on Investment zu maximieren.
2. **Stimmungsanalyse** : Durch die Verarbeitung und Analyse großer Mengen an Social-Media-Daten können Algorithmen des maschinellen Lernens die Stimmungen und Meinungen der Verbraucher zu einem bestimmten Produkt, einer bestimmten Dienstleistung oder einer bestimmten Marke ermitteln. Diese Erkenntnisse ermöglichen es Unternehmen, die allgemeine öffentliche Wahrnehmung einzuschätzen, datengesteuerte Marketingentscheidungen zu treffen und ihre Produkte und Dienstleistungen zu verbessern.
3. **Marktprognose** : Modelle des maschinellen Lernens und statistische Techniken werden verwendet, um Markttrends, Kundenverhalten und Nachfragemuster für verschiedene Produkte und Dienstleistungen vorherzusagen. Dies hilft

Unternehmen, der Konkurrenz einen Schritt voraus zu sein, neue Chancen zu erkennen und bessere strategische Entscheidungen zu treffen.

Zusammenfassend lässt sich sagen, dass Statistiken, Prognosen und Techniken des maschinellen Lernens großen Einfluss auf unser tägliches Leben haben, indem sie es uns ermöglichen, bessere Vorhersagen zu treffen, Muster in umfangreichen Daten zu finden und fundierte Entscheidungen zu treffen. Die Anwendung dieser Techniken entwickelt sich ständig weiter, und da wir in diesem digitalen Zeitalter mehr Daten generieren, wird ihre Bedeutung in Zukunft nur noch zunehmen.

Vorhersage des Aktienmarktes mithilfe von Zeitreihenanalyse und maschinellem Lernen

In der Finanzwelt spielt der Aktienmarkt eine bedeutende Rolle und seine effizienten Prognosen können erheblich zum Wachstum des Anlegervermögens beitragen. Eine genaue Vorhersage der Aktienmärkte ist jedoch aufgrund von Faktoren wie Wirtschaftsindikatoren, politischem Klima und Anlegerstimmung eine von Natur aus komplexe Aufgabe. In diesem Unterabschnitt befassen wir uns mit verschiedenen statistischen Techniken, Zeitreihenanalysen und maschinellen Lernmodellen, die zur Prognose von Aktienkursen eingesetzt werden können.

Datenerfassung und Vorverarbeitung

Der erste Schritt in jedem Analyseprozess ist das Sammeln historischer Bestandsdaten aus Finanzquellen wie Yahoo Finance, Google Finance oder speziellen APIs wie Alpha Vantage und Quandl. Zu den gesammelten Daten gehören im Allgemeinen Informationen zum Eröffnungskurs, Schlusskurs, Tageshöchstkurs, Tagestiefstkurs und Handelsvolumen einer Aktie.

Bevor mit der Modellerstellung fortgefahren wird, sollten die Daten vorverarbeitet werden, um:

1. Bereinigen Sie fehlende oder inkonsistente Daten, die aus Kapitalmaßnahmen wie Aktiensplits und Dividenden entstehen können.
2. Konvertieren Sie Tagespreise in relevantere Zeitrahmen wie wöchentliche, monatliche oder vierteljährliche Daten.
3. Wandeln Sie Rohdaten in aussagekräftige Merkmale wie gleitende Durchschnitte oder logarithmische Renditen um.

Zeitreihenanalyse

Die Zeitreihenanalyse ermöglicht das Verständnis zeitlicher Muster in den Daten und die Schätzung zukünftiger Werte. Einige beliebte Methoden sind:

1. **Autoregressiver integrierter gleitender Durchschnitt (ARIMA):** Dieses Modell erfasst Beziehungen zwischen einer Beobachtung und

einer bestimmten Anzahl verzögerter Beobachtungen. Es hat drei Hauptparameter:

- *p* (autoregressiver Term): Die Anzahl der im Modell enthaltenen Verzögerungsvariablen.
- *d* (integrierter Term): Die Häufigkeit, mit der die Rohbeobachtungen differenziert wurden, um Stationarität zu erreichen.
- *q* (gleitender Durchschnittsterm): Die Anzahl der verzögerten Prognosefehler in der Vorhersagegleichung.

2. **Exponential Smoothing State Space Model (ETS):** Dieses Modell verwendet exponentielle Glättungstechniken, die jüngsten Beobachtungen mehr Gewicht verleihen als älteren. Zu den drei Hauptkomponenten gehören:

- Ebene: Der Durchschnittswert in der Reihe.
- Trend: Die Richtung, in die sich die Serie bewegt.
- Saisonalität: Die sich wiederholenden Muster innerhalb desselben Zeitraums.

3. **Prophet: Prophet** wurde von Facebook entwickelt und ist ein Prognosetool, das Zeitreihen mit fehlenden Werten, Ausreißern und mehreren Saisonalitäten verarbeiten kann. Es passt sich der Wahl des Benutzers an und wählt automatisch das beste Modell aus.

Modelle für maschinelles Lernen

Techniken des maschinellen Lernens können auch für Börsenprognosen verwendet werden. Zu den beliebten Modellen gehören:

1. **Lineare Regression:** Durch die Modellierung der Beziehung zwischen der abhängigen Variablen (Aktienkurs) und einer oder mehreren

unabhängigen Variablen (Merkmalen) prognostiziert dieses Modell zukünftige Werte anhand einer linearen Funktion.

2. **Support Vector Machine (SVM):** SVM ist ein leistungsstarker Algorithmus zur Klassifizierung und Regression, der eine Kurve oder Fläche anpasst, um die Datenpunkte mit dem größtmöglichen Abstand zu trennen.
3. **Random Forest:** Diese Ensemble-Lernmethode erstellt mehrere Entscheidungsbäume und kombiniert ihre Ergebnisse, um die Genauigkeit und Stabilität von Vorhersagen zu verbessern.
4. **Recurrent Neural Networks (RNN), insbesondere Long Short-Term Memory (LSTM) und Gated Recurrent Unit (GRU):** RNNs sind speziell für die Modellierung sequenzieller Daten konzipiert und erfassen die zeitlichen Abhängigkeiten in den Börsendaten effektiv. LSTM und GRU sind verbesserte RNN-Strukturen, die langfristige Abhängigkeiten bewältigen können.

Bewertungsmetriken

Die Genauigkeit des Vorhersagemodells wird durch den Vergleich seiner Ergebnisse mit den tatsächlichen Aktienkursen bestimmt. Zu den gängigen Bewertungsmetriken gehören:

1. Mittlerer absoluter Fehler (MAE): Der Durchschnitt der absoluten Unterschiede zwischen Vorhersagen und tatsächlichen Werten.
2. Mittlerer quadratischer Fehler (MSE): Der Durchschnitt der quadrierten Differenzen zwischen Vorhersagen und tatsächlichen Werten.

3. Root Mean Squared Error (RMSE): Die Quadratwurzel von MSE.
4. Mittlerer absoluter prozentualer Fehler (MAPE): Der Durchschnitt der absoluten prozentualen Unterschiede zwischen Vorhersagen und tatsächlichen Werten.

Schlussbemerkungen

Während fortgeschrittene statistische und maschinelle Lerntechniken aufschlussreiche Vorhersagen liefern können, ist es wichtig, sich an die inhärente Unvorhersehbarkeit des Aktienmarktes zu erinnern. Faktoren wie abrupte politische Ereignisse, Wirtschaftskrisen oder Naturkatastrophen können von Modellen nicht vollständig erfasst werden. Daher sollten Vorhersagemodelle als ergänzendes Instrument im Entscheidungsprozess betrachtet werden.

Bei der Erstellung eines robusten Vorhersagemodells können die folgenden Best Practices berücksichtigt werden:

- Nutzen Sie vielfältige Funktionen, um mehrere Aspekte des Aktienverhaltens zu erfassen.
- Trainieren Sie das Modell regelmäßig neu, um es an Änderungen in der Marktdynamik anzupassen.
- Nutzen Sie Ensemble-Lerntechniken, um die Stärken verschiedener Modelle zu kombinieren.

Mit diesen Methoden können Anleger den Aktienmarkt besser verstehen und ihren Entscheidungsprozess im Finanzbereich verbessern.

Einbindung statistischer Modelle, Prognosen und maschinellem Lernen in reale Anwendungen

In der heutigen datengesteuerten Welt ist die Leistungsfähigkeit statistischer Modelle, Prognosen und maschinellem Lernen zu einem wesentlichen Bestandteil der Lösung komplexer Probleme und fundierter Entscheidungen geworden. Diese quantitativen Tools erleichtern die Analyse und Interpretation riesiger Datenmengen und ermöglichen es Forschern, Analysten und Führungskräften, bessere, genauere und effizientere Entscheidungen zu treffen. In diesem Abschnitt besprechen wir, wie statistische Modelle, Prognosen und maschinelles Lernen in reale Anwendungen integriert werden können.

Identifiziere das Problem

Der erste Schritt zur effektiven Anwendung dieser Methoden besteht darin, das Problem zu identifizieren und zu definieren, das Sie lösen möchten. Ein klares Verständnis des vorliegenden Problems wird Ihnen bei der Auswahl des am besten geeigneten Ansatzes für die Umsetzung helfen.

1. Handelt es sich um ein Klassifizierungsproblem, bei dem Sie Kategorien

vorhersagen möchten, z. B. ob E-Mails Spam sind oder nicht?

2. Handelt es sich um ein Regressionsproblem, bei dem Sie kontinuierliche Variablen wie Immobilienpreise oder Börsentrends vorhersagen möchten?
3. Versuchen Sie, versteckte Muster oder Gruppen in Ihren Daten zu entdecken, die für Clustering-Techniken geeignet sein könnten?
4. Möchten Sie zukünftige Muster auf der Grundlage historischer Daten wie Wettervorhersagen oder monatlichen Verkaufsprognosen vorhersagen?

Sobald Sie das Problem identifiziert haben, können Sie bestimmen, welche statistischen Techniken, Algorithmen für maschinelles Lernen oder Prognosemethoden für Ihr Ziel am besten geeignet sind.

Datenerfassung und -vorbereitung

Der nächste entscheidende Schritt im Prozess ist das Sammeln und Aufbereiten der Daten, die in Ihrer Analyse verwendet werden sollen. Diese Daten können aus verschiedenen Quellen bezogen werden, beispielsweise aus Unternehmensunterlagen, staatlichen Datenbanken oder Verbraucherumfragen. Die Qualität Ihrer Daten hat einen erheblichen Einfluss auf die Genauigkeit und Zuverlässigkeit Ihrer Modelle und Vorhersagen.

- Datenbereinigung: Entfernen oder korrigieren Sie alle Fehler, Inkonsistenzen oder Ausreißer in den Daten, da diese zu verzerrten oder ungenauen Ergebnissen führen können.
- Datentransformation: Stellen Sie sicher, dass die Daten in einem Format vorliegen, das von den von Ihnen verwendeten statistischen und maschinellen Lerntechniken leicht verarbeitet und verstanden werden kann. Dieser Schritt kann die Skalierung, Normalisierung oder Kodierung kategorialer Variablen umfassen.
- Feature Engineering: Identifizieren und erstellen Sie neue Features, die zusätzliche Erkenntnisse liefern oder die Leistung Ihrer Modelle verbessern können. Dieser Schritt kann domänenspezifisches Wissen oder Techniken wie Dimensionsreduktion beinhalten.

Modellauswahl und -bewertung

Sobald Ihre Daten bereit sind, können Sie mit der Erstellung und Bewertung von Modellen beginnen. Abhängig vom spezifischen Problem und Datensatz kann eine Kombination aus statistischen und maschinellen Lerntechniken eingesetzt werden. Es ist von entscheidender Bedeutung, Modelle auszuwählen, die für Ihre Daten geeignet sind und die Komplexität des vorliegenden Problems bewältigen können.

- Modellauswahl: Wählen Sie die am besten geeigneten Modelle oder Algorithmen für Ihr spezifisches Problem. Bei der Auswahl Ihrer Modelle ist es wichtig, Faktoren wie Interpretierbarkeit, Komplexität und Rechenressourcen zu berücksichtigen.

- Training und Validierung: Teilen Sie Ihre Daten in Trainings- und Validierungssätze auf und trainieren Sie Ihre Modelle mithilfe der Trainingsdaten. Die Validierungsdaten können zur Bewertung der Leistung der Modelle und zur Feinabstimmung der Parameter verwendet werden.
- Modellbewertung: Verwenden Sie Leistungsmetriken wie Genauigkeit, Präzision, Rückruf, F1-Score oder mittlerer quadratischer Fehler, um die Wirksamkeit Ihrer Modelle bei der Lösung des Problems zu bewerten. Bei der Auswahl des endgültigen Modells ist es außerdem wichtig, die Kompromisse zwischen Komplexität, Interpretierbarkeit und Leistung zu berücksichtigen.

Modellbereitstellung und -überwachung

Nachdem Sie das beste Modell ausgewählt haben, können Sie es in einem realen Kontext einsetzen, beispielsweise in einem Produktionssystem oder einem Entscheidungsfindungstool. Überwachen Sie regelmäßig die Leistung Ihres Modells, sobald neue Daten verfügbar werden, und seien Sie darauf vorbereitet, das Modell bei Bedarf zu aktualisieren oder neu zu trainieren.

- Bereitstellung: Implementieren Sie Ihr Modell in einer geeigneten Umgebung, z. B. einem Cloud-basierten Server oder einer On-Premise-Lösung, abhängig von den spezifischen Anforderungen Ihrer Anwendung.

- Überwachung: Überprüfen Sie regelmäßig die Leistung Ihres Modells anhand realer Daten und behalten Sie den Überblick über eventuell auftretende Abweichungen oder Probleme. Mit diesem Schritt können Sie sicherstellen, dass Ihr Modell im Laufe der Zeit genau und zuverlässig bleibt.
- Modellaktualisierungen: Trainieren oder verfeinern Sie Ihr Modell bei Bedarf mithilfe neuer Daten oder verbesserter Techniken. Dieser Schritt hilft Ihnen, Änderungen in den zugrunde liegenden Mustern oder Trends Ihrer Daten immer einen Schritt voraus zu sein und sicherzustellen, dass Ihr Modell relevant und effektiv bleibt.

Zusammenfassend lässt sich sagen, dass die Integration statistischer Modelle, Prognosen und maschinellem Lernen in reale Anwendungen einen systematischen Ansatz erfordert, der Problemerkennung, Datenerfassung und -aufbereitung, Modellauswahl und -bewertung sowie Modellbereitstellung und -überwachung umfasst. Indem Sie diese Schritte befolgen und sicherstellen, dass Ihre Modelle genau und zuverlässig sind, können Sie die Leistungsfähigkeit von Statistiken, Prognosen und maschinellem Lernen erfolgreich nutzen, um komplexe Probleme zu lösen und bessere, fundiertere Entscheidungen zu treffen.

6. Implementierung von Algorithmen für maschinelles Lernen: Entscheidungsbäume,

neuronale Netze und Support-Vektor-Maschinen

6. Implementierung von Algorithmen für maschinelles Lernen: Entscheidungsbäume, neuronale Netze und Support-Vektor-Maschinen

Maschinelles Lernen hat zahlreiche Möglichkeiten zur Lösung komplexer Probleme eröffnet, die früher als unmöglich galten. Von der Vorhersage des Kundenverhaltens über die Diagnose medizinischer Zustände bis hin zur Interpretation natürlicher Sprache hat uns maschinelles Lernen innovative Ansätze zur Bewältigung einer Vielzahl von Herausforderungen geliefert. In diesem Abschnitt besprechen wir drei beliebte Algorithmen für maschinelles Lernen: Entscheidungsbäume, neuronale Netze und Support-Vektor-Maschinen. Wir werden ihre Anwendungen in realen Szenarien untersuchen und Sie durch die Schritte führen, die zu ihrer Implementierung erforderlich sind.

6.1 Entscheidungsbäume

Ein Entscheidungsbaum ist eine flussdiagrammartige Struktur, die aus Knoten und Zweigen besteht, wobei jeder interne Knoten einen Test für ein Attribut bezeichnet, jeder Zweig dem Ergebnis des Tests entspricht und jeder Blattknoten eine Klassenbezeichnung enthält. Das Hauptziel der Verwendung eines Entscheidungsbaums besteht darin, ein Trainingsmodell zu erstellen, das die Klassenvariable durch das Erlernen einfacher und komplexer Entscheidungsregeln bestimmen kann.

Anwendungen von Entscheidungsbäumen:

1. Customer Relationship Management (CRM): Entscheidungsbäume können eingesetzt werden, um das Verhalten von Kunden zu verstehen, sie anhand ihrer Präferenzen zu segmentieren und zielgerichtete Marketingstrategien zu entwickeln.
2. Gesundheitswesen: Entscheidungsbäume können medizinische Fachkräfte bei der Diagnose von Krankheiten unterstützen, indem sie die Krankengeschichte und Krankenakten des Patienten analysieren.
3. Finanzen: Finanzanalysten können Entscheidungsbäume zur Kreditbewertung, Risikobewertung und Betrugserkennung nutzen.

Schritte zur Implementierung von Entscheidungsbäumen:

1. Wählen Sie einen Datensatz aus und teilen Sie ihn in Trainings- und Testsätze auf.
2. Bestimmen Sie die geeignete Attributauswahlmethode, z. B. Informationsgewinn, Gewinnverhältnis oder Gini-Index.
3. Erstellen Sie den Entscheidungsbaum basierend auf der ausgewählten Methode.

4. Beschneiden Sie den Baum bei Bedarf, um eine Überanpassung zu vermeiden.
5. Trainieren Sie den Algorithmus mithilfe des Trainingsdatensatzes.
6. Validieren und optimieren Sie das Modell mithilfe des Testdatensatzes.
7. Setzen Sie das Entscheidungsbaummodell ein, um Vorhersagen oder Entscheidungen zu treffen.

6.2 Neuronale Netze

Ein neuronales Netzwerk ist ein Computermodell, das vom biologischen neuronalen Netzwerk des menschlichen Gehirns inspiriert ist. Es besteht aus miteinander verbundenen Knoten oder Neuronen, die den Neuronen im Gehirn entsprechen. Diese Knoten verarbeiten die eingehenden Daten und passen ihre Verbindungen, sogenannte Gewichte, an, um die Vorhersage und Mustererkennung zu verbessern.

Anwendungen neuronaler Netze:

1. Bild- und Spracherkennung: Neuronale Netze werden für Aufgaben wie Gesichtserkennung, Objektidentifizierung und Sprache-in-Text-Konvertierung eingesetzt.
2. Verarbeitung natürlicher Sprache: Neuronale Netze haben die Übersetzungsgenauigkeit und Stimmungsanalyse in Textdaten erheblich verbessert.
3. Spielen: Neuronale Netze haben es Programmierern und Forschern ermöglicht, anspruchsvolle Algorithmen wie AlphaGo zu entwickeln, die komplexe Spiele wie Go und Schach meistern können.

Schritte zur Implementierung neuronaler Netze:

1. Wählen Sie einen geeigneten Datensatz und normalisieren/standardisieren Sie die Eingabemerkmale.
2. Definieren Sie die Struktur des neuronalen Netzwerks, einschließlich der Anzahl der verborgenen Schichten und Neuronen in jeder Schicht.
3. Initialisieren Sie die Gewichte und Bias im Netzwerk.
4. Bestimmen Sie eine geeignete Aktivierungsfunktion für die Neuronen, z. B. ReLU, Sigmoid oder Tanh.
5. Wählen Sie eine geeignete Verlustfunktion aus, z. B. „Mean Squared Error“ (für Regressionsaufgaben) oder „Cross-Entropy Loss“ (für Klassifizierungsaufgaben).
6. Implementieren Sie einen Lernalgorithmus wie Gradient Descent oder Adam, um das Modell zu trainieren und die Gewichte und Verzerrungen zu aktualisieren.
7. Validieren Sie das Modell, indem Sie es anhand unsichtbarer Daten testen und seine Leistung anhand relevanter Metriken wie Genauigkeit, Präzision oder Erinnerung bewerten.
8. Setzen Sie das neuronale Netzwerkmodell ein, um Vorhersagen zu treffen oder Entscheidungen zu treffen.

6.3 Support-Vektor-Maschinen

Support Vector Machines (SVMs) sind überwachte Lernmodelle, die besonders für Klassifizierungs- und Regressionsaufgaben nützlich sind. Die Kernidee von SVM besteht darin, die optimale

Hyperebene zu finden, die den Spielraum zwischen zwei Klassen maximiert. In einem höherdimensionalen Raum wird die Hyperebene als Entscheidungsgrenze bezeichnet, die die Datenpunkte in verschiedene Klassen unterteilt.

Anwendungen von Support-Vektor-Maschinen:

1. Textklassifizierung: SVM war erfolgreich bei der E-Mail-Spam-Filterung, der Klassifizierung von Nachrichtenartikeln und der Stimmungsanalyse.
2. Bildklassifizierung: SVM-Algorithmen zeichnen sich durch die Erkennung handschriftlicher Ziffern und die Kategorisierung von Bildern anhand ihres Inhalts aus.
3. Bioinformatik: SVMs wurden bei der Proteinerkennung, der Suche nach nicht-kodierenden RNA-Genen und der Identifizierung entfernter Homologe eingesetzt.

Schritte zur Implementierung von Support Vector Machines:

1. Bereiten Sie den Datensatz vor, teilen Sie ihn in Trainings- und Testsätze auf und normalisieren/standardisieren Sie die Eingabefunktionen.
2. Wählen Sie die entsprechende Kernelfunktion, z. B. Linear, Polynom oder Radiale Basisfunktion (RBF).
3. Definieren Sie die Parameter für die ausgewählte Kernelfunktion (z. B. Grad und Koeffizient für Polynom und Gamma für RBF).
4. Bestimmen Sie den Regularisierungsparameter (C), um eine Über- oder Unteranpassung zu vermeiden.

5. Trainieren Sie das SVM-Modell mithilfe des Trainingsdatensatzes.
6. Optimieren Sie die Modellparameter und validieren Sie die Leistung mithilfe des Testdatensatzes, indem Sie ihn mit Metriken wie Genauigkeit, F1-Score oder Verwirrungsmatrix bewerten.
7. Stellen Sie das SVM-Modell für Entscheidungs- und Vorhersageaufgaben bereit.

Zusammenfassend lässt sich sagen, dass Entscheidungsbäume, neuronale Netze und Support-Vektor-Maschinen leistungsstarke Möglichkeiten zur Bewältigung komplexer Aufgaben bieten und in verschiedenen Bereichen weit verbreitete Anwendungen gefunden haben. Wenn Sie die Prinzipien hinter diesen Algorithmen verstehen und die Schritte zu ihrer Implementierung befolgen, können Sie die Leistungsfähigkeit des maschinellen Lernens nutzen und Ihre Fähigkeiten zur Problemlösung erheblich verbessern.

6. Implementierung von Algorithmen für maschinelles Lernen: Entscheidungsbäume, neuronale Netze und Support-Vektor-Maschinen

In diesem Abschnitt werden wir einige der beliebtesten und am weitesten verbreiteten Algorithmen für maschinelles Lernen besprechen, wie z. B. Entscheidungsbäume, neuronale Netze und Support-Vektor-Maschinen. Jeder dieser Algorithmen hat seine einzigartigen Eigenschaften, Stärken und Einschränkungen. Das Verständnis ihrer Eigenschaften und Implementierung ist entscheidend, um sie effektiv in realen Anwendungen anwenden zu können. Also lasst uns gleich eintauchen!

6.1 Entscheidungsbäume

Ein Entscheidungsbaum ist eine hierarchische Datenstruktur, die ein baumartiges Modell verwendet, um Entscheidungen und ihre möglichen Konsequenzen darzustellen. In diesem Modell stellt jeder interne Knoten ein Merkmal oder Attribut dar, jeder Zweig stellt eine Entscheidungsregel oder Aufteilung dar und jeder Blattknoten stellt ein Ergebnis oder eine Entscheidungsklasse dar.

6.1.1 Warum Entscheidungsbäume verwenden?

Entscheidungsbäume werden häufig sowohl für Klassifizierungs- als auch für Regressionsaufgaben verwendet, da sie die folgenden Vorteile bieten:

- Leicht verständlich und interpretierbar: Das Modell kann auch von Laien visualisiert und verstanden werden, was es für viele Anwendungen attraktiv macht.
- Erfordert minimale Datenvorverarbeitung: Im Gegensatz zu den meisten anderen Algorithmen erfordern Entscheidungsbäume keine Skalierung oder Normalisierung der Eingabemerkmale.

- Behandelt kategoriale Merkmale auf natürliche Weise: Im Gegensatz zu vielen anderen Methoden können Entscheidungsbäume kategoriale Daten direkt verarbeiten, ohne dass eine One-Hot-Codierung erforderlich ist.
- Robust gegenüber Ausreißern und fehlenden Werten: Entscheidungsbäume können fehlende und verrauschte Daten mithilfe von Ersatzaufteilungen oder Imputationsmethoden elegant verarbeiten.

6.1.2 Aufbau eines Entscheidungsbaums

Der Prozess der Erstellung eines Entscheidungsbaums umfasst in erster Linie die rekursive Partitionierung des Datensatzes basierend auf einer Funktion, die eine Kostenfunktion oder ein Verunreinigungsmaß minimiert. Die am häufigsten verwendeten Verunreinigungsmaße sind:

- Gini-Index: Stellt die Wahrscheinlichkeit dar, dass eine zufällig ausgewählte Stichprobe falsch klassifiziert wird.
- Entropie: Stellt den Informationsgehalt oder den Grad der Unordnung in den Daten dar.

Sobald der Baum unter Verwendung eines Stoppkriteriums wie maximale Baumtiefe, minimale Knotenstichproben oder minimale Verunreinigungsabnahme erstellt wurde, kann er verwendet werden, um Vorhersagen für neue Dateninstanzen zu treffen.

6.1.3 Implementierung von Entscheidungsbäumen

Mehrere beliebte Bibliotheken in Python, wie scikit-learn und XGBoost, bieten Entscheidungsbaum-Implementierungen. Hier ist ein einfaches Beispiel mit dem `DecisionTreeClassifier` von `scikit-learn` :

```
aus sklearn.datasets import load_iris
aus sklearn.model_selection import train_test_split
Importieren Sie DecisionTreeClassifier aus
sklearn.tree
aus sklearn.metrics import classification_report

# Iris-Datensatz laden
iris = load_iris()
X, y = iris.data, iris.target

# Teilen Sie den Datensatz in Trainings- und Testsätze auf
X_train, X_test, y_train, y_test =
train_test_split(X, y, test_size=0.3,
random_state=42)

# Trainieren Sie einen Entscheidungsbaum-Klassifikator
dt_classifier = DecisionTreeClassifier(max_third=3,
random_state=42)
dt_classifier.fit(X_train, y_train)

# Bewerten Sie das Modell
y_pred = dt_classifier.predict(X_test)
print(classification_report(y_test, y_pred))
```

6.2 Neuronale Netze

Ein neuronales Netzwerk ist ein Rechenmodell, das von der Struktur und Funktionsweise des biologischen Nervensystems inspiriert ist. Es besteht aus miteinander verbundenen Knoten oder Neuronen, die in Schichten organisiert sind. Jedes Neuron empfängt Eingaben aus mehreren Quellen, verarbeitet die Informationen und gibt das Ergebnis an verbundene Neuronen in der nächsten Schicht weiter. Die Neuronen werden darauf trainiert, komplexe Muster und Beziehungen in den Eingabedaten zu erfassen.

6.2.1 Warum neuronale Netze nutzen?

Neuronale Netze erfreuen sich aufgrund ihrer Fähigkeit großer Beliebtheit:

- Modellieren Sie komplexe, nichtlineare Funktionen: Neuronale Netze sind universelle Funktionsnäherungen, das heißt, sie können praktisch jede Beziehung zwischen Ein- und Ausgängen modellieren.
- Lernen Sie hierarchische Feature-Darstellungen: Mit zunehmenden Schichten in einem Netzwerk lernt das Netzwerk immer höherstufige Feature-Darstellungen.
- Skalierung auf große Datensätze: Neuronale Netze können mithilfe paralleler Computerarchitekturen wie GPUs effizient auf großen Datensätzen trainiert werden.

6.2.2 Arten neuronaler Netze

Zu den häufig verwendeten Arten neuronaler Netze gehören:

- Feedforward Neural Networks (FNNs): Informationen fließen von der Eingabe- zur

Ausgabeschicht und durchlaufen dabei eine oder mehrere verborgene Schichten. Dabei handelt es sich um die einfachste Form neuronaler Netze.

- Convolutional Neural Networks (CNNs): CNNs wurden speziell für gitterartige Daten wie Bilder oder Audiosignale entwickelt und nutzen Faltungs- und Pooling-Schichten, um räumliche Hierarchien von Merkmalen zu lernen.
- Rekurrente neuronale Netze (RNNs): RNNs wurden für Sequenzdaten entwickelt und behalten einen verborgenen Zustand bei, der bei jedem Schritt der Sequenz aktualisiert wird.
- Long Short-Term Memory (LSTM)-Netzwerke: Ein RNN-Typ, der in der Lage ist, langfristige Abhängigkeiten in Sequenzdaten zu erfassen.

6.3 Support-Vektor-Maschinen

Support Vector Machines (SVMs) sind eine Reihe überwachter Lernmethoden, die hauptsächlich für Klassifizierungs- und Regressionsaufgaben verwendet werden. Ihr Ziel ist es, eine Hyperebene zu finden, die Dateninstanzen am besten in verschiedene Klassen unterteilt und so sicherstellt, dass der Spielraum zwischen den Klassen maximiert wird.

6.3.1 Warum SVM verwenden?

SVMs erfreuen sich aufgrund ihrer Fähigkeit großer Beliebtheit:

- Bieten hohe Genauigkeit und Generalisierungsleistung: SVMs sind darauf ausgelegt, den Spielraum zwischen den Klassen zu maximieren, was zu einer besseren Generalisierungsleistung führt.

- Umgang mit hochdimensionalen Daten: SVMs können effektiv mit hochdimensionalen Datenräumen arbeiten.
- Anpassung an verschiedene Datentypen: SVMs können durch Verwendung geeigneter Kernelfunktionen sowohl für linear trennbare als auch für nichtlinear trennbare Daten verwendet werden.

6.3.2 SVM implementieren

Mehrere beliebte Bibliotheken in Python, wie etwa scikit-learn, bieten SVM-Implementierungen an. Hier ist ein einfaches Beispiel mit `der SVC (Support Vector Classification)` von scikit-learn :

```
aus sklearn.datasets import load_iris
aus sklearn.model_selection import train_test_split
aus sklearn.svm SVC importieren
aus sklearn.metrics import classification_report

# Iris-Datensatz laden
iris = load_iris()
X, y = iris.data, iris.target

# Teilen Sie den Datensatz in Trainings- und Testsätze auf
X_train, X_test, y_train, y_test =
train_test_split(X, y, test_size=0.3,
random_state=42)

# Trainieren Sie einen SVM-Klassifikator
svm_classifier = SVC(kernel='linear',
random_state=42)
```

```
svm_classifier.fit(X_train, y_train)

# Bewerten Sie das Modell
y_pred = svm_classifier.predict(X_test)
print(classification_report(y_test, y_pred))
```

Zusammenfassend lässt sich sagen, dass das Verständnis und die richtige Implementierung dieser maschinellen Lernalgorithmen (Entscheidungsbäume, neuronale Netze, SVMs) für die Bewältigung realer Aufgaben von größter Bedeutung sind. Um das Beste aus diesen Techniken herauszuholen, ist es notwendig, Domänenwissen anzuwenden, Daten effektiv vorzuverarbeiten und die Hyperparameter der Algorithmen zu optimieren. Mit etwas Übung kann man diese leistungsstarken Werkzeuge hervorragend nutzen und ihr volles Potenzial für Forschungs- und Industrieanwendungen ausschöpfen.

6. Implementierung von Algorithmen für maschinelles Lernen: Entscheidungsbäume, neuronale Netze und Support-Vektor-Maschinen

Bevor wir uns eingehend mit den technischen Details von Entscheidungsbäumen, neuronalen Netzen und Support-Vektor-Maschinen befassen, ist es wichtig zu verstehen, dass es sich bei diesen Algorithmen lediglich um verschiedene Ansätze zur Lösung realer Probleme handelt. Wenn diese Algorithmen effektiv auf reale Datensätze angewendet werden, helfen sie bei zukünftigen Entscheidungen, ermöglichen es Unternehmen, ihre Investitionen zu optimieren und das Leben auf verschiedene andere Arten zu verbessern.

6.1 Entscheidungsbäume

Entscheidungsbäume sind eine Art Flussdiagramm, das es Benutzern ermöglicht, optimierte Entscheidungen auf der Grundlage spezifischer Bedingungen zu treffen, indem sie alle möglichen Ergebnisse bewerten. Diese Methode eignet sich hervorragend für die Geschäfts-, Finanz- und Gesundheitsbranche, wo mehrere Faktoren berücksichtigt werden müssen, bevor Entscheidungen getroffen werden.

6.1.1 Anwendungen von Entscheidungsbäumen

- **Medizinische Diagnose:** Entscheidungsbäume werden im Bereich der medizinischen Diagnose erfolgreich eingesetzt. Mediziner können Entscheidungsbäume verwenden, um die Wahrscheinlichkeit einer bestimmten Krankheit basierend auf den diagnostischen Testergebnissen und demografischen Informationen des Patienten vorherzusagen.
- **Kreditbewertung:** Finanzinstitute können Entscheidungsbäume nutzen, um

Hochrisikokunden, die einen Kredit beantragen, Priorität einzuräumen. Durch die Analyse historischer Daten können sie neue Kunden anhand ihrer Kreditwürdigkeit, ihres Einkommens und anderer demografischer Informationen kategorisieren.

- **Predictive Analytics im Marketing:** Unternehmen können Entscheidungsbäume nutzen, um das Kundenverhalten vorherzusagen und gezielte Marketingkampagnen zu erstellen. Entscheidungsbäume analysieren vorhandene Kundendaten, um vorherzusagen, wie verschiedene Kundensegmente auf unterschiedliche Marketingtechniken reagieren werden, was zu einem personalisierteren und ertragsstärkeren Ansatz führt.
- **Supply Chain Management:** Betriebsleiter können mithilfe von Entscheidungsbäumen ihre Lieferkette optimieren, indem sie die besten Lieferanten auswählen, potenzielle Engpässe identifizieren und die ideale Transportmethode für den Warenversand bestimmen.

6.2 Neuronale Netze

Neuronale Netze sind ein mathematisches Modell des menschlichen Nervensystems. Sie bestehen aus miteinander verbundenen künstlichen Neuronen, die darauf trainiert werden können, nichtlineare Muster in großen Datensätzen zu lernen. Sie werden typischerweise in Situationen verwendet, in denen die Beziehung zwischen Eingaben und Ausgaben komplex ist oder kaum verstanden wird.

6.2.1 Anwendungen neuronaler Netze

- **Spracherkennung:** Neuronale Netze wurden zur Entwicklung robuster Spracherkennungssysteme verwendet. Mit Deep-Learning-Techniken verarbeiten neuronale Netze Benutzerbefehle präzise und wandeln sie mit minimalen Fehlerraten in Text um.
- **Bildverarbeitung und Computer Vision:** In den letzten Jahren haben Convolutional Neural Networks (CNNs) den Bereich der Computer Vision revolutioniert, indem sie hochmoderne Algorithmen für die Bildklassifizierung, Objekterkennung und Bilderzeugung entwickelt haben.
- **Verarbeitung natürlicher Sprache (NLP):** Neuronale Netze sind zum Rückgrat vieler NLP-Anwendungen geworden, darunter Stimmungsanalyse, Sprachübersetzung und Frage-Antwort-Systeme. Leistungsstarke Modelle wie BERT und GPT-3 haben es ermöglicht, mit Deep-Learning-Ansätzen menschenähnliche Kontexte zu verstehen und zu generieren.
- **Betrugserkennung:** Neuronale Netze können ein wirksames Instrument zur Identifizierung potenzieller Betrugsfälle in dynamischen Umgebungen wie dem Finanzwesen sein, in denen sich Muster ständig ändern. Sie können aus historischen Daten lernen und robuste Modelle erstellen, die Anomalien erkennen und die erforderlichen Behörden alarmieren können.

6.3 Support-Vektor-Maschinen

Support Vector Machines (SVM) ist ein überwachter Lernalgorithmus, der häufig zur Klassifizierung, Regression und Ausreißererkennung eingesetzt wird. SVM konzentriert sich in erster Linie auf die Konstruktion der besten Entscheidungsgrenze, die verschiedene Klassen effektiv und mit einem maximalen Spielraum trennt.

6.3.1 Anwendungen von Support-Vektor-Maschinen

- **Textkategorisierung:** SVMs haben sich bei der Kategorisierung großer Textdatenmengen als wirksam erwiesen, beispielsweise bei der genauen Bestimmung, ob es sich bei einer E-Mail um Spam handelt oder nicht. Die Effizienz des Algorithmus liegt in seiner Fähigkeit, hochdimensionale Merkmalsräume zu verarbeiten, die in Textdaten häufig vorkommen.
- **Gesichtserkennung:** SVMs können Gesichtsmuster effektiv von Nicht-Gesichtsmustern klassifizieren. Durch die Verwendung von Haar-Funktionen und der Hauptkomponentenanalyse (PCA) zur Dimensionsreduzierung trennen SVMs Gesichts- und Nichtgesichtsbilder mit einem hohen Maß an Genauigkeit.
- **Bioinformatik:** Einer der Bereiche, in denen SVMs an Popularität gewonnen haben, ist die Bioinformatik, insbesondere die Genklassifizierung, die Vorhersage der Proteinstruktur und die Analyse von Microarray-Daten. Aufgrund der hochdimensionalen Natur von Daten in der Bioinformatik eignen sich SVMs aufgrund ihrer Fähigkeit, mit hochdimensionalen

und verrauschten Daten umzugehen, für diese Aufgaben.

- **Handschrifterkennung:** Support Vector Machines leisten gute Ergebnisse bei der Erkennung handschriftlicher Zeichen, insbesondere in Kombination mit den richtigen Techniken zur Merkmalsextraktion. Sie sind in der Lage, die großen Datenbanken zu verarbeiten, die üblicherweise mit handgeschriebenen Texten verbunden sind.

Zusammenfassend bietet die Implementierung maschineller Lernalgorithmen wie Entscheidungsbäume, neuronale Netze und Support-Vektor-Maschinen vielversprechende Perspektiven in verschiedenen Branchen. Das Verständnis der Grundlagen dieser Algorithmen wird nur zu innovativeren Anwendungen mit noch besseren Ergebnissen führen. Während wir weiterhin neue Techniken und Modelle entdecken, wird der Einfluss des maschinellen Lernens auf reale Probleme weiter zunehmen und neue Türen zu endlosen Möglichkeiten öffnen.

6. Implementierung von Algorithmen für maschinelles Lernen: Entscheidungsbäume, neuronale Netze und Support-Vektor-Maschinen

Statistische Methoden, Prognosen und maschinelles Lernen sind für viele Anwendungen zu unverzichtbaren Werkzeugen geworden. Ob ein Unternehmen die Logistik optimiert, ein Start-up sein Empfehlungssystem verbessert oder Forscher Muster in komplexen Datensätzen finden – die Leistungsfähigkeit dieser Rechentechniken lässt sich nicht leugnen. In diesem Kapitel konzentrieren wir uns auf drei beliebte Algorithmen für maschinelles Lernen: Entscheidungsbäume, neuronale Netze und Support-Vektor-Maschinen. Wir werden diskutieren, wie sie funktionieren, warum sie wichtig sind und wie sie in der realen Welt umgesetzt werden können.

6.1 Entscheidungsbäume

Entscheidungsbäume sind eine Familie von Algorithmen für maschinelles Lernen, die Entscheidungen oder Entscheidungsprozesse in Form einer Baumstruktur modellieren. Sie können sowohl für Klassifizierungsprobleme (kategoriale Ergebnisse) als auch für Regressionsprobleme (kontinuierliche Ergebnisse) verwendet werden, was sie zu vielseitigen Werkzeugen für verschiedene reale Anwendungen macht.

6.1.1 Funktionsweise von Entscheidungsbäumen

Ein Entscheidungsbaum ist, wie der Name schon sagt, eine baumförmige Struktur, die aus Knoten und Zweigen besteht, die hierarchisch organisiert sind. Der Baum wird erstellt, indem der Datensatz basierend auf den Werten der Eingabemerkmale (Prädiktorvariablen) in Teilmengen aufgeteilt wird. An jedem Knoten des Baums wird eine einfache Entscheidungsregel basierend auf den Eingabemerkmalen angewendet, die die Daten anschließend zum linken oder rechten Zweig leitet. Wenn wir den Zweigen folgen, erreichen wir die Blattknoten, wo das Ergebnis (Klassenbezeichnung oder Wert) vorhergesagt wird.

Die Algorithmen zum Aufbau eines Entscheidungsbaums wie ID3, C4.5 und CART verwenden ein Kriterium (z. B. Informationsgewinn, Gini-Verunreinigung), um das bestmögliche Merkmal und den zugehörigen Schwellenwert für die Aufteilung des Datensatzes an jedem Knoten zu bestimmen. Der Baum wächst, bis ein Stoppkriterium erfüllt ist, beispielsweise das Erreichen einer minimalen Anzahl von Beispielen in den Blattknoten oder das Erreichen der maximalen Tiefe.

6.1.2 Entscheidungsbäume IRL

Entscheidungsbäume können in verschiedenen realen Anwendungen gefunden werden, wie zum Beispiel:

- **Medizinische Diagnose** : Einstufung von Patienten in verschiedene Gesundheitszustände basierend auf ihren Symptomen und Laborergebnissen.
- **Kundensegmentierung** : Einteilung der Kunden in Gruppen basierend auf ihrer Soziodemografie und ihrem Kaufverhalten.
- **Kreditrisikobewertung** : Vorhersage der Wahrscheinlichkeit eines Kreditausfalls eines Kreditnehmers auf der Grundlage seines Finanzprofils.

Um Entscheidungsbäume in Ihrer Anwendung zu implementieren, stehen mehrere Bibliotheken in verschiedenen Programmiersprachen zur Verfügung. Beispielsweise bietet die `scikit-learn` -Bibliothek in Python eine benutzerfreundliche Schnittstelle für die Arbeit mit Entscheidungsbäumen und anderen Algorithmen für maschinelles Lernen.

6.2 Neuronale Netze

Neuronale Netze sind den biologischen neuronalen Netzen nachempfunden, aus denen tierische Gehirne bestehen. Sie gelten als Teil des Deep Learning, einer Teilmenge des maschinellen Lernens. Mithilfe neuronaler Netze können komplexe Muster und Beziehungen zwischen Eingabe- und Ausgabevariablen modelliert werden, wodurch sie sich für Aufgaben wie Bilderkennung, Verarbeitung natürlicher Sprache und viele andere eignen.

6.2.1 Funktionsweise neuronaler Netze

Ein neuronales Netzwerk besteht aus miteinander verbundenen Schichten künstlicher Neuronen oder Knoten. Die erste Schicht wird als Eingabeschicht bezeichnet, die letzte Schicht als Ausgabeschicht und die Schichten dazwischen werden als verborgene Schichten bezeichnet. Jeder Verbindung zwischen Knoten ist eine Gewichtung zugeordnet, die während des Trainingsprozesses angepasst wird, um den Fehler zwischen den tatsächlichen und vorhergesagten Ausgaben zu minimieren.

Die Knoten verarbeiten die Eingabedaten, indem sie eine gewichtete Summe der Eingaben anwenden und diesen Wert dann durch eine Aktivierungsfunktion wie die ReLU- oder Sigmoidfunktion weiterleiten. Die Aktivierungsfunktion entscheidet im Wesentlichen, ob der Knoten seine Ausgabe auslöst oder nicht, und definiert die Nichtlinearität des Modells.

Das Training eines neuronalen Netzwerks umfasst die iterative Aktualisierung der Gewichte und Verzerrungen mithilfe von Algorithmen wie Backpropagation und Gradient Descent. Die Gewichte werden so angepasst, dass der Fehler zwischen der tatsächlichen und der vorhergesagten Ausgabe minimiert wird.

6.2.2 Neuronale Netze IRL

Neuronale Netze wurden erfolgreich auf eine Vielzahl realer Probleme angewendet, wie zum Beispiel:

- **Bilderkennung** : Identifizieren von Objekten oder Szenen in Bildern.
- **Verarbeitung natürlicher Sprache** : Stimmungsanalyse, Übersetzung und Spracherkennung.
- **Empfehlungssysteme** : Vorschläge von Elementen oder Inhalten basierend auf Benutzerpräferenzen und -verhalten.

Für die praktische Umsetzung neuronaler Netze stehen mehrere beliebte Open-Source-Bibliotheken wie TensorFlow, Keras und PyTorch zur Verfügung, die benutzerfreundliche

Schnittstellen und eine umfangreiche Dokumentation bieten.

6.3 Support-Vektor-Maschinen

Support Vector Machines (SVM) sind eine Familie überwachter Algorithmen für maschinelles Lernen, die hauptsächlich für Klassifizierungs- und Regressionsaufgaben verwendet werden. Sie sind besonders nützlich bei Problemen mit hochdimensionalen Datensätzen, kleinen Stichprobengrößen oder nichtlinearen Entscheidungsgrenzen.

6.3.1 Funktionsweise von Support Vector Machines

Die Hauptidee von SVM besteht darin, die beste Entscheidungsgrenze (auch Hyperebene genannt) zu finden, die die Datenpunkte verschiedener Klassen trennt. Im Fall eines Zwei-Klassen-Problems maximiert die optimale Hyperebene den Spielraum zwischen den beiden Klassen, den man sich als Abstand zwischen der Hyperebene und den nächstgelegenen Datenpunkten (sogenannte Stützvektoren) jeder Klasse vorstellen kann.

SVM kann mit nichtlinearen Entscheidungsgrenzen umgehen, indem es den Kernel-Trick anwendet. Dazu gehört die Abbildung der Eingabedatenpunkte in einen höherdimensionalen Raum unter Verwendung einer Kernelfunktion, etwa der radialen Basisfunktion (RBF) oder des Polynomkernels, und das anschließende Finden einer linearen Entscheidungsgrenze in diesem neuen Raum.

Für Regressionsaufgaben zielt SVM darauf ab, eine Hyperebene zu finden, die sich der Zielfunktion innerhalb einer bestimmten Fehlermarge annähert, die sogenannte ε-Röhre.

6.3.2 Support Vector Machines IRL

Support Vector Machines wurden auf eine Vielzahl realer Probleme angewendet, darunter:

- **Textklassifizierung** : Dokumente anhand ihres Inhalts verschiedenen Kategorien zuordnen.
- **Bioinformatik** : Identifizierung von Genen, Proteinen oder anderen molekularen Strukturen, die mit bestimmten biologischen Zuständen oder Krankheiten verbunden sind.
- **Gesichtserkennung** : Lokalisieren des Vorhandenseins menschlicher Gesichter in Bildern.

Für die praktische Implementierung von SVM stehen mehrere Bibliotheken zur Verfügung, darunter die `Scikit-Learn-` Bibliothek in Python, die benutzerfreundliche Tools für die Arbeit mit SVM und anderen Algorithmen für maschinelles Lernen bereitstellt.

Abschluss

Das Verständnis und die Implementierung von Entscheidungsbäumen, neuronalen Netzen und Support-Vektor-Maschinen ist für viele reale Anwendungen bei der Arbeit mit statistischen Methoden, Prognosen und maschinellem Lernen von entscheidender Bedeutung. Durch die Beherrschung dieser leistungsstarken Algorithmen sind Sie gut gerüstet, um eine Vielzahl komplexer Probleme anzugehen und Innovationen in die Projekte und Organisationen einzubringen, an denen Sie beteiligt sind.

6. Implementierung von Algorithmen für maschinelles Lernen: Entscheidungsbäume, neuronale Netze und Support-Vektor-Maschinen

Maschinelles Lernen ist zu einem wesentlichen Bestandteil der modernen Datenanalyse in verschiedenen Bereichen wie Finanzen, Gesundheitswesen, Marketing und mehr geworden. Dieses Kapitel konzentriert sich auf drei beliebte und leistungsstarke Algorithmen für maschinelles Lernen, die auf reale Probleme angewendet werden können: Entscheidungsbäume, neuronale Netze und Support-Vektor-Maschinen. Durch die Diskussion dieser Techniken vermitteln wir ein Verständnis für die zugrunde liegenden Konzepte hinter jeder Methode, praktische Anwendungen und wie man sie mit Tools wie Python und seinen Bibliotheken implementiert.

6.1 Entscheidungsbäume

Ein Entscheidungsbaum ist ein visuelles und analytisches Entscheidungsunterstützungstool, das eine in Knoten unterteilte

Verzweigungsstruktur darstellt. Ein Entscheidungsbaum, der diesen Zweigen (oder Pfaden) vom Wurzelknoten zu den Blattknoten folgt, ist in der Lage, Vorhersagen oder Entscheidungen auf der Grundlage der angegebenen Eingabemerkmale zu treffen.

6.1.1 Funktionsweise von Entscheidungsbäumen

Der Entscheidungsbaumalgorithmus funktioniert durch eine rekursive Aufteilung des Datensatzes basierend auf Attributwerten, die den höchsten Informationsgewinn ergeben. Die Informationsgewinnmetrik misst die Verringerung der Entropie (dh der Zufälligkeit) aufgrund der Aufteilung der Daten in Untergruppen. Der Prozess wird fortgesetzt, bis ein Stoppkriterium erfüllt ist, beispielsweise ein Schwellenwert für den Informationsgewinn oder die maximale Baumtiefe.

6.1.2 Entscheidungsbäume in Python implementieren

`scikit-learn` die gebräuchlichste ist . Hier ist ein Beispiel für die Verwendung von Entscheidungsbäumen zur Klassifizierung:

```
# Importieren Sie die erforderlichen Bibliotheken
aus sklearn.datasets import load_iris
aus sklearn.model_selection import train_test_split
Importieren Sie DecisionTreeClassifier aus
sklearn.tree
aus sklearn.metrics import precision_score

# Datensatz laden
iris = load_iris()
X, y = iris.data, iris.target
```

```
# Teilen Sie den Datensatz in Trainings- und Testsätze auf
X_train, X_test, y_train, y_test =
train_test_split(X, y, test_size=0.2,
random_state=1)

# Erstellen Sie einen Entscheidungsbaumklassifikator und
passen Sie das Modell an
clf = DecisionTreeClassifier()
clf.fit(X_train, y_train)

# Voraussagen machen
y_pred = clf.predict(X_test)

# Genauigkeit berechnen
Genauigkeit = Accuracy_score(y_test, y_pred)
print("Genauigkeit:", Genauigkeit)
```

6.2 Neuronale Netze

Neuronale Netze sind fortschrittliche Rechenmodelle, die von der Funktionsweise des menschlichen Gehirns inspiriert sind. Sie bestehen aus einem miteinander verbundenen Netzwerk von Knoten (Neuronen), die in verschiedene Schichten unterteilt sind: Eingabe-, verborgene und Ausgabeschicht. Neuronale Netze zeichnen sich dadurch aus, dass sie komplizierte Muster finden und Informationen in großen und komplexen Datensätzen verallgemeinern.

6.2.1 Funktionsweise neuronaler Netze

Ein neuronales Netzwerk empfängt Eingabedaten, die durch Aktivierungsfunktionen in den verborgenen Schichten geleitet werden, und die Ausgabeschicht liefert Vorhersagen oder Klassifizierungen. Der Lernprozess wird durch Backpropagation und Gradientenabstieg erreicht, wobei das Modell seine Gewichte und Verzerrungen anpasst, um den Fehler zwischen den tatsächlichen und vorhergesagten Ausgaben zu minimieren.

6.2.2 Implementierung neuronaler Netze in Python

Python bietet Bibliotheken wie `TensorFlow` und `Keras` zur einfachen Implementierung neuronaler Netze. Hier ist ein Beispiel für die Erstellung eines einfachen neuronalen Netzwerkklassifizierers für den MNIST-Datensatz mit `Keras` :

```
# Importieren Sie die erforderlichen Bibliotheken
numpy als np importieren
aus keras.datasets import mnist
aus keras.models importieren Sequential
aus keras.layers importieren Dense
aus keras.utils import to_categorical

# MNIST-Datensatz laden
(X_train, y_train), (X_test, y_test) =
mnist.load_data()

# Daten vorverarbeiten
X_train = X_train.reshape(60000,
784).astype("float32") / 255
X_test = X_test.reshape(10000,
784).astype("float32") / 255
y_train = to_categorical(y_train)
```

```
y_test = to_categorical(y_test)

# Erstellen Sie ein neuronales Netzwerkmodell
Modell = Sequentiell()
model.add(Dense(512, Aktivierung="relu",
input_shape=(784,)))
model.add(Dense(10, Aktivierung="softmax"))

# Kompilieren Sie das Modell
model.compile(loss="categorical_crossentropy",
optimierer="adam", metrics=["accuracy"])

# Trainieren Sie das Modell
model.fit(X_train, y_train, epochs=10,
batch_size=128)

# Bewerten Sie das Modell
Verlust, Genauigkeit = model.evaluate(X_test,
y_test)
print("Genauigkeit:", Genauigkeit)
```

6.3 Support-Vektor-Maschinen

Support Vector Machines (SVM) ist ein leistungsstarker überwachter Lernalgorithmus für Klassifizierungs- und Regressionsaufgaben. Sein Hauptvorteil ist die Fähigkeit, gut mit hochdimensionalen Datensätzen zu arbeiten.

6.3.1 Funktionsweise von Support Vector Machines

SVM-Algorithmen funktionieren, indem sie die optimale Hyperebene finden, die die Datenpunkte zweier Klassen trennt. SVM verwendet eine

Kernelfunktion, um die Daten in einen höherdimensionalen Raum umzuwandeln, wodurch es möglich wird, komplexe Entscheidungsgrenzen zu finden. Das Ziel besteht darin, den Abstand zwischen den nächstgelegenen Punkten, den sogenannten Stützvektoren, zu maximieren.

6.3.2 Support Vector Machines in Python implementieren

Python stellt die `Scikit-Learn-` Bibliothek zur Implementierung von SVM bereit. Hier ist ein Beispiel für die Verwendung von SVM zur Klassifizierung des IRIS-Datensatzes:

```
# Importieren Sie die erforderlichen Bibliotheken
aus sklearn.datasets import load_iris
aus sklearn.model_selection import train_test_split
aus sklearn.svm SVC importieren
aus sklearn.metrics import precision_score

# Datensatz laden
iris = load_iris()
X, y = iris.data, iris.target

# Teilen Sie den Datensatz in Trainings- und Testsätze auf
X_train, X_test, y_train, y_test =
train_test_split(X, y, test_size=0.2,
random_state=1)

# SVM-Klassifikator erstellen und das Modell anpassen
clf = SVC(kernel="linear", C=1)
clf.fit(X_train, y_train)

# Voraussagen machen
```

```
y_pred = clf.predict(X_test)

# Genauigkeit berechnen
Genauigkeit = Accuracy_score(y_test, y_pred)
print("Genauigkeit:", Genauigkeit)
```

Zusammenfassend sind Entscheidungsbäume, neuronale Netze und Support-Vektor-Maschinen drei leistungsstarke und weit verbreitete Algorithmen für maschinelles Lernen. Indem Sie lernen, wie sie funktionieren und wie Sie sie in Python implementieren, können Sie ihre Fähigkeiten in verschiedenen Anwendungen wie Bilderkennung, Verarbeitung natürlicher Sprache, Anomalieerkennung und mehr nutzen.

Abschnitt: Reale Anwendungen von Statistik, Prognose und maschinellem Lernen

In diesem Abschnitt befassen wir uns mit den realen Anwendungen von Statistik, Prognosen und maschinellem Lernen. Wir werden verschiedene Branchen und Bereiche erkunden, in denen diese Techniken besonders relevant sind, und uns spezifische Anwendungsfälle ansehen, die die Leistungsfähigkeit und Nützlichkeit dieser Methoden bei der Lösung realer Probleme demonstrieren. Am Ende dieses Abschnitts werden Sie ein tieferes Verständnis dafür haben, wie Sie diese Techniken anwenden können, um fundiertere Entscheidungen zu treffen und erfolgreichere Ergebnisse in Ihrem eigenen Leben und Ihrer Karriere zu erzielen.

1. Finanzen und Bankwesen

Statistiken und maschinelles Lernen spielen im Finanz- und Bankensektor seit langem eine bedeutende Rolle. Risikomanagement, Portfoliooptimierung und Betrugserkennung sind einige der Hauptbereiche, in denen diese Methoden eingesetzt werden.

- **Risikomanagement** : Die Bewertung und Verwaltung von Risiken ist ein entscheidender Aspekt der Geschäftstätigkeit eines Finanzinstituts. Statistische Modelle, Zeitreihenanalysen und Algorithmen für maschinelles Lernen werden verwendet, um Marktvolatilität, Kreditrisiko, Betriebsrisiko und Liquiditätsrisiko zu messen. Diese Techniken helfen Finanzanalysten, fundiertere Entscheidungen über die Einrichtung risikoadjustierter Anlagestrategien und die Einhaltung gesetzlicher Vorschriften zu treffen.
- **Portfoliooptimierung** : Die moderne Portfoliotheorie (MPT) verwendet statistische Methoden, um die Allokation von Vermögenswerten in einem Anlageportfolio zu optimieren, um bei einem gegebenen Risikoniveau die höchstmögliche Rendite zu erzielen. Zeitreihenprognosen und Modelle des maschinellen Lernens können verwendet werden, um die zukünftige Wertentwicklung von Aktien, Anleihen und anderen Finanzinstrumenten vorherzusagen und Anlegern dabei zu helfen,

fundiertere Entscheidungen über ihre Anlagestrategien zu treffen.

- **Betrugserkennung** : Die Finanz- und Bankenbranche ist einer erheblichen Bedrohung durch betrügerische Aktivitäten wie Kreditkartenbetrug, Insiderhandel und Geldwäsche ausgesetzt. Mithilfe maschineller Lernalgorithmen wie neuronaler Netze und Entscheidungsbäume können große Mengen an Transaktionsdaten analysiert werden, um verdächtige Muster zu erkennen und potenziell betrügerische Aktivitäten in Echtzeit zu kennzeichnen.

2. Gesundheitswesen

Maschinelles Lernen und statistische Analysen verändern die Gesundheitsbranche rasant, indem sie Diagnosen, Behandlungspläne und Patientenergebnisse verbessern.

- **Krankheitsdiagnose und -vorhersage** : Algorithmen des maschinellen Lernens wie Deep Learning und Support-Vektor-Maschinen werden zur Analyse medizinischer Bilder, genetischer Daten und elektronischer Gesundheitsakten verwendet, um frühe Anzeichen von Krankheiten wie Krebs, Diabetes und Alzheimer zu erkennen. Diese Vorhersagemodelle können zu früheren Eingriffen führen, was zu besseren Patientenergebnissen führt.
- **Arzneimittelentdeckung** : Der Prozess der Arzneimittelentdeckung und -entwicklung ist unglaublich komplex, teuer und zeitaufwändig. Algorithmen für maschinelles Lernen durchsuchen riesige Datenmengen, um potenzielle

Kandidatenmoleküle zu identifizieren, ihre Eigenschaften vorherzusagen und ihre Effizienz zu optimieren. Durch die Reduzierung der Anzahl der erforderlichen Experimente und Studien kann maschinelles Lernen den Prozess der Arzneimittelentwicklung erheblich beschleunigen.

- **Personalisierte Medizin** : Der Bereich der personalisierten Medizin zielt darauf ab, maßgeschneiderte Behandlungen anzubieten, die auf der genetischen Ausstattung, dem Lebensstil und der Gesundheitsgeschichte einer Person basieren. Fortschrittliche statistische Analysen und Modelle für maschinelles Lernen werden verwendet, um genetische Daten zu analysieren, zu verstehen, wie sich verschiedene genetische Varianten auf bestimmte Erkrankungen auswirken, und individuelle Behandlungspläne zu entwickeln, die zu besseren Patientenergebnissen führen.

3. Marketing und Vertrieb

Unternehmen auf der ganzen Welt nutzen Statistiken, Prognosemodelle und Techniken des maschinellen Lernens, um die Kundenbindung zu fördern, den Umsatz zu steigern und Marketingstrategien zu optimieren.

- **Marktsegmentierung** : Statistische Clustering-Techniken wie K-Means und hierarchisches Clustering werden verwendet, um Kunden basierend auf Demografie, Kaufverhalten und Präferenzen zu segmentieren. Diese Segmentierung hilft Unternehmen, spezifische Kundengruppen mit maßgeschneiderten Marketingkampagnen anzusprechen, was zu höheren Konversionsraten und einer höheren Kundenzufriedenheit führt.

- **Umsatzprognose** : Zeitreihenanalysen und Modelle für maschinelles Lernen, wie neuronale Netze ARIMA und LSTM, werden verwendet, um zukünftige Verkäufe auf der Grundlage historischer Daten vorherzusagen, sodass Unternehmen bessere Entscheidungen zur Bestandsverwaltung treffen, Lieferkettenabläufe optimieren und realistische Umsatzziele festlegen können.
- **Vorhersage der Kundenabwanderung** : Algorithmen für maschinelles Lernen, wie z. B. logistische Regression, Random Forests und Gradient Boosting-Maschinen, können Kundenverhalten und Transaktionsdaten analysieren, um Muster zu identifizieren, die auf eine erhöhte Abwanderungswahrscheinlichkeit hinweisen. Durch die frühzeitige Identifizierung von Kunden, bei denen das Risiko einer Abwanderung besteht, können Unternehmen gezielte Bindungsstrategien umsetzen und so letztlich die Kundenbindung und das Umsatzwachstum steigern.

4. Transport und Logistik

Die Transport- und Logistikbranche hat durch den Einsatz von Statistiken, Prognosen und Techniken des maschinellen Lernens erhebliche Fortschritte erzielt.

- **Bedarfsprognose** : Eine genaue Bedarfsprognose ist für die Optimierung von Transport- und Logistikabläufen unerlässlich. Zeitreihenanalysen und Modelle des maschinellen

Lernens, wie z. B. Zustandsraummodelle mit exponentieller Glättung und wiederkehrende neuronale Netze, können genaue Vorhersagen über den zukünftigen Bedarf liefern und es Unternehmen ermöglichen, bessere Flottenmanagement- und Routenplanungsentscheidungen zu treffen.

- **Vorausschauende Wartung** : Statistische Techniken wie Überlebensanalyse und Weibull-Analyse sowie Algorithmen für maschinelles Lernen wie überwachtes Lernen und Anomalieerkennung werden eingesetzt, um vorherzusagen, wann Transportausrüstung ausfallen oder gewartet werden muss. Die Implementierung proaktiver Wartungsstrategien auf der Grundlage dieser Vorhersagen kann die Ausfallzeiten der Geräte reduzieren, kostspielige Reparaturen minimieren und die Sicherheit erhöhen.
- **Routenoptimierung** : Modelle des maschinellen Lernens und Optimierungsalgorithmen wie genetische Algorithmen und Simulated Annealing werden verwendet, um die effizientesten Transportrouten zu ermitteln und dabei Faktoren wie Verkehrsstaus, Kraftstoffverbrauch und Lieferfristen zu berücksichtigen. Eine verbesserte Routenoptimierung führt zu geringeren Kosten, erhöhter Effizienz und einer insgesamt verbesserten Kundenzufriedenheit.

Dies sind nur einige Beispiele dafür, wie Statistiken, Prognosen und Techniken des maschinellen Lernens in verschiedenen Branchen eingesetzt werden, um reale Probleme zu lösen. Da die Technologie immer weiter voranschreitet und sich verbessert, können wir mit noch mehr bahnbrechenden Anwendungen und Innovationen rechnen, die auf diesen leistungsstarken Methoden basieren.

Praktische Anwendungen von Statistik, Prognosen und maschinellem Lernen im wirklichen Leben

In der heutigen schnelllebigen, datengesteuerten Welt kann die Bedeutung der Nutzung von Statistiken, Prognosetechniken und maschinellem Lernen nicht genug betont werden. Die Analyse von Daten liefert wertvolle Erkenntnisse für Unternehmen und Forscher und hilft dabei, bestehende Prozesse zu verbessern, neue Strategien zu entwickeln und fundierte Entscheidungen zu treffen. In diesem Unterabschnitt werden die praktischen Anwendungen von Statistik, Prognosen und maschinellem Lernen in verschiedenen realen Szenarien untersucht.

Geschäft und Finanzen

Unternehmen wenden häufig statistische Analysen und Prognosen an, um Muster und Trends zu erkennen, sodass Führungskräfte fundierte Entscheidungen auf der Grundlage vergangener Daten treffen können. Finanzinstitute nutzen eine Vielzahl statistischer Modelle und Algorithmen für maschinelles Lernen, um Aktienkurse vorherzusagen, Kreditrisiken zu bewerten, Betrug zu erkennen und mehr. Hier sind einige Anwendungen innerhalb der Branche:

- *Nachfrageprognose:* Unternehmen verwenden statistische Modelle, um die Kundennachfrage nach ihren Produkten oder Dienstleistungen vorherzusagen, was ihnen bei der Optimierung von Vertriebs- und Bestandsverwaltungsstrategien helfen kann.
- *Marketinganalysen:* Durch die Analyse von Kundenpräferenzen und -verhalten können Unternehmen gezieltere Marketingkampagnen durchführen und eine bessere Kapitalrendite erzielen.
- *Risikomanagement:* Finanzinstitute und Versicherungsunternehmen bewerten Risiken durch statistische Analysen und erleichtern so die Verwaltung potenzieller Verluste in verschiedenen Situationen, beispielsweise bei der Kreditvergabe, bei Investitionen oder beim Katastrophenmanagement.

Gesundheit und Medizin

Die Gesundheitsbranche ist stark auf statistische Analysen angewiesen, um Muster von Krankheitsausbrüchen vorherzusagen, Risikofaktoren zu verstehen, medikamentöse Behandlungen zu personalisieren und Entscheidungsprozesse zu unterstützen. Einige Beispiele sind:

- *Klinische Studien:* Statistische Techniken sind bei der Gestaltung und Analyse klinischer Studien, die die Sicherheit und Wirksamkeit neuer

Arzneimittel oder medizinischer Verfahren bestimmen, von entscheidender Bedeutung.

- *Epidemiologie und öffentliche Gesundheit:* Durch das Sammeln und Analysieren von Daten zum Auftreten von Krankheiten können Beamte des öffentlichen Gesundheitswesens Ausbrüche überwachen, Interventionen bewerten und Strategien zur Krankheitsprävention entwickeln.
- *Personalisierte Medizin:* Algorithmen des maschinellen Lernens können genetische und klinische Daten nutzen, um die Reaktion von Patienten auf bestimmte Therapien vorherzusagen und so den Weg für personalisiertere und wirksamere Behandlungen zu ebnen.

Umweltwissenschaften und Nachhaltigkeit

Statistiken und maschinelles Lernen spielen eine wesentliche Rolle beim Verständnis und effektiven Management der natürlichen Welt. Von der Vorhersage von Wetterverhältnissen bis hin zur Optimierung nachhaltiger Praktiken helfen diese Techniken dabei, drängende globale Probleme anzugehen. Einige Anwendungen in diesem Bereich umfassen:

- *Klimamodellierung und -vorhersage:* Wissenschaftler analysieren riesige Datensätze mithilfe statistischer Modelle und maschineller Lernalgorithmen, um zukünftige Wettermuster vorherzusagen, was für das Verständnis und die Eindämmung des Klimawandels von entscheidender Bedeutung ist.
- *Ökologie- und Biodiversitätsbewertung:* Durch die Untersuchung der Populationsdynamik, Arteninteraktionen und anderer ökologischer

Faktoren können Forscher Schutzstrategien entwickeln, Ökosysteme verwalten und die Auswirkungen menschlicher Aktivitäten auf die Umwelt vorhersagen.

- *Ressourcenoptimierung:* Unternehmen, Regierungen und Organisationen nutzen datengesteuerte Ansätze, um die Nutzung ihrer Ressourcen zu optimieren, Verschwendung zu minimieren und die Gesamteffizienz zu steigern.

Sportanalyse

Der aufstrebende Bereich der Sportanalyse nutzt statistische Methoden und maschinelles Lernen, um die Leistung von Einzelpersonen und Teams zu bewerten, Strategien zu bewerten und die Entscheidungsfindung zu optimieren. Zu den wichtigsten Anwendungsbereichen gehören:

- *Spielerbewertung und Scouting:* Durch die Analyse von Leistungsdaten aus Spielen können Trainer bessere Entscheidungen über die Teamauswahl, Spielerentwicklung und Spielstrategie treffen.
- *Verletzungsprävention:* Die statistische Analyse der Arbeitsbelastung der Spieler und Verletzungsdaten kann Teams dabei helfen, effektivere Trainingsprogramme zu entwickeln, um das Verletzungsrisiko zu reduzieren.
- *Optimierung der Spielstrategie:* Fortschrittliche Analysen, einschließlich Algorithmen für maschinelles Lernen, können Erkenntnisse über optimale Strategien unter verschiedenen Spielbedingungen liefern.

Unterhaltung

Maschinelles Lernen und statistische Analysen haben auch in der Unterhaltungsbranche Einzug gehalten und verbessern die Inhaltserstellung, das Marketing und die Benutzereinbindung:

- *Empfehlungssysteme:* Algorithmen für maschinelles Lernen analysieren Benutzerpräferenzen, -verlauf und -verhalten, um personalisierte Empfehlungen für Filme, Lieder, Bücher und andere Unterhaltungs- oder E-Commerce-Produkte bereitzustellen.
- *Inhaltsanalyse:* Maschinelles Lernen kann automatisch Themen, Themen und Muster innerhalb von Inhalten identifizieren und Ersteller dabei unterstützen, ansprechenderes und ansprechenderes Material für ihr Publikum zu produzieren.
- *Prognosen an den Kinokassen:* Durch die Analyse historischer Daten, Social-Media-Buzz und anderer Faktoren können Vorhersagemodelle wertvolle Erkenntnisse darüber liefern, wie gut Filme oder andere Formen der Unterhaltung finanziell abschneiden könnten.

Zusammenfassend lässt sich sagen, dass die Anwendungen von Statistik, Prognosen und maschinellem Lernen in realen Szenarien unglaublich vielfältig und immer wichtiger werden. Diese Techniken revolutionieren weiterhin verschiedene Branchen und ebnen den Weg für effizientere Prozesse, fundierte Entscheidungsfindung und Innovation. Da die Datenmenge weiter wächst, steigt auch der Wert und die Notwendigkeit, diese Techniken zu nutzen, um Erkenntnisse zu gewinnen und bessere Entscheidungen in unserem persönlichen und beruflichen Leben zu treffen.

Anwendung von maschinellem Lernen auf Predictive Analytics

Einführung

Predictive Analytics ist ein leistungsstarkes Tool, das es Unternehmen, Regierungen und Einzelpersonen ermöglicht, datenbasierte Entscheidungen zu treffen. Durch die Analyse historischer Daten können Vorhersagemodelle zukünftige Trends vorhersagen, versteckte Muster identifizieren und Maßnahmen zur Optimierung der Ergebnisse empfehlen. Maschinelles Lernen (ML), eine Teilmenge der künstlichen Intelligenz, hat sich zu einer beliebten Technik zur Erstellung genauer und effizienter Vorhersagemodelle entwickelt.

In diesem Abschnitt werden wir verschiedene Möglichkeiten untersuchen, maschinelles Lernen in der realen Welt anzuwenden, um die Vorhersagekapazität in verschiedenen Bereichen zu verbessern, z. B. Umsatzprognosen, Abwanderungsvorhersagen, Betrugserkennung und Kundensegmentierung. Wir werden auch wichtige Techniken und Überlegungen für eine erfolgreiche ML-Bereitstellung besprechen.

Umsatzprognosen

Eine häufige Anwendung des maschinellen Lernens in der Wirtschaft ist die Umsatzprognose, bei der zukünftige Umsätze auf der Grundlage historischer Daten vorhergesagt werden. Genaue Umsatzprognosen sind für die Bestandsverwaltung, Ressourcenzuteilung und Finanzplanung von entscheidender Bedeutung. Techniken des maschinellen Lernens wie Zeitreihenanalyse, Regressionsmodelle und Deep Learning können vielfältige und komplizierte Datensätze verarbeiten, um präzisere Vorhersagen zu liefern.

- **Zeitreihenanalyse:** Zeitreihendaten sind eine Folge von Datenpunkten, die über regelmäßige Zeitintervalle gesammelt werden. Verkaufsdaten haben im Allgemeinen eine Zeitkomponente, wodurch sich Zeitreihenmodelle wie ARIMA, saisonale Zerlegung und exponentielle Glättung für Verkaufsprognosen eignen. Allerdings erfassen diese Modelle die in den Daten vorhandenen komplexen Muster und Beziehungen möglicherweise nicht genau.
- **Regressionsmodelle:** Regressionsmodelle identifizieren Beziehungen zwischen abhängigen und unabhängigen Variablen. Multiple lineare Regression, Entscheidungsbäume und Support-Vektor-Maschinen sind Beispiele für Regressionsmodelle, die Verkäufe auf der Grundlage von Faktoren wie Saisonalität, Werbeaktionen und Wirtschaftsindikatoren vorhersagen können.
- **Deep-Learning-Techniken:** Neuronale Netze, insbesondere rekurrente neuronale Netze (RNN) und Modelle mit langem Kurzzeitgedächtnis (LSTM), können große Datensätze verarbeiten und komplexe Beziehungen zwischen mehreren Variablen lernen. Diese Deep-Learning-Modelle

können in vielen Szenarien die Genauigkeit von Umsatzprognosen verbessern.

Abwanderungsvorhersage

Die Vorhersage der Kundenabwanderung bzw. der Wahrscheinlichkeit, dass ein Kunde eine Dienstleistung oder ein Produkt verlässt, ist für die Kundenbindung von entscheidender Bedeutung. Durch die frühzeitige Identifizierung potenzieller Abwanderer können Unternehmen proaktive Maßnahmen ergreifen, um Kunden zu binden und den Customer Lifetime Value zu verbessern. Techniken des maschinellen Lernens wie Klassifizierungsmodelle können bei der Abwanderungsvorhersage verwendet werden.

- **Logistische Regression:** Die logistische Regression ist eine einfache und weit verbreitete Technik, um die Wahrscheinlichkeit des Eintretens eines Ereignisses basierend auf Eingabemerkmalen vorherzusagen. Im Zusammenhang mit der Abwanderungsvorhersage kann die logistische Regression die Wahrscheinlichkeit einer Kundenabwanderung anhand von Faktoren wie der Dauer der Beziehung, der Häufigkeit von Interaktionen und dem Ausgabeverhalten bewerten.
- **Entscheidungsbäume und Zufallswälder:** Entscheidungsbaummodelle wie Klassifizierungs- und Regressionsbäume (CART) und Zufallswälder können komplexe Beziehungen zwischen verschiedenen Faktoren, die zur Abwanderung beitragen, effektiv aufdecken. Entscheidungsbäume sind leicht zu interpretieren

und ermöglichen es Unternehmen, zu verstehen, was Kunden abschreckt, und gezielte Interventionen zu entwerfen.

- **Gradient Boosting Machines (GBM):** GBM ist eine Ensemble-Technik, die mehrere schwache Modelle zu einem starken Modell kombiniert, indem eine Verlustfunktion iterativ minimiert wird. Es kann mit fehlenden Daten und unausgeglichenen Datensätzen umgehen und eignet sich daher gut für die Abwanderungsvorhersage.

Entdeckung eines Betruges

Die Erkennung von Betrug in verschiedenen Sektoren, einschließlich Finanzdienstleistungen, Versicherungen und E-Commerce, ist unerlässlich, um Verluste zu minimieren und Kunden zu schützen. Herkömmliche regelbasierte Systeme können zur Erkennung ausgefeilter und sich weiterentwickelnder Betrugspläne nicht ausreichen. Modelle des maschinellen Lernens wie Clustering, Anomalieerkennung und überwachte Klassifizierung können dabei helfen, verdächtige Aktivitäten und Betrugsmuster zu erkennen.

- **Clustering:** Clustering-Algorithmen wie K-means und DBSCAN gruppieren ähnliche Datenpunkte. Unbeaufsichtigte Modelle des maschinellen Lernens wie Clustering können ungewöhnliche Muster oder Ausreißergruppen identifizieren, die möglicherweise auf betrügerische Aktivitäten hinweisen.
- **Anomalieerkennung:** Anomalieerkennungstechniken, einschließlich

Autoencoder oder Isolationswälder, erkennen ungewöhnliches Verhalten oder Datenpunkte, die erheblich von der Norm abweichen. Die Erkennung von Anomalien ermöglicht die frühzeitige Erkennung potenziellen Betrugs, selbst wenn die Daten keine gekennzeichneten Betrugsbeispiele enthalten.

- **Überwachte Klassifizierung:** In Fällen, in denen Unternehmen Zugriff auf gekennzeichnete Betrugsbeispiele haben, können überwachte Algorithmen für maschinelles Lernen wie logistische Regression, Support-Vektor-Maschinen und Deep-Learning-Modelle trainiert werden, um Transaktionen als betrügerisch oder nicht betrügerisch zu klassifizieren.

Kundensegmentierung

Das Verständnis der Kundenpräferenzen und -verhaltensweisen ist der Schlüssel zur Bereitstellung relevanter Produkte, Dienstleistungen und Marketingkampagnen. Techniken des maschinellen Lernens wie Clustering, Hauptkomponentenanalyse (PCA) und kollaboratives Filtern können Unternehmen dabei helfen, ihre Kunden in sinnvolle Gruppen einzuteilen und sie effektiver anzusprechen.

- **Clustering:** Ähnlich wie bei der Betrugserkennung können Clustering-Algorithmen Kunden anhand ihrer gemeinsamen Attribute (Demografie, Ausgabemuster) und Verhaltensweisen (Produktpräferenzen, Nutzung) gruppieren.
- **Hauptkomponentenanalyse (PCA):** PCA ist eine Technik zur Dimensionsreduktion, die bei der

Visualisierung und Interpretation hochdimensionaler Daten hilft. Es kann latente Variablen aufdecken, die das Kundenverhalten beeinflussen, und so eine genauere Kundensegmentierung ermöglichen.

- **Kollaboratives Filtern:** Kollaboratives Filtern ist eine beliebte Technik des maschinellen Lernens für Empfehlungssysteme. Es segmentiert Kunden anhand ihrer vergangenen Interaktionen mit Produkten oder Dienstleistungen und ermöglicht es Unternehmen, Gruppen mit gemeinsamen Vorlieben zu identifizieren und personalisierte Empfehlungen abzugeben.

Sicherstellung einer erfolgreichen ML-Bereitstellung

Unabhängig von der Anwendung hängt der Erfolg von Machine-Learning-Modellen in realen Szenarien von mehreren entscheidenden Faktoren ab:

- **Datenqualität und Vorverarbeitung:** Stellen Sie sicher, dass die Daten entsprechend bereinigt, normalisiert und transformiert werden. Ausreißer, fehlende Werte und inkonsistente Formate sollten während der Vorverarbeitung behoben werden.
- **Feature-Engineering und -Auswahl:** Konzentrieren Sie sich auf die Erstellung und Auswahl sinnvoller Features, die zur Vorhersagekraft des Modells beitragen. Redundante oder irrelevante Funktionen können sich negativ auf die Leistung des Modells auswirken.

- **Modellauswahl und -validierung:** Wählen Sie ein geeignetes Modell für maschinelles Lernen basierend auf den Merkmalen des Problems, z. B. Datengröße, Datentyp und gewünschtem Interpretationsgrad. Kreuzvalidierung und andere Modellbewertungstechniken sollten verwendet werden, um die Leistung eines Modells vor der Bereitstellung zu bewerten.
- **Kontinuierliche Überwachung und Verbesserung:** Datenmuster in der realen Welt entwickeln sich im Laufe der Zeit und Modelle sollten regelmäßig evaluiert werden, um eine kontinuierliche Wirksamkeit sicherzustellen. Trainieren Sie Modelle regelmäßig mit aktualisierten Daten, überwachen Sie Leistungsmetriken und passen Sie Strategien nach Bedarf an.

Abschluss

Techniken des maschinellen Lernens haben das Potenzial, verschiedene Anwendungen der prädiktiven Analyse zu revolutionieren, von der Umsatzprognose bis zur Betrugserkennung. Durch die Nutzung der Leistungsfähigkeit von Algorithmen wie Zeitreihenanalysen, Klassifizierungsmodellen und Deep Learning können Unternehmen und Organisationen ihre Entscheidungsfähigkeiten verbessern und in einer zunehmend wettbewerbsorientierten und datengesteuerten Welt die Nase vorn haben.

Arbeiten mit realen Daten: Herausforderungen, Strategien und Best Practices

Bei der Arbeit mit realen Daten ist es wichtig zu verstehen, dass die Daten, mit denen wir arbeiten, oft alles andere als perfekt sind. Daten können chaotisch, unvollständig, unstrukturiert und voreingenommen sein. In diesem Unterabschnitt besprechen wir einige häufig auftretende Herausforderungen bei der Arbeit mit realen Daten sowie Strategien und Best Practices zur Bewältigung dieser Herausforderungen und zur Gewinnung aussagekräftiger Erkenntnisse.

Umgang mit unordentlichen und unvollständigen Daten

Reale Daten können mit Problemen wie fehlenden Werten, doppelten Einträgen, Fehlern und Inkonsistenzen behaftet sein. Um statistische Analysen, Prognosen und maschinelles Lernen effektiv durchführen zu können, müssen wir uns zunächst mit diesen Problemen befassen.

Umgang mit fehlenden Werten

Fehlende Werte kommen in realen Datensätzen häufig vor. Es gibt verschiedene Strategien, mit ihnen umzugehen:

1. *Zeilen mit fehlenden Werten entfernen:* Dies ist eine einfache Methode, kann jedoch zum Verlust wertvoller Informationen führen, wenn ein

erheblicher Teil Ihrer Daten fehlende Werte enthält.
2. *Datenimputation:* Ersetzen Sie fehlende Werte mithilfe verschiedener Techniken, z. B. Mittelwert-, Median- oder Modussubstitution, lineare Regression oder k-nächste Nachbarn.
3. *Nutzen Sie Algorithmen für maschinelles Lernen, die robust gegenüber fehlenden Daten sind:* Bestimmte Algorithmen, wie z. B. baumbasierte Methoden (Random Forests, XGBoost), können fehlende Werte nativ verarbeiten, ohne dass eine explizite Imputation erforderlich ist.

Eliminierung von Duplikaten und Fehlern

Doppelte Eingaben und Fehler können die Ergebnisse verfälschen und Analysen irreführen. Um diese Probleme anzugehen:

1. *Verwenden Sie eindeutige Kennungen:* Weisen Sie nach Möglichkeit jedem Dateneintrag eine eindeutige Kennung zu, um doppelte Einträge zu identifizieren und zu entfernen.
2. *Datenvalidierung:* Implementieren Sie Validierungsprüfungen und Einschränkungen während der Datenerfassung, um Fehler zu minimieren.
3. *Datenbereinigung:* Führen Sie Datenprofilierung und explorative Analysen durch, um Fehler oder Inkonsistenzen in den Daten vor der Analyse zu identifizieren und zu korrigieren.

Unstrukturierte Daten zähmen

Unstrukturierte Daten wie Texte, Bilder und Videos können eine reichhaltige Informationsquelle sein. Um Erkenntnisse aus unstrukturierten Daten zu gewinnen, ist es notwendig, diese in ein strukturiertes Format zu konvertieren:

1. *Textdaten:* Verwenden Sie NLP-Techniken (Natural Language Processing) wie Tokenisierung, Stemming, Lemmatisierung und Stoppwortentfernung, um Textdaten vorzuverarbeiten. Nutzen Sie fortschrittliche NLP-Techniken wie Themenmodellierung, Stimmungsanalyse oder die Erkennung benannter Entitäten, um zusätzliche Informationen zu extrahieren.
2. *Bilddaten:* Wenden Sie Techniken wie Bildvorverarbeitung und -erweiterung, Merkmalsextraktion mithilfe von Convolutional Neural Networks (CNNs) oder Objekterkennungsalgorithmen an, um wertvolle Informationen aus Bildern zu extrahieren.
3. *Zeitreihendaten:* Aggregieren und transformieren Sie rohe Zeitreihendaten mit relevanten Techniken wie gleitenden Durchschnitten, saisonaler Zerlegung oder exponentieller Glättung, um sie für die weitere Analyse und Prognose vorzubereiten.

Abmilderung von Datenverzerrungen

Daten aus der realen Welt spiegeln oft inhärente Verzerrungen aus verschiedenen Quellen wider, wie z. B. Stichprobenverzerrungen oder Messfehler. Diese Verzerrungen können zu systematischen Fehlern in Ihren Analysen und

Vorhersagen führen. Um Voreingenommenheit zu mildern:

1. *Datenerfassung:* Stellen Sie sicher, dass die Daten auf eine Weise erfasst werden, die für das interessierende Phänomen repräsentativ ist. Wenden Sie Zufallsstichproben, geschichtete Stichproben oder andere Techniken an, um Stichprobenverzerrungen zu minimieren.
2. *Feature-Engineering:* Wählen Sie Features und Datendarstellungen aus, bei denen die Wahrscheinlichkeit geringer ist, dass sie Verzerrungen hervorrufen oder verstärken.
3. *Modellauswahl:* Wählen Sie Modelle aus, die weniger anfällig für verzerrte Daten sind, oder verwenden Sie Techniken wie Regularisierung oder Ensemble-Lernen, um die Auswirkungen von Verzerrungen auf Modellvorhersagen zu reduzieren.

Aufteilen von Daten für Training, Validierung und Tests

Bei der Arbeit mit realen Daten ist es von entscheidender Bedeutung, sicherzustellen, dass die statistischen, prognostizierten oder maschinellen Lernmodelle unter Verwendung angemessener Teile der Daten erstellt werden, um eine Überanpassung zu verhindern und eine faire Bewertung der Leistung der Modelle zu gewährleisten. Um dies zu tun:

1. *Daten nach dem Zufallsprinzip in Trainings-, Validierungs- und Testsätze aufteilen:* Ein gängiger Ansatz ist die Verwendung einer Aufteilung im Verhältnis 70-15-15 oder 80-10-10,

die Verhältnisse können jedoch je nach Größe und Art Ihrer Daten variieren.

2. *Kreuzvalidierung:* Verwenden Sie Techniken wie die k-fache oder einmalige Kreuzvalidierung, um die Modellleistung zu bewerten und sicherzustellen, dass sie sich gut auf unsichtbare Daten übertragen lässt.

3. *Bewerten Sie mehrere Modelle und Metriken:* Verwenden Sie eine Vielzahl von Modellen und Leistungsmetriken, um statistische oder maschinelle Lernmodelle zu erstellen und auszuwerten, um die Auswirkungen der Einschränkungen eines Modells zu minimieren.

Die zentralen Thesen

Die Arbeit mit realen Daten erfordert ein gründliches Verständnis der potenziellen Probleme und Verzerrungen, die den Daten innewohnen, sowie Strategien und Best Practices, um diese anzugehen. Indem wir sorgfältig mit fehlenden Werten und Fehlern umgehen, effektiv mit unstrukturierten Daten arbeiten, Verzerrungen abmildern und Daten für das Modelltraining und die Modellbewertung richtig aufteilen, können wir mithilfe statistischer Analysen, Prognosen und Techniken des maschinellen Lernens genauere und aussagekräftigere Erkenntnisse aus unseren Daten ableiten.

Abschnitt 4: Anwendungen von Statistik, Prognose und

maschinellem Lernen in der realen Welt

In diesem Abschnitt werden wir einige Beispiele aus der Praxis untersuchen, wie Statistiken, Prognosen und Techniken des maschinellen Lernens in verschiedenen Bereichen angewendet werden. Durch die Analyse spezifischer Fälle hoffen wir, die Tiefe und Bedeutung dieser Prinzipien für die Bewältigung realer Herausforderungen zu veranschaulichen.

4.1 Gesundheitswesen

Das Gesundheitswesen ist einer der Hauptbereiche, in denen Statistiken und Techniken des maschinellen Lernens eingesetzt werden. Fachleute in diesem Bereich nutzen datengesteuerte Ansätze, um die Behandlungsergebnisse für Patienten zu verbessern, potenzielle Krankheiten vorherzusagen und die Gesundheitsversorgung zu optimieren. Einige Anwendungen umfassen:

- **Predictive Analytics im Gesundheitswesen** : Predictive Analytics ist die Verwendung von Daten, statistischen Algorithmen und Techniken des maschinellen Lernens, um die Wahrscheinlichkeit zukünftiger Ergebnisse auf der Grundlage historischer Daten zu ermitteln. Im Gesundheitswesen hilft dies Fachkräften, den Gesundheitszustand der Patienten vorherzusagen, Risiken zu reduzieren und Behandlungen zu optimieren. Ärzte können

Krankheiten besser diagnostizieren, Behandlungspläne entwickeln und den Fortschritt der Patienten verfolgen.

- **Analyse elektronischer Gesundheitsakten (EHR)** : EHR-Daten enthalten wertvolle Informationen über die Krankengeschichte, Medikamente und verschiedene Gesundheitsparameter. Die Analyse von EHR-Daten kann zu besseren Behandlungsmöglichkeiten, einem geringeren Risiko medizinischer Fehler und einer verbesserten patientenzentrierten Versorgung führen.
- **Medizinische Bildgebung** : Modelle des maschinellen Lernens, insbesondere Deep-Learning-Algorithmen, haben sich bei der Analyse medizinischer Bilder als äußerst effektiv erwiesen. Zu den Anwendungen gehören die Erkennung von Tumoren in Röntgenaufnahmen, die Segmentierung von Organen anhand von MRT-Scans und die Diagnose von Netzhauterkrankungen anhand von Fundusbildern.

4.2 Finanzen

Der Finanzsektor ist ein weiterer Bereich, in dem Statistiken und maschinelles Lernen eine wichtige Rolle spielen. Zu den Anwendungen gehören die Vorhersage von Börsentrends, die Bewertung des Kreditrisikos, die Optimierung von Portfolios und die Aufdeckung von Betrug. Einige konkrete Beispiele sind:

- **Algorithmischer Handel** : Händler und Finanzexperten nutzen ausgefeilte statistische

Techniken, um Markttrends, Preisbewegungen und Händlerverhalten vorherzusagen und zu analysieren. Modelle für maschinelles Lernen lernen aus historischen Daten und treffen Vorhersagen, die Händlern helfen, fundierte Entscheidungen zu treffen.

- **Bonitätsbewertung** : Finanzinstitute nutzen statistische Methoden und maschinelle Lernalgorithmen, um die Kreditwürdigkeit von Kreditnehmern zu beurteilen. Diese Modelle analysieren die Kredithistorie, das Finanzverhalten und die demografischen Informationen einer Person, um das Risiko zu bestimmen, das mit der Kreditvergabe an die Person verbunden ist.
- **Betrugserkennung** : Die Verwendung von Modellen des maschinellen Lernens zur Identifizierung ungewöhnlicher Muster bei Finanztransaktionen kann Institutionen auf potenziellen Betrug aufmerksam machen. Durch die Erkennung von Anomalien in Echtzeit können Finanzinstitute Verluste mindern und Verbraucher schützen.

4.3 Marketing

Vermarkter nutzen Daten und maschinelles Lernen, um das Kundenverhalten besser zu verstehen, Kunden zu segmentieren, Werbung zu personalisieren und Preisstrategien zu optimieren. Zu den Anwendungen im Marketing gehören:

- **Kundensegmentierung** : Mithilfe von Clustering-Algorithmen und anderen Techniken des maschinellen Lernens können Vermarkter Kunden anhand ihres Verhaltens, ihrer Vorlieben und demografischen Informationen segmentieren.

Dies ermöglicht gezielte Marketingkampagnen, steigert die Kundenzufriedenheit und steigert den Umsatz.

- **Stimmungsanalyse** : Modelle des maschinellen Lernens, insbesondere Techniken zur Verarbeitung natürlicher Sprache, werden zur Analyse von Kundenfeedback und -bewertungen eingesetzt. Vermarkter können diese Informationen nutzen, um die Stimmung der Kunden gegenüber Produkten und Dienstleistungen zu ermitteln und so Verbesserungen vorzunehmen und positive Beziehungen zu Kunden aufzubauen.
- **Nachfrageprognose** : Vermarkter nutzen Prognosetechniken, um die Produktnachfrage vorherzusagen und die Lagerbestände zu optimieren. Durch die Analyse historischer Daten, externer Faktoren und Markttrends können Unternehmen die Bedürfnisse ihrer Kunden besser erfüllen und ihre Ressourcen effizienter verwalten.

4.4 Transport

Im Transportsektor werden datengesteuerte Ansätze genutzt, um den Verkehrsfluss zu optimieren, Emissionen zu reduzieren und die Mobilität zu verbessern. Zu den Anwendungen gehören:

- **Verkehrsvorhersage und Routenführung** : Modelle des maschinellen Lernens werden verwendet, um die Verkehrsbedingungen vorherzusagen und den Fahrern optimale Routen vorzuschlagen. Dies verbessert den Verkehrsfluss und reduziert Staus, was den Fahrern Zeit und Kraftstoff spart.

- **Autonome Fahrzeuge** : Selbstfahrende Autos sind bei der Entscheidungsfindung, Objekterkennung und Navigation stark auf künstliche Intelligenz und maschinelle Lernalgorithmen angewiesen. Fortschrittliche statistische Modelle und Sensordaten ermöglichen es Fahrzeugen, komplexe Straßenumgebungen mit einem hohen Maß an Genauigkeit und Sicherheit zu navigieren.
- **Optimierung des öffentlichen Nahverkehrs** : Datengesteuerte Methoden helfen dabei, Fahrpläne, Routen und Kapazität des öffentlichen Nahverkehrs zu optimieren, um eine rechtzeitige und effiziente Personenbeförderung sicherzustellen. Dies führt zu einer verbesserten Servicequalität und einer besseren Ressourcennutzung.

Diese Beispiele veranschaulichen nur einige Anwendungen von Statistik, Prognosen und maschinellem Lernen in verschiedenen Branchen. Da die Technologie immer weiter voranschreitet, wächst das Potenzial für noch bahnbrechendere Anwendungen und bietet die Möglichkeit, die Art und Weise, wie wir leben, arbeiten und interagieren, auf unzählige Arten zu revolutionieren.

7. Techniken zur Merkmalsauswahl und Dimensionsreduzierung

7.1 Techniken zur Merkmalsauswahl und Dimensionsreduktion

In diesem Unterabschnitt werden wir uns eingehender mit zwei wesentlichen Techniken im Bereich der Datenwissenschaft befassen, nämlich der Merkmalsauswahl und der Dimensionsreduktion. Diese Praktiken ermöglichen ein besseres und effizienteres Datenmanagement, optimierte Prozesse und verbesserte Trainingsmodelle und verbessern so die Gesamtleistung von Algorithmen für maschinelles Lernen.

7.1.1 Funktionsauswahl: Methoden und Ansätze

Der Prozess der Auswahl der relevantesten Features oder Variablen aus dem Datensatz wird als Feature-Auswahl bezeichnet. Irrelevante oder weniger wichtige Merkmale, sogenanntes Rauschen, können die Genauigkeit der Algorithmen für maschinelles Lernen beeinträchtigen. Die Eliminierung solcher Funktionen verbessert die Effizienz, verringert die Komplexität und führt zu einer besseren Leistung.

Es gibt drei Hauptansätze für die Funktionsauswahl:

1. **Filtermethoden** : Bei dieser Technik werden die Features basierend auf dem Relevanzindex oder statistischen Maßen eingestuft und die

Features mit dem höchsten Rang ausgewählt. Beliebte Filtermethoden sind Korrelationen, gegenseitige Information und Chi-Quadrat. Diese Methoden sind unabhängig von den verwendeten Algorithmen, was zu einer geringeren Überanpassungswahrscheinlichkeit führt.

2. **Wrapper-Methoden** : Eine Wrapper-Methode verwendet ein maschinelles Lernmodell, um verschiedene Funktionskombinationen zu testen und deren Leistung zu bewerten. Das Leistungsmaß kann Genauigkeit, F1-Score oder eine bestimmte für Ihr Projekt relevante Metrik umfassen. Einige Beispiele für Wrapper-Methoden sind Vorwärtsauswahl, Rückwärtseliminierung und rekursive Merkmalseliminierung.
3. **Eingebettete Methoden** : Diese Methoden untersuchen gleichzeitig die Merkmalsauswahl und die Modellkonstruktion. Sie umfassen Techniken wie LASSO, Elastic Net und entscheidungsbaumbasierte Algorithmen wie Random Forest und XGBoost. Eingebettete Methoden haben den Vorteil, dass sie die Interaktionen des Trainingsmodells berücksichtigen, was zu einer optimalen Funktionsauswahl führt.

7.1.2 Dimensionsreduktion: Methoden und Techniken

Dimensionalitätsreduktion ist eine Technik, die die Transformation des hochdimensionalen Datensatzes in niedrigere Dimensionen ohne nennenswerten Informationsverlust beinhaltet. Es ist eine nützliche Technik, um mit dem Fluch der Dimensionalität und Visualisierungsproblemen umzugehen.

Im Wesentlichen gibt es zwei Arten von Techniken zur Dimensionsreduktion:

1. **Lineare Methoden** : Lineare Methoden transformieren den Datensatz durch lineare Transformationen. Einige beliebte lineare Methoden sind:

- **Hauptkomponentenanalyse (PCA)** : PCA bildet die Grundlage für viele Dimensionsreduktionstechniken. Durch die Identifizierung der Achsen mit der maximalen Varianz werden die Daten in ein neues Koordinatensystem projiziert, wodurch zugrunde liegende Korrelationen beseitigt und Dimensionen reduziert werden.
- **Lineare Diskriminanzanalyse (LDA)** : LDA wird hauptsächlich bei Klassifizierungsaufgaben verwendet und zielt darauf ab, die Trennung zwischen verschiedenen Klassen zu maximieren, indem die lineare Kombination von Merkmalen ermittelt wird, was eine klare Visualisierung separater Klasseneinheiten ermöglicht.
- **Faktoranalyse** : Diese Methode identifiziert die Wurzelfaktoren, die den ursprünglichen Dimensionen zugrunde liegen. Beispielsweise können Gruppen korrelierter Merkmale identifiziert werden, die einen gemeinsamen Faktor bilden.

2. **Nichtlineare Methoden** : In realen Szenarien sind die Daten nicht immer linear und lineare Transformationstechniken liefern möglicherweise keine genauen Ergebnisse. Für solche Situationen eignen sich nichtlineare Methoden wie t-Distributed Stochastic Neighbor Embedding (t-SNE) und Uniform Manifold Approximation and Projection (UMAP). Der Schwerpunkt dieser Methoden liegt auf der Erhaltung der lokalen

Struktur im niedrigerdimensionalen Raum, sodass sie für Visualisierungszwecke nützlich sind.

7.1.3 Auswahl der richtigen Methode für Ihre Anwendung

Die Entscheidung über die ideale Technik zur Merkmalsauswahl oder -reduzierung hängt von mehreren Faktoren ab, wie der Größe des Datensatzes, der zugrunde liegenden Struktur und der Aufgabe des maschinellen Lernens. Kleinere Datensätze könnten stärker von Filter- und Wrapper-Methoden profitieren, während große Datensätze auf eingebettete Techniken und Techniken zur Dimensionsreduzierung zurückgreifen könnten. Die Visualisierung des Datensatzes nach der Anwendung von Dimensionsreduktionsmethoden kann Aufschluss über die optimale Anzahl von Features geben. Letztendlich kann ein Kreuzvalidierungsverfahren und eine Leistungsbewertung verschiedener Modelle dabei helfen, die für Ihr Projekt am besten geeignete Technik zu ermitteln.

Zusammenfassend lässt sich sagen, dass Techniken zur Merkmalsauswahl und Dimensionsreduzierung entscheidend für die Verbesserung der Effizienz von Algorithmen für maschinelles Lernen sind. Die Implementierung dieser Methoden ermöglicht besser verwaltbare Daten, reduziert die Ressourcennutzung, verbessert die Interpretierbarkeit und führt zu einer besseren Gesamtleistung. Da alle realen Anwendungen und datengesteuerten Projekte unterschiedlich sind, wird die Bewertung mehrerer Methoden zur Merkmalsauswahl und

Dimensionsreduzierung empfohlen, um den optimalen Ansatz auszuwählen.

7.1 Techniken zur Merkmalsauswahl und Dimensionsreduktion

Bevor Sie in die Welt der Prognosen und des maschinellen Lernens eintauchen, ist es wichtig, die Leistungsfähigkeit der Techniken zur Merkmalsauswahl und Dimensionsreduktion zu verstehen und zu schätzen. In diesem Unterabschnitt werden wir die Bedeutung beider, den Unterschied zwischen ihnen, bestimmte Techniken und ihre Anwendungen in realen Szenarien diskutieren.

7.1.1 Bedeutung der Merkmalsauswahl und Dimensionsreduzierung

Techniken zur Merkmalsauswahl und Dimensionsreduktion erfüllen einen wesentlichen Zweck in den Phasen der Datenvorverarbeitung und Modellbildung. Deshalb sind sie von größter Bedeutung:

1. **Fluch der Dimensionalität** : Hochdimensionale Datensätze können eine Herausforderung für herkömmliche Algorithmen für maschinelles Lernen darstellen, da sie oft Schwierigkeiten haben, sinnvolle Muster zu finden, und anfälliger für Überanpassungen sind. Diese Techniken ermöglichen die Reduzierung der

Anzahl der Features, mildern die Auswirkungen dieses Problems und verringern das Risiko einer Überanpassung des Modells.

2. **Recheneffizienz** : Da weniger Features beteiligt sind, können sowohl die Feature-Auswahl als auch die Dimensionsreduzierung den Rechenaufwand von Algorithmen für maschinelles Lernen reduzieren, wodurch sie schneller laufen und effizienter werden.
3. **Verbesserte Modellleistung** : Durch die Entfernung irrelevanter Merkmale, Rauschen und redundanter Daten verbessert die Merkmalsauswahl die Vorhersagefähigkeit des Modells durch Optimierung des ausgewählten Satzes von Merkmalen, was zu einer besseren Leistung der Algorithmen führt.
4. **Dateninterpretation** : Ein Datensatz mit niedrigeren Dimensionen lässt sich leichter visualisieren und interpretieren und hilft bei der Identifizierung sinnvoller Muster oder dem Verständnis der Beziehungen zwischen den Variablen.

7.1.2 Merkmalsauswahl vs. Dimensionsreduktion

Obwohl sie Ähnlichkeiten aufweisen, sind Merkmalsauswahl und Dimensionsreduktion keine austauschbaren Terminologien.

Bei der Merkmalsauswahl wird eine Teilmenge der wichtigsten Merkmale ausgewählt, die zur Vorhersagekraft des Modells beitragen, während die irrelevanten ignoriert werden. Mit anderen Worten: Ziel der Feature-Auswahl ist es, eine Teilmenge der „ursprünglichen" Features auszuwählen, die den gesamten Feature-Satz effektiv ersetzen kann, ohne die Modellleistung zu beeinträchtigen.

Dimensionalitätsreduzierung hingegen bezieht sich auf den Prozess der Reduzierung der Anzahl von Features (Variablen) in einem Datensatz durch Erstellen eines neuen Satzes von Features unter Verwendung einer Kombination der ursprünglichen Variablen. Das Hauptziel besteht hier darin, die Daten in einem niedrigerdimensionalen Raum darzustellen und die ausgewählten Features in einen neuen Feature-Raum zu projizieren.

7.1.3 Techniken der Merkmalsauswahl und Dimensionsreduktion

Sowohl für die Merkmalsauswahl als auch für die Dimensionsreduzierung stehen zahlreiche Methoden zur Verfügung. Es ist wichtig, je nach Ihren Daten und Ihrem Problembereich die am besten geeignete Technik auszuwählen. Einige beliebte Methoden sind:

1. **Filtermethoden** : Diese Methoden bewerten die Relevanz der Merkmale unabhängig von einem Algorithmus für maschinelles Lernen. Der Merkmalsauswahlprozess basiert auf statistischen Maßen wie Korrelation (z. B. Pearson, Spearman), gegenseitiger Information, Chi-Quadrat usw.
2. **Wrapper-Methoden** : Diese Methoden bewerten den Wert von Funktionen basierend auf der Leistung eines bestimmten Algorithmus für maschinelles Lernen. Techniken wie Vorwärts-Feature-Auswahl, Rückwärts-Feature-Eliminierung

und rekursive Feature-Eliminierung sind beliebte Wrapper-Methoden.
3. **Eingebettete Methoden** : Diese Methoden integrieren die Merkmalsauswahl als Teil des Trainingsprozesses eines Algorithmus für maschinelles Lernen. Beispiele hierfür sind LASSO und Ridge-Regression sowie Entscheidungsbäume/Random Forests unter Verwendung von Merkmalswichtigkeitsmaßen.
4. **Hauptkomponentenanalyse (PCA)** : Eine beliebte Technik zur linearen Dimensionsreduktion. PCA zielt darauf ab, die Daten auf einen niedrigerdimensionalen Unterraum zu projizieren und dabei deren Varianz beizubehalten.
5. **t-Distributed Stochastic Neighbor Embedding (t-SNE)** : Dies ist eine nichtlineare Dimensionsreduktionstechnik, die sich gut für die Visualisierung hochdimensionaler Daten in zwei oder drei Dimensionen eignet.

7.1.4 Reale Anwendungen

Techniken zur Merkmalsauswahl und Dimensionsreduktion haben ihre Bedeutung und Praktikabilität in verschiedenen realen Anwendungen bewiesen. Hier sind ein paar:

1. **Bilderkennung** : Die Reduzierung der Anzahl der Funktionen bei gleichzeitiger Beibehaltung wesentlicher Informationen kann dazu beitragen, die Effizienz von Bilderkennungsaufgaben zu verbessern.
2. **Medizinische Diagnostik** : In der medizinischen Wissenschaft ermöglicht die Erkennung und das Verständnis der wichtigsten

Biomarker Forschern und Ärzten, Krankheiten effektiver zu diagnostizieren und zu behandeln.

3. **Kundensegmentierung** : Marketing- und Vertriebsabteilungen können die Dimensionsreduzierung von Kundendaten für eine effektive Marktsegmentierung, Zielgruppenansprache oder Positionierung sowie zum Verständnis des Kundenverhaltens nutzen.
4. **Anomalieerkennung** : Der Prozess des Auffindens von Ausreißern oder Anomalien wird durch den Einsatz von Dimensionsreduktionstechniken in hochdimensionalen Daten beherrschbarer und rechnerisch plausibler.
5. **Pharmazeutische Forschung** : Um die wichtigsten Merkmale zu identifizieren, die sich auf die Wirksamkeit oder das Ergebnis von Arzneimitteln auswirken, können Forscher Techniken zur Merkmalsauswahl und Dimensionsreduzierung bei komplexen und hochdimensionalen Datensätzen anwenden.

Zusammenfassend lässt sich sagen, dass die Beherrschung der Techniken zur Merkmalsauswahl und Dimensionsreduktion als wesentlicher Bestandteil Ihrer Data-Science-Toolbox betrachtet werden sollte. Die Implementierung der richtigen Techniken kann zu einer verbesserten Modellleistung, besseren Erkenntnissen und einem praktischeren Ansatz zur Lösung komplexer maschineller Lern- und Prognoseprobleme im wirklichen Leben führen.

7. Techniken zur Merkmalsauswahl und Dimensionsreduzierung

Bei realen Anwendungen von Statistik, Prognosen und maschinellem Lernen sind oft große Datenmengen beteiligt. Diese Daten können viele Merkmale aufweisen, die die Arbeit mit den Daten komplexer, schwerer verständlich und rechenintensiv machen können. Daher ist die Auswahl der wichtigsten Merkmale und die Reduzierung der Dimensionalität der Daten ein wesentlicher Schritt im Modellierungsprozess. In diesem Abschnitt werden verschiedene Methoden und Techniken zur Merkmalsauswahl und Dimensionsreduzierung sowie deren praktische Auswirkungen behandelt.

7.1 Bedeutung der Merkmalsauswahl und Dimensionsreduzierung

Die Auswahl von Merkmalen und die Reduzierung der Dimensionalität sind aus verschiedenen Gründen von entscheidender Bedeutung:

1. **Verbesserung der Modellleistung** : Einige Funktionen liefern möglicherweise keine nützlichen Informationen oder sind für das Modell irrelevant, was zu verrauschten oder redundanten Eingabedaten führt. Das Entfernen dieser Funktionen kann dazu beitragen, die Leistung des Modells zu verbessern.
2. **Modelle vereinfachen** : Durch die Reduzierung der Anzahl der Funktionen wird das

Modell vereinfacht, sodass es einfacher zu interpretieren und zu erklären ist.

3. **Reduzierung der Rechenkomplexität** : Weniger Funktionen bedeuten weniger Rechenzeit und Ressourcen, die für das Training von Modellen erforderlich sind.
4. **Überanpassung vermeiden** : Das Einbeziehen zu vieler Funktionen in ein Modell kann zu einer Überanpassung führen, bei der das Modell zu komplex ist und sich zu gut an die Trainingsdaten anpasst. Dies kann zu einer schlechten Leistung bei neuen, unsichtbaren Daten führen.

7.2 Arten von Feature-Auswahlmethoden

Es gibt verschiedene Methoden zur Funktionsauswahl, jede mit ihren Vor- und Nachteilen. Im Folgenden finden Sie gängige Techniken zur Funktionsauswahl:

1. **Filtermethoden** : Diese Methoden verwenden statistische Maße wie Korrelation oder gegenseitige Informationen, um die Beziehung zwischen jedem Merkmal und der Zielvariablen zu bewerten. Die Features mit der stärksten Beziehung zum Ziel werden ausgewählt. Beispiele für Filtermethoden sind:
   - Korrelationskoeffizient nach Pearson
   - Chi-Quadrat-Test
   - Informationsgewinn (gegenseitige Information)
2. **Wrapper-Methoden** : Diese Methoden basieren auf der Leistung eines bestimmten Modells für maschinelles Lernen, um die Bedeutung von Funktionen zu bewerten. Die Idee besteht darin, den Feature-Auswahlprozess um

das Modell herum zu „wickeln“ und es als Feedback-Mechanismus zu verwenden, um die relevanteste Teilmenge von Features zu bestimmen. Beispiele für Wrapper-Methoden sind:

- Eliminierung rekursiver Merkmale (RFE)
- Funktionsauswahl weiterleiten
- Eliminierung von Rückwärtsfunktionen

3. **Eingebettete Methoden** : Diese Methoden sind in bestimmte Algorithmen für maschinelles Lernen integriert, die im Rahmen des Modelltrainingsprozesses automatisch eine Funktionsauswahl durchführen. Beispiele für eingebettete Methoden sind:

- Lasso-Regularisierung (L1-Regularisierung)
- Ridge-Regularisierung (L2-Regularisierung)
- Entscheidungsbaumbasierte Modelle (wie Random Forest und XGBoost)

7.3 Techniken zur Dimensionsreduktion

Dimensionsreduktionsmethoden unterscheiden sich von Merkmalsauswahltechniken, da sie durch Kombinieren oder Transformieren der ursprünglichen Merkmale funktionieren, anstatt eine Teilmenge davon auszuwählen. Dies kann besonders nützlich sein, wenn es um eine große Anzahl stark korrelierter Merkmale geht, da die Entfernung von Redundanz zu einer besseren Modellleistung führen kann. Zu den gängigen Techniken zur Dimensionsreduktion gehören:

1. **Hauptkomponentenanalyse (PCA)** : Diese unbeaufsichtigte lineare Technik wird verwendet, um die Dimensionalität der Daten zu reduzieren, indem die Richtungen (dh Hauptkomponenten) ermittelt werden, entlang derer die Varianz der

Daten maximiert wird. Die transformierten Daten werden durch einen niederdimensionalen Satz unkorrelierter Merkmale (d. h. Hauptkomponenten) dargestellt.

2. **Lineare Diskriminanzanalyse (LDA)** : LDA ist eine lineare, überwachte Methode, die zur Dimensionsreduktion hauptsächlich für Klassifizierungsaufgaben verwendet wird. LDA findet die linearen Kombinationen von Merkmalen, die die Trennung zwischen Klassen maximieren und gleichzeitig die Varianz innerhalb der Klasse minimieren.
3. **t-Distributed Stochastic Neighbor Embedding (t-SNE)** : t-SNE ist eine nichtlineare Technik, die zur Reduzierung hochdimensionaler Daten auf einen niedrigerdimensionalen Raum unter Beibehaltung der Beziehungen zwischen Datenpunkten verwendet wird. Diese Technik eignet sich zur Visualisierung hochdimensionaler Daten, insbesondere in Fällen, in denen lineare Methoden wie PCA nicht ausreichen.
4. **Autoencoder** : Autoencoder sind künstliche neuronale Netze, die zur unbeaufsichtigten Dimensionsreduzierung oder zum Lernen von Merkmalen verwendet werden. Diese Netzwerke werden darauf trainiert, ihre Eingabedaten zu rekonstruieren, indem sie sie in eine niedrigerdimensionale Darstellung kodieren und sie dann wieder in die ursprünglichen Dimensionen dekodieren.

7.4 Praktische Richtlinien zur Merkmalsauswahl und Dimensionsreduzierung

Bei der Anwendung von Methoden zur Merkmalsauswahl und Dimensionsreduzierung auf

Datensätze aus der realen Welt sollten Analysten die folgenden Richtlinien berücksichtigen:

1. **Bewerten Sie Methoden basierend auf dem spezifischen Problem** : Die Wirksamkeit einer Methode zur Merkmalsauswahl oder Dimensionsreduzierung hängt von der Art der Daten und dem angesprochenen Problem ab. Es ist wichtig, die Leistung verschiedener Methoden im Kontext eines bestimmten Problems oder Datensatzes zu bewerten.
2. **Methoden kombinieren** : Oft werden die besten Ergebnisse durch eine Kombination von Methoden erzielt. Filtermethoden können beispielsweise dabei helfen, irrelevante Features zu entfernen, während Wrapper- oder eingebettete Methoden den Feature-Auswahlprozess basierend auf den spezifischen Zielen eines bestimmten Modells weiter verfeinern können.
3. **Berücksichtigen Sie die Kompromisse** : Bei der Reduzierung der Dimensionalität von Daten oder der Auswahl einer Teilmenge von Features gibt es häufig Kompromisse zwischen Modellkomplexität, Rechenressourcen und Modellleistung. Es ist wichtig, diese Faktoren sorgfältig zu berücksichtigen, wenn Sie sich für einen geeigneten Ansatz entscheiden.
4. **Ergebnisse validieren** : Verwenden Sie geeignete Bewertungstechniken wie Kreuzvalidierung oder separate Validierungsdatensätze, um sicherzustellen, dass die ausgewählten Features oder reduzierten Dimensionen über verschiedene Datensätze hinweg stabile und genaue Ergebnisse liefern.

Zusammenfassend lässt sich sagen, dass das Verständnis und die Anwendung von Techniken zur Merkmalsauswahl und Dimensionsreduktion für erfolgreiche reale Anwendungen von Statistiken, Prognosen und Modellen des maschinellen Lernens von entscheidender Bedeutung sind. Durch die geeignete Auswahl der relevantesten Merkmale und die Reduzierung der Dimensionalität der Eingabedaten können Praktiker die Modellleistung und Interpretierbarkeit verbessern, die Rechenkosten senken und eine Überanpassung vermeiden.

7. Techniken zur Merkmalsauswahl und Dimensionsreduzierung

Ein wesentlicher Schritt bei der Entwicklung von Modellen für maschinelles Lernen ist die Auswahl der herausragendsten Funktionen aus einem großen Pool vorhandener Funktionen. Dieser Schritt trägt nicht nur zur Verbesserung der Leistung des Modells bei, sondern vereinfacht es auch, sodass es leichter zu verstehen und auszuführen ist. In diesem Abschnitt besprechen wir verschiedene Techniken zur Merkmalsauswahl und Dimensionsreduzierung und bieten einen umfassenden Einblick in diese entscheidenden Prozesse in realen Anwendungen.

7.1 Bedeutung der Merkmalsauswahl und Dimensionsreduzierung

Bevor wir uns mit den spezifischen Techniken befassen, wollen wir zunächst verstehen, warum die Auswahl von Merkmalen und die Reduzierung der Dimensionalität in realen Anwendungen unerlässlich sind:

1. **Überanpassung vermeiden** : Wenn Sie sicherstellen, dass ein Modell nicht übermäßig komplex ist, verringert sich die Wahrscheinlichkeit einer Überanpassung. Indem wir nur die relevantesten Funktionen auswählen, stellen wir sicher, dass sich das Modell auf kritische Informationen konzentriert und gleichzeitig Rauschen vermeidet.
2. **Beschleunigen Sie das Training und die Ausführung von Modellen** : Die Reduzierung der Anzahl der Funktionen führt zu einem Rückgang der erforderlichen Rechenressourcen und beschleunigt dadurch das Training und die Ausführung von Modellen.
3. **Verbessern Sie das Modellverständnis und senken Sie die Wartungskosten** : Ein Modell mit weniger Funktionen ist im Allgemeinen leichter zu verstehen und ermöglicht einen besseren Wissenstransfer zwischen verschiedenen Beteiligten. Darüber hinaus ist die Pflege solcher Modelle weniger ressourcenintensiv.

7.2 Techniken zur Funktionsauswahl

Verschiedene Techniken können dabei helfen, die wesentlichen Merkmale unserer Modelle zu identifizieren. Einige dieser Techniken sind wie folgt:

1. **Filtermethoden** : Diese Techniken verwenden statistische Maße, um Merkmale basierend auf ihrer Beziehung zur Zielvariablen einzustufen. Zu den Filtermethoden gehören:

- Korrelationskoeffizient
- Chi-Quadrat-Test
- Gegenseitige Information
- Varianzschwelle

2. **Wrapper-Methoden** : Diese Methoden verwenden iterative Verfahren, um verschiedene Teilmengen von Merkmalen zu bewerten und die beste Anpassung für unser Modell zu ermitteln. Zu den häufig verwendeten Wrapper-Methoden gehören:

- Vorwärtsauswahl
- Rückwärtseliminierung
- Eliminierung rekursiver Merkmale

3. **Eingebettete Methoden** : Diese Methoden verwenden Algorithmen für maschinelles Lernen, um die besten Funktionen als Teil des Modelltrainingsprozesses selbst zu identifizieren. Zu den beliebten eingebetteten Methoden gehören:

- LASSO-Regression (Least Absolute Shrinkage and Selection Operator).
- Ridge-Regression
- Entscheidungsbäume und ihre Ensembles

7.3 Techniken zur Dimensionsreduktion

Techniken zur Dimensionsreduktion wandeln den ursprünglichen Datensatz in einen niedrigerdimensionalen Raum um und stellen die wesentlichen Informationen kompakt dar. Hier sind einige weit verbreitete Techniken zur Dimensionsreduzierung:

1. **Hauptkomponentenanalyse (PCA)** : PCA ist eine lineare Transformationsmethode, die die orthogonalen Achsen (oder Hauptkomponenten) identifiziert, die die maximale Varianz in den Daten erklären. Durch die Beibehaltung der obersten Komponenten können wir die Abmessungen reduzieren und gleichzeitig die meisten Informationen beibehalten.
2. **Lineare Diskriminanzanalyse (LDA)** : LDA ist ähnlich wie PCA eine lineare Transformationstechnik, deren Schwerpunkt jedoch auf der Maximierung der Trennbarkeit zwischen verschiedenen Klassen liegt. LDA eignet sich speziell für betreute Lernaufgaben.
3. **Nichtlineare Techniken zur Dimensionsreduktion** : Diese Techniken versuchen, die komplexen, nichtlinearen Beziehungen in den Daten durch die Erstellung vielfältiger Darstellungen zu erfassen. Einige beliebte Methoden sind:
   - t-verteilte stochastische Nachbareinbettung (t-SNE)
   - Isometrische Feature-Mapping (Isomap)
   - Lokal lineare Einbettung (LLE)

7.4 Merkmalsauswahl und Dimensionsreduktion in der Praxis

Durch das Verständnis der verschiedenen oben genannten Techniken können Praktiker entscheiden, welche Methode für ihren spezifischen Anwendungsfall am besten geeignet ist. Hier sind einige allgemeine Richtlinien für die Herangehensweise an die Merkmalsauswahl und Dimensionsreduzierung im IRL:

1. **Verstehen Sie die Daten** : Nehmen Sie sich Zeit für die Analyse der Daten, um alle inhärenten Beziehungen, Korrelationen oder Redundanzen zu identifizieren, die bei der Merkmalsauswahl oder Dimensionsreduzierung hilfreich sein könnten.
2. **Legen Sie klare Ziele fest** : Die Kenntnis der Ziele, Einschränkungen und optimalen Leistungskriterien des Modells dient als nützlicher Leitfaden bei der Auswahl von Features oder der Reduzierung von Abmessungen.
3. **Wenden Sie mehrere Techniken an** : Es gibt keine allgemeingültige Technik; Es wird empfohlen, verschiedene Methoden zur Funktionsauswahl oder Dimensionsreduzierung auszuprobieren, um die für Ihren spezifischen Anwendungsfall am besten geeignete Methode zu ermitteln.
4. **Führen Sie eine Kreuzvalidierung durch** : Führen Sie regelmäßig eine Kreuzvalidierung Ihrer Ergebnisse durch, um die Stabilität, Konsistenz und Widerstandsfähigkeit des Modells gegen Überanpassung sicherzustellen.
5. **Kommunizieren und zusammenarbeiten** : Arbeiten Sie mit Fachexperten oder Kollegen zusammen, um die Funktionen des Modells zu bewerten und die Auswirkungen verschiedener Techniken auf die Interpretierbarkeit und Leistung des Modells zu diskutieren.

Zusammenfassend lässt sich sagen, dass die Auswahl von Merkmalen und die Reduzierung der

Dimensionalität eine entscheidende Rolle bei der Entwicklung effizienter und effektiver Modelle für maschinelles Lernen für reale Anwendungen spielen. Wenn Sie Zeit in das Verständnis dieser Techniken investieren und sorgfältig die für Ihren Anwendungsfall am besten geeignete auswählen, kann dies den Erfolg des Modells erheblich beeinflussen.

7. Techniken zur Merkmalsauswahl und Dimensionsreduzierung

Merkmalsauswahl und Dimensionsreduzierung sind wesentliche Techniken zur Vorbereitung Ihrer Daten, zur Verbesserung der Leistung von Modellen für maschinelles Lernen und zum Verständnis der zugrunde liegenden Muster in Ihren Daten. Beide spielen eine zentrale Rolle bei realen Anwendungen von Statistik, Prognosen und maschinellem Lernen. In diesem Abschnitt werden wir verschiedene Techniken zur Merkmalsauswahl und Dimensionsreduzierung, ihre Bedeutung und die praktischen Szenarien, in denen sie verwendet werden können, diskutieren.

7.1 Warum sind Merkmalsauswahl und Dimensionsreduktion wichtig?

Bevor wir uns mit bestimmten Techniken befassen, wollen wir verstehen, warum Merkmalsauswahl und Dimensionsreduzierung entscheidende Komponenten der Datenanalyse und des maschinellen Lernens sind:

1. **Verbessern Sie die Modellleistung** : Das Einbeziehen irrelevanter Funktionen kann sich negativ auf die Leistung von Modellen für maschinelles Lernen auswirken. Durch die Auswahl der relevantesten Merkmale und die Reduzierung der Dimensionalität können Sie die Genauigkeit und Effizienz Ihrer Modelle verbessern.
2. **Reduzieren Sie die Rechenkomplexität** : Durch die Reduzierung der Anzahl der Funktionen kann die Rechenkomplexität der meisten Algorithmen für maschinelles Lernen erheblich reduziert werden, was zu schnelleren Trainings- und Vorhersagezeiten führt.
3. **Überanpassung verhindern** : Die Verwendung vieler Funktionen kann zu Überanpassung führen, ein häufiges Problem beim maschinellen Lernen, bei dem ein Modell aus Rauschen und nicht aus dem zugrunde liegenden Muster lernt. Die Auswahl von Merkmalen und die Reduzierung der Dimensionalität können dazu beitragen, dies zu verhindern, indem sie die Komplexität der Daten verringern.
4. **Verbessern Sie die Interpretierbarkeit** : Durch die Reduzierung der Anzahl der Funktionen kann Ihr Modell leichter verständlich und interpretierbar sein, was besonders in Branchen wichtig ist, in denen Erklärbarkeit von entscheidender Bedeutung ist.

7.2 Techniken zur Funktionsauswahl

Bei der Merkmalsauswahl werden die relevantesten Merkmale aus dem Originaldatensatz ausgewählt. Es gibt verschiedene Techniken zur Funktionsauswahl, z. B. Filtermethoden, Wrapper-Methoden und eingebettete Methoden. Schauen wir uns einige dieser Techniken genauer an:

1. **Filtermethoden** : Filtermethoden bewerten die Relevanz der Features unabhängig von jedem maschinellen Lernalgorithmus. Zu den gängigen Filtermethoden gehören Korrelationskoeffizienten, Chi-Quadrat-Test, gegenseitige Information und Informationsgewinn. Filtermethoden sind recheneffizient und einfach zu implementieren, können jedoch dazu neigen, redundante Funktionen auszuwählen.
2. **Wrapper-Methoden** : Wrapper-Methoden verwenden einen Algorithmus für maschinelles Lernen, um die Nützlichkeit von Teilmengen von Funktionen zu bewerten. Zu den gängigen Methoden gehören die Vorwärtsauswahl, die Rückwärtseliminierung und die rekursive Merkmalseliminierung. Wrapper-Methoden können die beste Teilmenge von Funktionen für einen bestimmten Algorithmus finden, können jedoch rechenintensiv sein.
3. **Eingebettete Methoden** : Eingebettete Methoden integrieren die Funktionsauswahl als Teil des Algorithmus für maschinelles Lernen. Beispiele für eingebettete Methoden sind LASSO-Regression, Elastic Net und Entscheidungsbaumalgorithmen. Eingebettete Methoden können effizienter sein als Wrapper-Methoden und berücksichtigen sowohl die

Funktionsrelevanz als auch das ausgewählte Modell.

7.3 Techniken zur Dimensionsreduktion

Unter Dimensionalitätsreduzierung versteht man den Prozess der Reduzierung der Dimensionalität der Daten unter Beibehaltung ihrer wesentlichen Eigenschaften. Zu den gängigen Techniken zur Dimensionsreduktion gehören die Hauptkomponentenanalyse (PCA), die Singularwertzerlegung (SVD) und die t-Distributed Stochastic Neighbor Embedding (t-SNE). Lassen Sie uns einige dieser Techniken genauer untersuchen:

1. **Hauptkomponentenanalyse (PCA)** : PCA ist eine beliebte Technik zur linearen Dimensionsreduktion, die lineare Kombinationen von Merkmalen identifiziert, die als Hauptkomponenten bezeichnet werden. Diese Komponenten erfassen die maximale Varianz in den Daten und wahren gleichzeitig die Orthogonalität (Rechtwinkligkeit) zueinander. PCA kann zur Datenvisualisierung, Rauschunterdrückung und Beschleunigung von Algorithmen für maschinelles Lernen verwendet werden.
2. **Singular Value Decomposition (SVD)** : SVD ist eine weitere lineare Dimensionsreduktionstechnik, die eine Matrix in drei Komponenten zerlegt: eine Matrix aus linken Singulärvektoren, eine Diagonalmatrix aus Singulärwerten und eine Matrix aus rechten Singulärvektoren. Wie PCA kann SVD zur Datenvisualisierung, Rauschunterdrückung und

Verbesserung der Effizienz von Algorithmen für maschinelles Lernen verwendet werden.

3. **t-Distributed Stochastic Neighbor Embedding (t-SNE)** : Im Gegensatz zu PCA und SVD ist t-SNE eine nichtlineare Dimensionsreduktionstechnik, die hauptsächlich zur Datenvisualisierung verwendet wird. Es wandelt hochdimensionale Daten in niedrigdimensionale Daten um und behält dabei den Abstand zwischen benachbarten Punkten und den Abstand zwischen unterschiedlichen Punkten bei. t-SNE ist besonders nützlich für die Visualisierung komplexer Datensätze mit mehreren Clustern oder Gruppen.

7.4 Praktische Anwendungen der Merkmalsauswahl und Dimensionsreduktion

Techniken zur Merkmalsauswahl und Dimensionsreduzierung finden zahlreiche praktische Anwendungen in verschiedenen Branchen. Einige praktische Beispiele sind:

1. **Finanzen** : Die Reduzierung der Dimensionalität kann dazu beitragen, die wichtigsten Risikofaktoren in Anlageportfolios zu identifizieren, die Genauigkeit von Risikoprognosen zu verbessern und bessere Anlageentscheidungen zu erleichtern.
2. **Gesundheitswesen** : Durch die Auswahl relevanter Funktionen kann die Leistung von Vorhersagemodellen für die Krankheitsdiagnose und Patientenüberwachung verbessert werden, was zu genaueren Diagnosen und Behandlungsplänen führt.

3. **Marketing** : Der Einsatz von Techniken zur Dimensionsreduktion wie PCA kann dabei helfen, die wichtigsten Faktoren zu identifizieren, die das Verbraucherverhalten beeinflussen, sodass Marketingfachleute die richtigen Kundensegmente ansprechen und die Kundenzufriedenheit verbessern können.
4. **Natural Language Processing (NLP)** : Methoden zur Merkmalsextraktion wie die Latent Semantic Analysis (LSA), die SVD verwendet, können dabei helfen, wichtige Konzepte in Textdaten zu identifizieren und ein genaueres semantisches Verständnis und eine Themenmodellierung zu ermöglichen.
5. **Bildverarbeitung** : Techniken zur Dimensionsreduzierung können bei Bildverarbeitungsaufgaben wie Komprimierung, Objekterkennung und -erkennung sowie Mustererkennung nützlich sein. PCA kann beispielsweise zur verlustbehafteten Bildkomprimierung verwendet werden, wodurch die Datengröße reduziert und gleichzeitig die Bildqualität erhalten bleibt.

Zusammenfassend lässt sich sagen, dass Techniken zur Merkmalsauswahl und Dimensionsreduzierung wichtige Werkzeuge im Arsenal von Datenwissenschaftlern und Praktikern des maschinellen Lernens sind, die es ihnen ermöglichen, mit komplexen, hochdimensionalen Daten umzugehen, die Leistung ihrer Modelle zu verbessern und bessere Einblicke in die zugrunde liegenden Muster zu gewinnen und Beziehungen innerhalb der Daten. Durch die Beherrschung dieser Techniken können Sie das volle Potenzial Ihrer Daten ausschöpfen und effektivere, effizientere und besser interpretierbare Modelle für maschinelles Lernen erstellen.

Modellierung der Kundenabwanderung: Kombination von Statistiken, Prognosen und Techniken des maschinellen Lernens

Da Unternehmen zunehmend auf datengesteuerte Entscheidungen angewiesen sind, suchen sie ständig nach Möglichkeiten, ihren Kundenstamm zu verstehen und ihre Produkte und Dienstleistungen zu verbessern. Ein entscheidender Aspekt dieses Unterfangens ist die Vorhersage und Verhinderung der Kundenabwanderung – oder des Kundenverlusts im Laufe der Zeit. In diesem Abschnitt besprechen wir, wie Sie die Kundenabwanderung mithilfe einer Kombination aus Statistik-, Prognose- und maschinellen Lerntechniken modellieren können und wie dieses Modell Ihrem Unternehmen potenziell Millionen von Dollar an Umsatzeinbußen ersparen kann.

Schritt 1: Definieren Sie das Problem und sammeln Sie Daten

Bevor Sie mit der Analyse beginnen, ist es wichtig, das Problem, das Sie lösen möchten, klar zu definieren. Unser Ziel bei dieser Übung ist es, vorherzusagen, welche Kunden im nächsten

Monat am wahrscheinlichsten abwandern werden. Dies ermöglicht es uns, gezielt Kunden mit Marketingmaßnahmen oder anderen Bindungsstrategien anzusprechen.

Sobald das Problem definiert ist, besteht der nächste Schritt darin, die für die Analyse erforderlichen Daten zu sammeln. Sie benötigen historische Kundendaten, einschließlich Demografie, Transaktionshistorie und alle anderen kundenspezifischen Funktionen, die Ihrer Meinung nach für die Vorhersage der Kundenabwanderung von Nutzen sein könnten.

Schritt 2: Führen Sie eine explorative Datenanalyse (EDA) durch

Das Hauptziel von EDA besteht darin, die zugrunde liegende Struktur und Beziehungen innerhalb Ihrer Daten zu verstehen. Beginnen Sie mit der Visualisierung verschiedener Aspekte der Daten, wie z. B. der Altersverteilung der Kunden, durchschnittlichen Transaktionswerten und der Korrelation zwischen Merkmalen. Dadurch erhalten Sie eine Vorstellung davon, welche Faktoren bei der Bestimmung der Abwanderungsraten am wichtigsten sein können.

Schritt 3: Daten vorverarbeiten

Bevor Sie Algorithmen für maschinelles Lernen anwenden, müssen Sie Ihre Daten unbedingt vorverarbeiten. Dazu gehört der Umgang mit fehlenden Werten, Skalierungsfunktionen und die Kodierung kategorialer Variablen. Abhängig von der Größe Ihres Datensatzes müssen Sie möglicherweise auch Techniken wie Dimensionsreduzierung oder Merkmalsauswahl in Betracht ziehen, um die Recheneffizienz Ihrer Modelle zu verbessern.

Schritt 4: Identifizieren Sie potenzielle Abwanderungsindikatoren

Beginnen Sie mit der Identifizierung potenzieller Abwanderungsindikatoren, indem Sie die Erkenntnisse aus EDA und Vorverarbeitung nutzen. Dies sind Merkmale, die einen starken Zusammenhang mit der Kundenabwanderungsrate haben. Beispiele können die Kundenzugehörigkeit, die Häufigkeit von Käufen oder der durchschnittliche Transaktionswert sein. Möglicherweise müssen Sie auch neue Funktionen erstellen, die die Beziehungen in Ihren Daten besser erfassen. Beispielsweise kann das Verhältnis des Einkommens eines Kunden zu seinem durchschnittlichen Transaktionswert ein effektiverer Abwanderungsindikator sein als jede Variable allein.

Schritt 5: Modelle trainieren und bewerten

Nachdem Sie nun eine Liste potenzieller Abwanderungsindikatoren erstellt haben, ist es an der Zeit, mit dem Training und der Bewertung verschiedener Vorhersagemodelle zu beginnen. Beispiele für Algorithmen für maschinelles Lernen, die für diese Aufgabe verwendet werden können, sind logistische Regression, Entscheidungsbäume und Support-Vektor-Maschinen. Unabhängig davon, für welchen Algorithmus Sie sich entscheiden, denken Sie daran, die Leistung jedes Modells mithilfe von Techniken wie Kreuzvalidierung und ROC-Kurven sorgfältig zu bewerten. Auf diese Weise können Sie das beste Modell für Ihr spezifisches Geschäftsszenario ermitteln.

Schritt 6: Ensemble-Vorhersage

Um die Robustheit und Generalisierbarkeit Ihres Modells zu verbessern, sollten Sie die Verwendung von Ensemble-Prognosetechniken in Betracht ziehen. Dabei werden mehrere Modelle trainiert und anschließend ihre Vorhersagen kombiniert, um eine endgültige Prognose zu erstellen. Beispiele für Ensemble-Prognosemethoden sind Bagging, Boosting und Stacking. Jede dieser Techniken hat ihre eigenen Vor- und Nachteile. Daher ist es wichtig, mit verschiedenen Ansätzen zu experimentieren, um herauszufinden, welcher für Ihr spezifisches Problem am besten geeignet ist.

Schritt 7: Implementieren Sie das Churn Prediction Model

Nachdem Sie das beste Modell ausgewählt haben, implementieren Sie es im Customer-Relationship-Management-System (CRM) Ihres Unternehmens oder einer anderen relevanten Infrastruktur. Auf diese Weise können Ihre Marketing- und Kundendienstteams risikoreiche Kunden identifizieren und ihre Interaktionen entsprechend anpassen. Überwachen Sie kontinuierlich die Leistungsmetriken des Modells und aktualisieren Sie das Modell mit neuen Daten, um seine anhaltende Wirksamkeit sicherzustellen.

Schritt 8: Messen Sie die Wirkung

Messen Sie abschließend die Auswirkungen Ihres Abwanderungsvorhersagemodells auf die Kundenbindungsraten und berechnen Sie die damit verbundenen finanziellen Vorteile. Dies kann den Vergleich der Bindungsraten vor und nach der Implementierung des Modells oder die Durchführung von Experimenten umfassen, um die Wirkung von auf die Bindung ausgerichteten Interventionen direkt zu messen.

Durch die Kombination der Leistungsfähigkeit statistischer Analysen, Prognosen und maschineller Lerntechniken kann Ihr Unternehmen ein robustes und genaues Modell zur Vorhersage der Kundenabwanderung erstellen. Mit diesen prädiktiven Erkenntnissen können Sie Bedenken hinsichtlich der Kundenbindung proaktiv angehen und so möglicherweise Millionen von Dollar an entgangenen Einnahmen einsparen.

Integration von Statistiken, Prognosen und maschinellem Lernen zur Lösung realer Probleme

In diesem Abschnitt untersuchen wir die Zusammenhänge zwischen Statistik, Prognose und maschinellem Lernen bei der Anwendung auf reale Probleme. Wir besprechen, wie wir für jede Situation die am besten geeignete Technik ermitteln und so sicherstellen können, dass sowohl Genauigkeit als auch Effizienz optimiert werden. Schauen wir uns die Schlüsselkomponenten jedes Ansatzes genauer an und zeigen, wie sie kombiniert werden können, um komplexe Herausforderungen zu lösen.

Überbrückung der Lücke: Statistik, Prognose und maschinelles Lernen

Zweifellos hat jeder dieser Bereiche – Statistik, Prognosen und maschinelles Lernen – seine Vorteile, wenn es um die Analyse von Daten und die Erstellung von Vorhersagen geht. Sie ergänzen sich auf vielfältige Weise:

- **von Statistiken** können Muster und Beziehungen innerhalb eines Datensatzes identifiziert werden, sodass wir fundierte Entscheidungen über vergangene und gegenwärtige Ereignisse treffen können. Durch deskriptive Zusammenfassungen und inferenzielle Analysen gewinnen wir ein klareres Verständnis der Struktur und Varianz der Daten, was uns letztendlich bei der Ausarbeitung unserer Problemlösungsstrategie hilft.
- **Prognosen** basieren auf statistischen Analysen, um auf der Grundlage der beobachteten

Daten zukünftige Vorhersagen zu treffen. Prognosemodelle können je nach Art der Daten und dem gewünschten Ergebnis einfach oder komplex sein. In vielen Fällen werden Prognosetechniken eingesetzt, um Trends, Kundenverhalten oder Marktnachfrage vorherzusagen.

- **Maschinelles Lernen** bringt die Datenanalyse und -vorhersage auf die nächste Ebene, indem es Algorithmen und Modelle verwendet, die aus Daten lernen, den Prozess automatisieren und seine Genauigkeit kontinuierlich verbessern. Abhängig von der Art des Problems und den Daten können maschinelle Lerntechniken überwacht, unüberwacht oder verstärkungsbasiert sein.

Indem wir die Leistungsfähigkeit jedes Ansatzes nutzen, können wir ein umfassendes Datenanalyse-Toolkit erstellen, mit dem wir eine Vielzahl realer Probleme effektiv angehen können.

Identifizieren der richtigen Technik für jedes Problem

Um den am besten geeigneten Ansatz für ein bestimmtes Problem zu ermitteln, müssen wir mehrere Faktoren berücksichtigen, wie z. B. die Menge und Qualität der Daten, die spezifischen Ziele und Einschränkungen sowie das gewünschte Maß an Genauigkeit. Hier sind einige Richtlinien für die Auswahl der geeigneten Methode basierend auf diesen Faktoren:

1. **Datenqualität und -quantität** : Bevor Sie in komplexe Modelle oder Algorithmen eintauchen, ist es wichtig, die Qualität und das Volumen der Daten zu bewerten. Hochwertige, gut strukturierte Daten sind eine Voraussetzung für genaue und effektive Analysen. Je mehr Daten Sie verarbeiten müssen, desto besser können Sie die von Ihnen verwendeten Techniken optimieren.
2. **Umfang und Ziele** : Definieren Sie klar das Problem, das Sie lösen möchten, und die Ziele, die Sie erreichen möchten. Versuchen Sie, Einblicke in vergangene Ereignisse zu gewinnen, oder möchten Sie Vorhersagen über die Zukunft treffen? Wenn Sie den Umfang und die Ziele kennen, können Sie sich auf relevante Techniken konzentrieren und keine Zeit mit unnötigen oder ineffektiven Methoden verschwenden.
3. **Genauigkeit und Komplexität** : Bedenken Sie, dass komplexere Techniken nicht immer besser sind. Einfachere Methoden können genaue Ergebnisse liefern und sind gleichzeitig einfacher zu verstehen, umzusetzen und zu kommunizieren. Allerdings sind manchmal fortschrittliche Modelle oder Algorithmen erforderlich, um die Genauigkeit zu verbessern, auch wenn sie die Komplexität der Lösung erhöhen.
4. **Zeit- und Ressourcenbeschränkungen** : Überlegen Sie, wie viel Zeit und Aufwand Sie bereit sind, in die Datenanalyse und Modellentwicklung zu investieren. Maschinelles Lernen, insbesondere Deep-Learning-Techniken, kann rechenintensiv sein und erhebliche Ressourcen für die Feinabstimmung und Bereitstellung erfordern. Wenn Sie diese Einschränkungen mit Ihren Zielen in Einklang

bringen, können Sie den kostengünstigsten und effizientesten Ansatz ermitteln.

Fallstudie: Vorhersage von Immobilienpreisen

Um die Integration von Statistiken, Prognosen und maschinellem Lernen zu demonstrieren, betrachten wir eine Fallstudie, in der wir die Immobilienpreise vorhersagen wollen.

1. **Datenqualität und -quantität** : Zunächst müssen wir einen Datensatz sammeln, der verschiedene Faktoren enthält, die sich auf die Immobilienpreise auswirken, wie z. B. die Lage, die Anzahl der Schlafzimmer, das Alter der Immobilie und die örtlichen Annehmlichkeiten. Je größer und umfassender der Datensatz, desto höher ist die potenzielle Genauigkeit unserer Vorhersagen.
2. **Umfang und Ziele** : Unser Ziel besteht in diesem Fall darin, anhand der beobachteten Daten zukünftige Immobilienpreise vorherzusagen. Daher werden wir uns in erster Linie auf Prognose- und maschinelle Lerntechniken konzentrieren und dabei Statistiken als wesentliches vorläufiges Analysetool verwenden.
3. **Genauigkeit und Komplexität** : Wir könnten mit einem einfachen linearen Regressionsmodell beginnen, einer statistischen Methode, die die Beziehung zwischen dem Hauspreis und mehreren Variablen vorhersagt. Wenn dieses Modell jedoch nicht die gewünschte Genauigkeit liefert, können wir komplexere Techniken wie

Entscheidungsbäume oder neuronale Netze ausprobieren.

4. **Zeit- und Ressourcenbeschränkungen** : Während wir von einfachen zu komplexen Modellen übergehen, sollten wir auch die zusätzlichen Rechenressourcen und die Zeit berücksichtigen, die für die Implementierung, Feinabstimmung und Bereitstellung jeder Technik erforderlich sind. Durch die Abwägung dieser Faktoren stellen wir sicher, dass wir den effizientesten und effektivsten Ansatz zur Vorhersage von Immobilienpreisen wählen.

Durch die Integration von Statistiken, Prognosen und maschinellem Lernen können wir einen robusten, datengesteuerten Rahmen für die Vorhersage von Immobilienpreisen entwickeln, der auf ähnliche reale Probleme angewendet werden kann, die genaue Zukunftsvorhersagen erfordern.

Kapitel 4: Die Unterschiede entmystifizieren: Statistik, Prognosen und maschinelles Lernen in der Praxis

4.1 Die Wurzeln verstehen: Statistik, Prognose und maschinelles Lernen

Bevor wir uns mit den praktischen Anwendungen der verschiedenen Bereiche befassen, ist es wichtig zu verstehen, was die einzelnen Bereiche beinhalten, welche Unterschiede sie haben und wie sie sich gegenseitig ergänzen. In diesem

Abschnitt werden wir die Grundlagen und Unterschiede zwischen Statistik, Prognosen und maschinellem Lernen untersuchen und so die Grundlage für spätere Diskussionen über reale Anwendungen vorbereiten.

- **Statistik** ist der Zweig der Mathematik, der sich mit der Sammlung, Analyse, Interpretation, Darstellung und Organisation von Daten befasst. Es umfasst die Planung von Experimenten, die Untersuchung von Wahrscheinlichkeiten und die Ableitung von Schätzern für verschiedene Arten von Zufallsverteilungen. Das ultimative Ziel der Statistik besteht darin, Muster und Beziehungen in Daten aufzudecken und dabei Techniken wie Hypothesentests, Korrelationen und Regressionen zu nutzen, um fundierte Schlussfolgerungen zu ziehen.
- **Prognosen** sind ein Teilgebiet der Statistik, bei dem es darum geht, den zukünftigen Wert einer bestimmten Variablen anhand historischer Daten vorherzusagen. Es basiert auf verschiedenen Analysemethoden, einschließlich Zeitreihenmodellierung (z. B. autoregressiver integrierter gleitender Durchschnitt oder ARIMA-Modelle), saisonaler Zerlegung und exponentieller Glättung. Prognosen ermöglichen es Unternehmen, Regierungen und Institutionen, potenzielle Zukunftsszenarien zu verstehen, entsprechend zu planen und proaktiv auf sich schnell ändernde Umgebungen zu reagieren.
- **Maschinelles Lernen** ist eine Teilmenge der künstlichen Intelligenz, bei der sich Computeralgorithmen automatisch verbessern, indem sie Daten analysieren und daraus lernen. Diese Algorithmen greifen häufig auf statistische

Modelle und Mustererkennungstechniken zurück, um aus den Daten zu „lernen“ und passen ihre Ausgabe an, wenn sie zusätzliche Eingaben erhalten. Maschinelles Lernen kann hauptsächlich in zwei Kategorien unterteilt werden: überwachtes Lernen (wobei der Algorithmus aus gekennzeichneten Daten lernt) und unüberwachtes Lernen (wobei der Algorithmus Muster in unbeschrifteten Daten findet). Maschinelles Lernen umfasst eine Vielzahl von Techniken, wie zum Beispiel neuronale Netze, Entscheidungsbäume, Clustering und Verarbeitung natürlicher Sprache.

4.2 Anwendungen in der realen Welt: Wie sie sich überschneiden und unterscheiden

Obwohl jeder Bereich seine eigenen einzigartigen Stärken und Vorteile hat, ist es wichtig zu verstehen, wo sich ihre Anwendungen überschneiden, unterscheiden und sogar ergänzen. Die folgenden Beispiele verdeutlichen die vielfältigen Einsatzmöglichkeiten von Statistik, Prognosen und maschinellem Lernen:

- **Gesundheitswesen:** Das Verständnis von Krankheitsmustern ist für die Verbesserung der Ergebnisse im Bereich der öffentlichen Gesundheit von grundlegender Bedeutung. Epidemiologen verwenden häufig statistische Analysen, um verschiedene Risikofaktoren und vorbeugende Maßnahmen zu identifizieren, während Prognostiker Trends bei der Krankheitsinzidenz analysieren können, um zukünftige Ausbrüche vorherzusagen und einzudämmen. Mittlerweile können maschinelle

Lernalgorithmen medizinische Bilder klassifizieren, Krankheiten früher erkennen und sogar Behandlungsoptionen für einzelne Patienten priorisieren.

- **Finanzen:** Finanzinstitute sind auf genaue Vorhersagen zu Aktienkursen, Wechselkursen und allgemeinen Marktbewegungen angewiesen. Zeitreihenprognosetechniken werden häufig für kurzfristige Vorhersagen verwendet, während Modelle des maschinellen Lernens wie Random Forests und Deep Learning für komplexe langfristige Vorhersagen unter Einbeziehung mehrerer Faktoren eingesetzt werden können.
- **Marketing:** Unternehmen nutzen eine Reihe von Techniken, um das Kundenverhalten zu analysieren, die Nachfrage vorherzusagen und gezielte Produkte oder Dienstleistungen zu empfehlen. Statistische Methoden wie die Regressionsanalyse können den Zusammenhang zwischen Marketingaktivitäten und Vertriebsleistung quantifizieren. Im Gegensatz dazu spielen Algorithmen des maschinellen Lernens eine entscheidende Rolle bei der Entwicklung komplexer Empfehlungssysteme, die riesige Mengen an Kundendaten analysieren, um in Echtzeit die relevantesten Artikel vorzuschlagen.
- **Wettervorhersage:** Die Vorhersagbarkeit der Atmosphäre ist für verschiedene Anwendungen von entscheidender Bedeutung, von der Landwirtschaft bis zum Transportwesen. Herkömmliche statistische Prognosemethoden wie die Regressionsanalyse können bei der Identifizierung relevanter Korrelationen zwischen Wettervariablen hilfreich sein. Allerdings können maschinelle Lernalgorithmen wie neuronale Netze

komplexere Muster in meteorologischen Daten erkennen, was insbesondere im Zusammenhang mit dem Klimawandel zu genaueren Vorhersagen führt.

- **Herstellung:** Zur Überwachung und Aufrechterhaltung der Produktqualität werden häufig Prinzipien der statistischen Prozesskontrolle eingesetzt. Zeitreihenprognosetechniken können Produktionsplanern dabei helfen, die zukünftige Fabriknachfrage vorherzusagen und die Planung zu optimieren. Gleichzeitig können Algorithmen des maschinellen Lernens den Wartungsbedarf der Ausrüstung vorhersagen und die Gesamteffizienz von Produktionsprozessen verbessern.

4.3 Den richtigen Ansatz wählen: Zu berücksichtigende Schlüsselfaktoren

Die Auswahl der am besten geeigneten Methode für eine bestimmte Anwendung hängt maßgeblich vom zu lösenden Problem, der Art der Daten und den verfügbaren Ressourcen ab. Die folgenden Fragen können den Prozess der Bestimmung des geeigneten Ansatzes leiten:

- *Was ist das primäre Ziel?* Wenn das Hauptziel darin besteht, Schlussfolgerungen zu ziehen oder Beziehungen zwischen Variablen zu identifizieren, ist die Verwendung statistischer Analysen der am besten geeignete Ansatz. Wenn das Ziel hingegen darin besteht, zukünftige Werte vorherzusagen oder Empfehlungen abzugeben, können Prognosen oder Techniken des maschinellen Lernens diesen Zweck besser erfüllen.

- *Um welche Art von Daten handelt es sich?* Diskrete Daten wie kategoriale Antworten erfordern möglicherweise statistische Tests wie den Chi-Quadrat-Test oder die logistische Regression. Kontinuierliche Daten wie Zeitreihen erfordern häufig Prognosetechniken, während komplexe, hochdimensionale Daten von Ansätzen des maschinellen Lernens profitieren könnten.
- *Welche Techniken wären rechnerisch machbar?* Hochkomplexe Modelle für maschinelles Lernen können ressourcenintensiv sein und sind möglicherweise für bestimmte Anwendungen mit begrenzter Rechenleistung oder Echtzeit-Reaktionsfähigkeitsanforderungen nicht geeignet. Umgekehrt erfassen grundlegende statistische Modelle möglicherweise komplexe Muster in den Daten nicht und liefern möglicherweise suboptimale Ergebnisse. Es ist wichtig, Genauigkeit und rechnerische Machbarkeit in Einklang zu bringen.

Zusammenfassend lässt sich sagen, dass das Verständnis der Unterschiede und Gemeinsamkeiten zwischen den Bereichen Statistik, Prognose und maschinelles Lernen von entscheidender Bedeutung ist, um sie effektiv in realen Situationen anwenden zu können. Durch sorgfältige Abwägung des vorliegenden Problems, der Art der Daten und der Rechenressourcen können Praktiker ihre Analysen und Modelle an ihre individuellen Bedürfnisse anpassen und wertvolle Erkenntnisse aus Daten in jedem Bereich gewinnen.

Reale Anwendungen von Statistik, Prognose und maschinellem Lernen

Eine der größten Stärken von Statistik, Prognosen und maschinellem Lernen (ML) ist ihre breite Anwendbarkeit in verschiedenen Branchen und Bereichen. In der realen Welt werden diese Techniken eingesetzt, um komplexe Probleme zu lösen, Prozesse zu optimieren und fundierte Entscheidungen zu treffen. Lassen Sie uns einige dieser Anwendungen in verschiedenen Sektoren untersuchen.

1. Gesundheitswesen

Im Gesundheitswesen war der Einsatz von Predictive Analytics und maschinellem Lernen revolutionär. Diese Methoden haben mehrere Anwendungen, darunter:

- *Krankheitsvorhersage* : Vorhersage der Wahrscheinlichkeit einer Erkrankung eines Patienten basierend auf Faktoren wie Alter, Krankengeschichte und Genetik. Diese Informationen können Ärzten dabei helfen, vorbeugende Maßnahmen zu ergreifen, um das Risiko bestimmter Krankheiten zu minimieren.
- *Arzneimittelentwicklung* : Mithilfe von ML-Algorithmen zur Analyse riesiger Datenmengen im Arzneimittelentwicklungsprozess können Forscher neue Arzneimittelkandidaten identifizieren und den Prozess rationalisieren, um letztendlich günstigere Arzneimittel schneller auf den Markt zu bringen.

- *Medizinische Bildgebung* : Algorithmen für maschinelles Lernen können medizinische Bilder mit bemerkenswerter Geschwindigkeit identifizieren und klassifizieren, was eine schnellere Diagnose und Behandlung verschiedener Erkrankungen ermöglicht.

2. Finanzen

Der Finanzsektor war einer der ersten Anwender statistischer und maschineller Lerntechniken für verschiedene Zwecke:

- *Betrugserkennung* : Banken, Kreditkartenunternehmen und Finanzinstitute nutzen maschinelles Lernen, um anomale Transaktionen zu identifizieren und Muster zu erkennen, die auf betrügerische Aktivitäten hinweisen.
- *Kreditbewertung* : Kreditgeber nutzen Datenanalysen, um die Kreditwürdigkeit von Kreditnehmern zu bewerten und vorherzusagen, indem sie Faktoren wie Rückzahlungshistorie, Einkommen und Schuldenstand untersuchen.
- *Algorithmischer Handel* : Viele Handelsunternehmen verwenden fortschrittliche Algorithmen, um Hochfrequenzhandel durchzuführen, bei dem Investitionsentscheidungen blitzschnell auf der Grundlage von Echtzeit-Marktdaten getroffen werden.

3. Transport

Statistische und maschinelle Lerntechniken haben Transportsysteme mit Anwendungen wie den folgenden verändert:

- *Routenoptimierung* : Lieferunternehmen nutzen ML-Algorithmen, um Routen zu optimieren und Lieferzeiten zu minimieren, wodurch Kraftstoff gespart und die Gesamteffizienz verbessert wird.
- *Verkehrsvorhersage* : Behörden und Navigations-Apps nutzen Daten aus verschiedenen Quellen, um Verkehrsmuster vorherzusagen, was ein besseres Verkehrsmanagement und eine Reduzierung von Staus ermöglicht.
- *Autonome Fahrzeuge* : Maschinelles Lernen und KI sind das Herzstück der Technologie selbstfahrender Autos, da diese Fahrzeuge auf Algorithmen angewiesen sind, um ihre Umgebung zu verstehen und auf der Straße intelligente Entscheidungen zu treffen.

4. Herstellung

In der Fertigung hängt die Einführung von Industrie 4.0 stark von statistischen und maschinellen Lernanwendungen ab, darunter:

- *Vorausschauende Wartung* : Durch die Analyse von Sensordaten von Geräten können Muster identifiziert werden, die darauf hinweisen, wann ein Fehler wahrscheinlich auftritt, was eine proaktive Wartung ermöglicht und Ausfallzeiten reduziert.
- *Qualitätskontrolle* : Modelle des maschinellen Lernens können Fehler in Produkten mit hoher Genauigkeit erkennen, wodurch die Gesamtqualität der Produkte verbessert und Abfall reduziert wird.
- *Optimierung der Lieferkette* : Datengesteuerte Modelle können die Beschaffung, das Bestandsmanagement und die Bedarfsprognose

verbessern und so zu einer effizienteren und kostengünstigeren Lieferkette führen.

5. Marketing und Werbung

In der heutigen Marketinglandschaft werden Kundendaten und erweiterte Analysen genutzt, um effektive Marketingkampagnen zu erstellen:

- *Kundensegmentierung* : Mithilfe von Clustering-Techniken können Kundengruppen mit ähnlichen Präferenzen identifiziert werden, sodass Vermarkter ihre Botschaften effektiver ausrichten können.
- *Empfehlungssysteme* : ML-gestützte Empfehlungsmaschinen schlagen Produkte und Dienstleistungen vor, die wahrscheinlich einzelne Verbraucher ansprechen, was zu einer höheren Kundenzufriedenheit und höheren Konversionsraten führt.
- *Anzeigenleistung* : Datenanalysen können den Erfolg von Werbekampagnen bewerten, Erkenntnisse darüber liefern, welche Anzeigen die beste Leistung erbringen, und strategische Entscheidungen hinsichtlich der Werbeausgaben leiten.

6. Energie und Umwelt

Nachhaltige Entwicklung wird durch den Einsatz von Statistiken und maschinellem Lernen erheblich gefördert:

- *Vorhersage des Klimawandels* : ML-Modelle können historische Wetterdaten und andere Umweltfaktoren analysieren, um Klimatrends vorherzusagen und die möglichen Auswirkungen des Klimawandels abzuschätzen.

- *Energiebedarfsprognose* : Eine genaue Vorhersage des Energieverbrauchs hilft Versorgungsunternehmen und politischen Entscheidungsträgern, Energieerzeugungs- und -verteilungsressourcen effektiver zu planen.
- *Optimierung erneuerbarer Energien* : Techniken des maschinellen Lernens können die Leistung von Solarmodulen und Windkraftanlagen optimieren, indem sie ihre Positionierung und andere Parameter anpassen, um die Energieerzeugung zu maximieren.

Diese Beispiele kratzen nur an der Oberfläche der vielen Möglichkeiten, wie Statistiken, Prognosen und Techniken des maschinellen Lernens in realen Situationen angewendet werden. Da die Technologie immer weiter voranschreitet, ist das Potenzial dieser Methoden, verschiedene Branchen und Bereiche positiv zu beeinflussen, wirklich grenzenlos.

Kombination von Statistiken, Prognosen und maschinellem Lernen zur Lösung realer Probleme

Im Zeitalter von Big Data und der digitalen Transformation ist die Nachfrage nach Tools, die Einzelpersonen, Organisationen und sogar ganzen Gesellschaften dabei helfen können, die riesigen Informationsmengen zu verstehen, sprunghaft angestiegen. In diesem Zusammenhang haben die Bereiche Statistik, Prognose und maschinelles Lernen an Bedeutung gewonnen.

In diesem Unterabschnitt untersuchen wir, wie diese drei Disziplinen kombiniert werden können, um komplexe, reale Probleme zu lösen. Wir führen Sie durch mehrere praktische Beispiele, die den Wert der Integration statistischer Analysen, Vorhersagemodelle und Algorithmen für maschinelles Lernen in einem einzigen, zusammenhängenden Rahmen veranschaulichen.

Die Komponenten verstehen

Statistik: Dieser Bereich befasst sich mit der Sammlung, Analyse, Interpretation, Präsentation und Organisation von Daten. Die Statistik bietet eine Vielzahl von Techniken zur Analyse und Ableitung aussagekräftiger Erkenntnisse aus Daten, die dann als Grundlage für Entscheidungsprozesse genutzt werden können.

Prognosen: Prognosen sind der Prozess, Vorhersagen über die Zukunft auf der Grundlage historischer Daten und Analysen zu treffen. Dieser Bereich ist stark auf statistische Methoden angewiesen und umfasst typischerweise die Analyse historischer Datenmuster, um zukünftige Trends oder Ergebnisse vorherzusagen.

Maschinelles Lernen: Maschinelles Lernen ist eine Teilmenge der künstlichen Intelligenz, die es Computern ermöglicht, ohne explizite Programmierung aus Daten zu lernen und

Entscheidungen auf deren Grundlage zu treffen. Mit anderen Worten: Algorithmen für maschinelles Lernen können Muster in Daten erkennen und auf der Grundlage dieser Muster Schlussfolgerungen oder Vorhersagen treffen.

Anwendungen aus der Praxis

Nachdem wir nun ein grundlegendes Verständnis der Komponenten haben, wollen wir untersuchen, wie diese verschiedenen Disziplinen kombiniert werden können, um leistungsstarke, reale Lösungen zu schaffen:

Gesundheitspflege

Eine große Herausforderung im Gesundheitswesen besteht darin, genaue Diagnosen zu stellen, die Ergebnisse für den Patienten vorherzusagen und optimale Behandlungen auf der Grundlage patientenspezifischer Daten zu bestimmen. Durch die Kombination statistischer Techniken mit Prognosen und maschinellem Lernen können Mediziner riesige Mengen an Patientenakten analysieren, um Muster im Zusammenhang mit bestimmten Erkrankungen zu erkennen, den Krankheitsverlauf des Patienten vorherzusagen und maßgeschneiderte Behandlungspläne zu empfehlen.

Beispielsweise können Algorithmen des maschinellen Lernens verwendet werden, um anhand von Merkmalen, die aus medizinischen Bildern extrahiert werden, vorherzusagen, ob ein

Tumor gutartig oder bösartig ist. Ebenso können historische Daten von Patienten mit ähnlichen Diagnosen statistisch analysiert werden, um die Wahrscheinlichkeit eines erfolgreichen Behandlungsplans abzuschätzen oder das Risiko eines Rückfalls oder von Komplikationen einzuschätzen.

Finanzen

Die Finanzbranche ist ein weiterer Bereich, in dem die Kombination von statistischen Analysen, Prognosen und maschinellem Lernen von immensem Wert sein kann. Eine häufige Herausforderung besteht beispielsweise darin, den zukünftigen Wert von Aktien, Anleihen und anderen Finanzinstrumenten vorherzusagen.

Durch die statistische Analyse historischer Preisdaten für verschiedene Vermögenswerte kann ein Prognosemodell erstellt werden, um zukünftige Werte vorherzusagen. Darüber hinaus können Algorithmen des maschinellen Lernens diese Prognosen verbessern, indem sie komplexe Wechselwirkungen zwischen verschiedenen Finanzvariablen identifizieren und sich dynamisch an neue Datenpunkte anpassen.

Diese Vorhersagen können zur Unterstützung von Investitionsentscheidungen, zur Risikobewertung oder zur Unterstützung bei der Erstellung automatisierter Handelssysteme verwendet werden.

Lieferkettenmanagement

Das Supply Chain Management umfasst die Koordination und Organisation der Ressourcen, die für die effiziente Produktion und Lieferung von Waren und Dienstleistungen erforderlich sind. Die Kombination statistischer Methoden, Prognosetechniken und maschineller Lernalgorithmen kann zu erheblichen Verbesserungen der Lieferkettenabläufe führen.

Die Analyse historischer Verkaufsdaten kann beispielsweise dazu beitragen, die zukünftige Nachfrage nach bestimmten Produkten vorherzusagen, sodass Unternehmen ihre Lagerbestände optimieren und Fehlbestände minimieren können. Algorithmen des maschinellen Lernens können diese Prognosen weiter verfeinern, indem sie zusätzliche Variablen wie regionale Trends und saisonale Schwankungen berücksichtigen.

In Lagern und Vertriebszentren kann maschinelles Lernen eingesetzt werden, um Kommissionierungs- und Verpackungsprozesse zu optimieren, Muster in Auftragsabwicklungsdaten zu erkennen und Anpassungen zur Verbesserung der Effizienz und Genauigkeit zu empfehlen.

Diese Beispiele sind nur eine kleine Momentaufnahme der Vielzahl realer Anwendungen, bei denen eine Kombination aus statistischen Analysen, Prognosen und maschinellem Lernen zu echten Verbesserungen und Innovationen führen kann. Indem Einzelpersonen und Organisationen die komplementären Stärken dieser Bereiche erkennen und sie strategisch in einen einheitlichen

Rahmen integrieren, können sie das volle Potenzial der vorliegenden Daten nutzen, fundiertere Entscheidungen treffen und letztendlich den Erfolg ihrer jeweiligen Ziele vorantreiben.

8. Reale Anwendungen: Finanzen, Marketing, Gesundheitswesen und Fertigung

8. Reale Anwendungen: Finanzen, Marketing, Gesundheitswesen und Fertigung

8.1 Finanzen

Statistiken, Prognosen und Techniken des maschinellen Lernens haben im Finanzsektor zahlreiche wichtige Anwendungen gefunden und ihn zu einer der am stärksten datengesteuerten Branchen gemacht. Hier betrachten wir einige wichtige Anwendungsfälle dieser Methoden im Finanzwesen.

8.1.1 Risikomanagement

Banken und Finanzinstitute sind verschiedenen Risiken ausgesetzt, wie zum Beispiel dem Kreditrisiko, dem Marktrisiko und dem operationellen Risiko. Statistische Methoden spielen eine wesentliche Rolle bei der Identifizierung, Quantifizierung und Minderung dieser Risiken. Beispielsweise ist Value at Risk (VaR) eine weit verbreitete statistische Methode zur Bewertung potenzieller Verluste auf den Finanzmärkten aufgrund von Marktrisiken. Der VaR schätzt den maximalen Verlust, den ein Portfolio innerhalb eines bestimmten Zeitraums und bei einem bestimmten Konfidenzniveau erleiden kann. Modelle des maschinellen Lernens wie neuronale Netze und Entscheidungsbäume können auch verwendet werden, um potenzielle Kreditrisiken auf der Grundlage historischer Kundendaten vorherzusagen.

8.1.2 Algorithmischer Handel

Algorithmen des maschinellen Lernens haben den Handel an der Börse revolutioniert. Hochfrequenzhandel, Stimmungsanalyse und prädiktive Modellierung sind einige der beliebten Anwendungen von ML-Algorithmen im algorithmischen Handel. ML-Modelle können große Mengen historischer Börsendaten analysieren, Muster erkennen und Vorhersagen mit hoher Genauigkeit treffen. Händler können von diesen Echtzeiteinblicken profitieren und fundierte Handelsentscheidungen treffen.

8.1.3 Betrugserkennung

Transaktionen im Finanzsektor müssen sicher und manipulationssicher sein. Techniken des maschinellen Lernens nutzen die Erkennung von Anomalien, um verdächtige Aktivitäten und potenzielle Betrugsfälle zu identifizieren. Durch die Analyse historischer Transaktionsdaten können maschinelle Lernalgorithmen Unregelmäßigkeiten erkennen und die betroffenen Parteien alarmieren. Dieser proaktive Ansatz zur Betrugserkennung trägt dazu bei, finanzielle Verluste zu reduzieren und eine sicherere Transaktionsumgebung zu schaffen.

8.2 Marketing

In einer datengesteuerten Welt hat sich das Marketing auch die Leistungsfähigkeit von Statistiken, Prognosen und Techniken des maschinellen Lernens zunutze gemacht, um tiefgreifende Erkenntnisse zu gewinnen und bessere Entscheidungen zu treffen.

8.2.1 Kundensegmentierung

Mithilfe von Clustering-Algorithmen und demografischen Daten können Unternehmen ihre Kunden basierend auf ihrem Kaufverhalten, ihren Vorlieben und ihrem Standort in verschiedene Gruppen einteilen. Dies ermöglicht es Unternehmen, ihre Marketingstrategien anzupassen und bestimmte Segmente mit den am besten geeigneten Produkten, Angeboten und Werbeaktionen anzusprechen. Statistiken und Techniken des maschinellen Lernens können auch dabei helfen, das Risiko der

Kundenabwanderung zu erkennen und es Unternehmen zu ermöglichen, ihre Marketingbemühungen auf die Kundenbindung abzustimmen.

8.2.2 Marketing-Mix-Modellierung

Bei der Marketing-Mix-Modellierung werden statistische Methoden verwendet, um zu analysieren, wie verschiedene Marketingkanäle den Umsatz, das Kundenverhalten und die Gesamtleistung des Unternehmens beeinflussen. Unternehmen können diese Erkenntnisse nutzen, um ihr Marketingbudget zu optimieren, Ressourcen effektiv zuzuteilen und den Return on Investment (ROI) zu verbessern. Methoden des maschinellen Lernens wie Zeitreihenanalyse, multivariate Regression und Entscheidungsbäume können eingesetzt werden, um die Auswirkungen von Marketingkampagnen auf zukünftige Verkäufe vorherzusagen.

8.3 Gesundheitswesen

Statistiken, Prognosen und Techniken des maschinellen Lernens haben maßgeblich dazu beigetragen, die Ergebnisse im Gesundheitswesen zu verbessern, Kosten und Fehler zu reduzieren und den Zugang zur Gesundheitsversorgung zu erleichtern.

8.3.1 Medizinische Diagnose und Prognose

Algorithmen des maschinellen Lernens haben vielversprechende Ergebnisse bei der Diagnose und Prognose verschiedener Krankheiten gezeigt, darunter Brustkrebs, Herzerkrankungen und Diabetes. Durch die Analyse medizinischer Bilder, elektronischer Gesundheitsakten und demografischer Patientendaten können ML-Modelle das Vorliegen einer Krankheit erkennen oder das Risiko für die Entwicklung einer bestimmten Erkrankung mit hoher Genauigkeit vorhersagen. Dies ermöglicht es Gesundheitsdienstleistern, personalisierte Pflege zu leisten, geeignete Behandlungen zu verschreiben und Patienten effektiv zu überwachen.

8.3.2 Arzneimittelforschung und -entwicklung

Der Prozess der Arzneimittelforschung und -entwicklung ist zeitaufwändig und teuer. Algorithmen für maschinelles Lernen können dabei helfen, potenzielle Medikamentenkandidaten zu identifizieren, klinische Studien zu optimieren und den Erfolg oder Misserfolg eines Medikaments auf dem Markt vorherzusagen. Durch die Durchsicht großer Mengen chemischer, biologischer und Patientendaten können ML-Modelle Arzneimittelentwicklern dabei helfen, datengesteuerte Entscheidungen zu treffen, wodurch der Arzneimittelentwicklungsprozess beschleunigt und die Kosten gesenkt werden.

8.4 Herstellung

Die verarbeitende Industrie kann erheblich von der Anwendung statistischer Techniken, Prognosen und Methoden des maschinellen Lernens profitieren.

8.4.1 Qualitätskontrolle und Prozessoptimierung

Techniken der statistischen Prozesskontrolle (SPC) werden in der Fertigung häufig eingesetzt, um die Qualität von Produkten zu überwachen und Produktionsprozesse zu verbessern. Modelle des maschinellen Lernens, wie neuronale Netze und Entscheidungsbäume, können ein vorausschauendes Wartungssystem erstellen, das fehlerhafte Geräte erkennt, bevor sie ausfallen, und so Ausfallzeiten und unerwartete Ausfälle minimiert. Erweiterte Analysen können auch dazu beitragen, Produktionsprozesse zu verbessern, indem sie Ineffizienzen identifizieren, die Nachfrage vorhersagen und die Abläufe in der Lieferkette optimieren.

8.4.2 Vorausschauende Wartung

Algorithmen des maschinellen Lernens können eingesetzt werden, um den Zustand von Geräten zu überwachen, Anomalien zu erkennen und die Ausfallwahrscheinlichkeit vorherzusagen. Diese vorausschauenden Wartungsmodelle nutzen Daten von Sensoren, Wartungsaufzeichnungen und Arbeitsaufträgen, um zu bestimmen, wann eine Maschine wahrscheinlich ausfällt oder eine Wartung erfordert. Dadurch können Hersteller die Wartung proaktiv planen, Ausfallzeiten reduzieren und die betriebliche Effizienz steigern.

Zusammenfassend lässt sich sagen, dass Statistiken, Prognosen und Techniken des maschinellen Lernens zu integralen Werkzeugen in verschiedenen Branchen geworden sind, von Finanzen und Marketing bis hin zu Gesundheitswesen und Fertigung. Da die datengesteuerte Entscheidungsfindung immer mehr an Bedeutung gewinnt, können wir davon ausgehen, dass diese Methoden eine noch wichtigere Rolle bei der Gestaltung der Zukunft dieser Sektoren spielen werden.

8. Reale Anwendungen: Finanzen, Marketing, Gesundheitswesen und Fertigung

Statistiken, Prognosen und maschinelles Lernen sind wichtige Werkzeuge, die in verschiedenen Branchen wie Finanzen, Marketing, Gesundheitswesen und Fertigung weit verbreitet sind. In diesem Kapitel besprechen wir einige wichtige praktische Anwendungen dieser Techniken und wie sie Unternehmen dabei helfen, fundierte Entscheidungen zu treffen, Vorhersagen zu treffen und Prozesse zu optimieren.

8.1 Finanzen

Der Finanzbereich ist ein Bereich, in dem Statistiken, Prognosen und maschinelles Lernen großen Nutzen finden. Einige der wichtigsten Anwendungen im Finanzwesen sind:

1. **Portfoliooptimierung** : Ein Anleger ist oft daran interessiert, die Rendite eines Portfolios zu maximieren und gleichzeitig das Risiko zu minimieren. Im Portfoliomanagement werden häufig Techniken wie die Moderne Portfoliotheorie eingesetzt, die statistische Eigenschaften wie Mittelwert und Varianz verwendet, um die optimale Portfolioallokation zu ermitteln.
2. **Kreditrisikomodellierung** : Die Kreditrisikomodellierung umfasst die Schätzung der Ausfallwahrscheinlichkeit von Kreditnehmern oder Emittenten von Schuldtiteln. Zur Schätzung des Kreditrisikos werden Techniken des maschinellen Lernens wie logistische Regression, Entscheidungsbäume und neuronale Netze eingesetzt.
3. **Algorithmischer Handel** : Der Einsatz von Algorithmen zur Ausführung von Geschäften auf Finanzmärkten erfreut sich immer größerer Beliebtheit. Statistische Techniken und maschinelle Lernmodelle wie Support Vector Machines (SVM) und Deep Learning (DL) werden zur Vorhersage von Vermögenspreisen verwendet, die wiederum die Grundlage für algorithmische Handelsstrategien bilden.
4. **Betrugserkennung** : Die Erkennung und Beseitigung von Betrug ist eine entscheidende Herausforderung im Finanzdienstleistungssektor, und Algorithmen des maschinellen Lernens spielen eine entscheidende Rolle bei der Erkennung verdächtiger Muster, der Kennzeichnung abnormaler Transaktionen und der Verhinderung von Finanzkriminalität.

8.2 Marketing

Marketing ist ein weiterer Bereich, in dem Statistiken, Prognosen und maschinelles Lernen von entscheidender Bedeutung sind. Einige der wichtigsten Anwendungen im Marketing sind:

1. **Kundensegmentierung** : Die Aufteilung des Kundenstamms in Segmente basierend auf gemeinsamen Merkmalen, wie z. B. Kaufverhalten oder Demografie, ist eine wesentliche Aufgabe für Vermarkter. Clustering-Techniken wie K-Means oder hierarchisches Clustering sind beliebte Methoden zur Kundensegmentierung.
2. **Gezieltes Marketing** : Durch die Analyse historischer Daten können Vermarkter mithilfe von Algorithmen für maschinelles Lernen die Wahrscheinlichkeit vorhersagen, mit der Kunden ein bestimmtes Produkt kaufen oder auf ein bestimmtes Angebot reagieren. Diese Informationen ermöglichen es Marketingfachleuten, Kampagnen auf Kunden auszurichten, bei denen die Wahrscheinlichkeit am größten ist, dass sie positive Ergebnisse erzielen.
3. **Warenkorbanalyse** : Die Warenkorbanalyse zielt darauf ab, Muster und Beziehungen zwischen zusammen gekauften Produkten zu identifizieren. Techniken wie der Apriori-Algorithmus ermöglichen es Marketingfachleuten, Produktassoziationen zu entdecken und diese Erkenntnisse zu nutzen, um Cross-Selling- oder Bündelungsstrategien zu entwickeln.
4. **Abwanderungsvorhersage** : Die Fähigkeit, die Abwanderung von Kunden vorherzusagen und einzudämmen, ist für jedes Unternehmen von entscheidender Bedeutung. Techniken des maschinellen Lernens wie Random Forests und

Gradient Boosting werden häufig verwendet, um vorherzusagen, welche Kunden ihre Beziehung zum Unternehmen mit größerer Wahrscheinlichkeit beenden werden, und ermöglichen so gezielte Bindungsstrategien.

8.3 Gesundheitswesen

Der Gesundheitssektor profitiert erheblich von den Fortschritten in den Bereichen Statistik, Prognosen und maschinelles Lernen. Zu den bekanntesten Anwendungen gehören:

1. **Krankheitsdiagnose** : Algorithmen des maschinellen Lernens wie Convolutional Neural Networks (CNN) werden für Bildklassifizierungs- und Mustererkennungsaufgaben bei der Diagnose von Erkrankungen wie Krebs oder Herzerkrankungen auf der Grundlage medizinischer Bilder (Röntgenaufnahmen, MRTs usw.) verwendet.
2. **Genomik** : Die Analyse genomischer Daten, um die Funktion verschiedener Gene und ihre Rolle bei verschiedenen Krankheiten zu verstehen, ist ein wichtiger Anwendungsfall im Gesundheitswesen. Techniken des maschinellen Lernens wie Deep Learning und SVM werden eingesetzt, um Gen-Krankheits-Zusammenhänge vorherzusagen oder Patienten anhand ihres genetischen Profils zu kategorisieren.
3. **Arzneimittelentdeckung** : Bei der Arzneimittelentdeckung geht es darum, potenzielle Arzneimittelmoleküle zu finden, die als wirksame Therapien für bestimmte Krankheiten dienen können. Zur Identifizierung vielversprechender Medikamentenkandidaten werden Techniken wie

Molecular Docking, quantitative Struktur-Aktivitäts-Beziehungen (QSAR) und Modelle des maschinellen Lernens eingesetzt.

4. **Predictive Analytics** : Gesundheitsdienstleister können Modelle des maschinellen Lernens verwenden, um Patientenergebnisse vorherzusagen, gefährdete Personen zu identifizieren und Behandlungsstrategien zu optimieren. Techniken wie die logistische Regression und Random Forests werden verwendet, um Ergebnisse wie Wiedereinweisungen ins Krankenhaus oder die Anfälligkeit für eine bestimmte Erkrankung vorherzusagen.

8.4 Herstellung

Die Fertigungsindustrie verlässt sich bei der Prozessoptimierung, Qualitätskontrolle und Bedarfsplanung stark auf Statistiken, Prognosen und maschinelles Lernen. Einige der wichtigsten Anwendungen in der Fertigung sind:

1. **Qualitätssicherung** : Statistische Techniken wie die statistische Prozesskontrolle (SPC) helfen bei der Überwachung und Steuerung von Herstellungsprozessen und stellen so sicher, dass die Qualitätsstandards eingehalten werden. Modelle des maschinellen Lernens können abnormale Muster in den Produktionsdaten erkennen und potenzielle Qualitätsprobleme für weitere Untersuchungen kennzeichnen.
2. **Vorausschauende Wartung** : Modelle des maschinellen Lernens können vorhersagen, wann ein Gerät wahrscheinlich ausfällt oder gewartet werden muss, sodass Unternehmen ihre

Wartungspläne optimieren und Ausfallzeiten reduzieren können. Techniken wie das Long Short-Term Memory (LSTM) und Recurrent Neural Networks (RNN) werden häufig zur Vorhersage von Geräteausfällen verwendet.

3. **Optimierung der Lieferkette** : Prognosemodelle wie ARIMA oder Prophet werden häufig für die Bedarfsplanung in der Fertigung verwendet. Mithilfe präziser Bedarfsprognosen können Hersteller ihre Lagerbestände optimieren, Fehlbestände minimieren und Ressourcen entlang der Lieferkette effizient zuweisen.
4. **Prozessoptimierung** : Fertigungsprozesse erzeugen eine große Datenmenge, die zur Optimierung von Abläufen genutzt werden kann. Algorithmen für maschinelles Lernen wie SVM oder Deep Learning können Muster und Beziehungen in den Daten erkennen und es Ingenieuren so ermöglichen, datengesteuerte Entscheidungen zu treffen und die Prozesseffizienz zu steigern.

Zusammenfassend lässt sich sagen, dass die Anwendungen von Statistik, Prognosen und maschinellem Lernen in verschiedenen Branchen weitreichend sind. Die kontinuierliche Entwicklung und der Fortschritt in diesen Bereichen haben entscheidende Auswirkungen auf die Verbesserung von Entscheidungsprozessen, Vorhersagefähigkeiten und Gesamteffizienz und treiben Innovation und Wachstum in den Bereichen Finanzen, Marketing, Gesundheitswesen und Fertigung voran.

8. Reale Anwendungen: Finanzen, Marketing, Gesundheitswesen und Fertigung

8.1. Finanzen

Die Finanzbranche war Vorreiter bei der Nutzung der Leistungsfähigkeit von Statistik-, Prognose- und maschinellen Lernalgorithmen. Mehrere Bereiche im Finanzbereich können von diesen Techniken profitieren, darunter:

1. **Bonitätsbewertung** : Kreditinstitute (wie Banken und Kreditkartenunternehmen) nutzen Modelle des maschinellen Lernens, um die Kreditwürdigkeit potenzieller Kreditnehmer zu beurteilen. Diese Modelle verwenden statistische Techniken, um Muster und Beziehungen aus historischen Kreditnehmerdaten zu identifizieren, die dann zur Berechnung eines Kreditrisiko-Scores verwendet werden können. Ein höherer Risikowert weist typischerweise auf eine höhere Ausfallwahrscheinlichkeit hin und umgekehrt.
2. **Handelsalgorithmen** : Beim algorithmischen Handel, auch als automatisierter Handel bekannt, werden Computerprogramme verwendet, um auf der Grundlage vordefinierter Handelsstrategien Geschäfte mit hoher Geschwindigkeit und in hohem Volumen auszuführen. Diese Strategien basieren häufig auf Algorithmen des maschinellen Lernens und statistischen Modellen, um profitable Handelsmöglichkeiten auf den Märkten zu identifizieren. Beispielsweise können neuronale Netze zur Vorhersage von Aktienkursen

eingesetzt werden, die dann Kauf- und Verkaufsentscheidungen leiten können.

3. **Betrugserkennung** : Finanzinstitute nutzen maschinelle Lernalgorithmen, um anomale Transaktionen oder Verhaltensweisen zu identifizieren, die auf Betrug hinweisen könnten. Diese Algorithmen analysieren große Mengen an Transaktionsdaten in Echtzeit, um Muster, Trends und Anomalien zu erkennen, die dann Untersuchungsprozesse oder automatisierte Reaktionen auf Vorfälle auslösen können.
4. **Portfoliooptimierung** : Finanzportfolios bestehen typischerweise aus verschiedenen Vermögenswerten mit unterschiedlichem Risiko- und Renditepotenzial. Algorithmen des maschinellen Lernens können dabei helfen, die Allokation von Vermögenswerten in einem Portfolio zu optimieren, mit dem Ziel, ein optimales Gleichgewicht zwischen Risiken und Renditen zu erreichen. Diese Modelle können historische Daten und Echtzeitdaten auswerten, um jedem Anleger den passenden Anlagemix zu empfehlen.
5. **Risikomanagement** : Finanzinstitute befassen sich mit verschiedenen Arten von Risiken, wobei Kreditrisiko und Marktrisiko zwei der Schlüsselbereiche sind. Maschinelles Lernen und statistische Modelle können dabei helfen, diese Risiken zu bewerten und zu quantifizieren, sodass Unternehmen die notwendigen Vorsichtsmaßnahmen treffen und ihre Risiken absichern können. In diesem Zusammenhang werden in der Branche häufig Modelle wie VaR (Value-at-Risk) und Stresstests eingesetzt.

8.2. Marketing

Marketingstrategien können durch den Einsatz von Statistik-, Prognose- und maschinellen Lerntechniken erheblich verbessert werden, wie zum Beispiel:

1. **Kundensegmentierung** : Unternehmen können Algorithmen des maschinellen Lernens und statistische Techniken verwenden, um Kundendaten zu analysieren und sie anhand ihrer Ähnlichkeiten in verschiedene Gruppen einzuteilen. Dies kann Unternehmen dabei helfen, ihre Marketingbemühungen effektiver anzupassen, indem sie auf die Bedürfnisse und Vorlieben jeder Gruppe eingehen.
2. **Predictive Analytics** : Vermarkter können Prognosemodelle verwenden, um Kundenverhalten, Produktnachfrage oder Markttrends vorherzusagen. Diese Vorhersagen können wertvolle Erkenntnisse liefern, die als Grundlage für Marketingentscheidungen dienen können und es Unternehmen ermöglichen, zukünftige Chancen zu antizipieren und zu nutzen.
3. **Abwanderungsprognose** : Eine der größten Herausforderungen für Unternehmen ist die Kundenbindung. Modelle des maschinellen Lernens können dabei helfen, die Wahrscheinlichkeit einer Kundenabwanderung vorherzusagen und die notwendigen Maßnahmen zu ergreifen, um dies zu verhindern. Beispielsweise können Unternehmen präventiv auf gefährdete Kunden zugehen, Anreize bieten oder potenzielle Ursachen für Unzufriedenheit angehen.
4. **Empfehlungsmaschinen** : E-Commerce, Online-Streaming und verschiedene andere Plattformen nutzen Algorithmen des maschinellen

Lernens, um personalisierte Produkt- oder Inhaltsempfehlungen für Benutzer basierend auf ihrem Browserverlauf, ihren Vorlieben und vergangenen Transaktionen zu generieren. Dies trägt dazu bei, die Kundenzufriedenheit und das Kundenengagement zu verbessern, was zu einer höheren Kundenbindung und einem höheren Umsatz führt.

8.3. Gesundheitspflege

Die Gesundheitsbranche profitiert auf folgende Weise vom Einsatz von Statistik-, Prognose- und maschinellen Lernalgorithmen:

1. **Krankheitsdiagnose** : Modelle des maschinellen Lernens können medizinische Bilder wie Röntgen-, MRT- und CT-Scans analysieren, um Muster und Merkmale zu identifizieren, die auf Krankheiten oder Anomalien hinweisen. Dies kann zu einer rechtzeitigen Diagnose und Behandlung beitragen und menschliches Versagen reduzieren.
2. **Arzneimittelentwicklung** : Der Arzneimittelentwicklungsprozess ist komplex und kostenintensiv. Algorithmen des maschinellen Lernens können den Prozess beschleunigen, indem sie große Mengen biologischer, chemischer und klinischer Daten analysieren, um potenzielle Arzneimittelkandidaten zu identifizieren und ihre Wirksamkeit genauer vorherzusagen.
3. **Personalisierte Medizin** : Modelle des maschinellen Lernens können verwendet werden, um die genetischen Daten eines Patienten zu analysieren und seine Reaktion auf Behandlungen oder Medikamente vorherzusagen. Dies kann Ärzten dabei helfen, auf den einzelnen Patienten

zugeschnittene Behandlungen zu verschreiben, was zu besseren Gesundheitsergebnissen und weniger unerwünschten Arzneimittelwirkungen führt.
4. **Zuteilung von Gesundheitsressourcen** : Prognosemodelle können den Bedarf an Gesundheitsressourcen wie Krankenhausbetten, medizinischem Personal und Ausrüstung an verschiedenen geografischen Standorten oder in bestimmten Zeiträumen (z. B. während der Grippesaison oder bei Ausbrüchen) vorhersagen. Dies kann Gesundheitsdienstleistern dabei helfen, Ressourcen effektiv zuzuteilen, um den erwarteten Bedarf zu decken.

8.4. Herstellung

In der Fertigung können Statistik-, Prognose- und maschinelle Lernalgorithmen erheblich zur Prozessoptimierung, Qualitätssteigerung und Produktionsplanung beitragen:

1. **Vorausschauende Wartung** : Modelle des maschinellen Lernens können Geräteausfälle vorhersagen, indem sie Sensordaten analysieren und frühe Anzeichen von Verschleiß erkennen. Dies kann dazu beitragen, unerwartete Ausfälle zu verhindern, Ausfallzeiten zu minimieren und Wartungspläne zu optimieren.
2. **Qualitätskontrolle** : Algorithmen für maschinelles Lernen können Bilder oder andere während des Herstellungsprozesses gesammelte Daten analysieren, um Fehler, Anomalien oder Abweichungen von gewünschten Spezifikationen zu erkennen. Dies kann dazu beitragen, die

Produktqualität sicherzustellen und gleichzeitig Ausschuss und Nacharbeit zu reduzieren.

3. **Bedarfsprognose** : Genaue Bedarfsprognosen können bei der Produktionsplanung und Bestandsverwaltung hilfreich sein. Modelle für maschinelles Lernen können historische Verkaufsdaten, Markttrends und externe Faktoren analysieren, um genauere und detailliertere Nachfrageprognosen zu erstellen.
4. **Optimierung der Lieferkette** : Algorithmen für maschinelles Lernen können zur Optimierung der Lieferkette beitragen, indem sie Faktoren wie Rohstoffverfügbarkeit, Produktionskapazität, Transportzeiten und andere Einschränkungen analysieren. Hersteller können diese Erkenntnisse nutzen, um datengesteuerte Entscheidungen zu treffen und die Effizienz zu steigern.

Durch die Integration von Statistik-, Prognose- und maschinellen Lerntechniken in verschiedenen Bereichen können wir bessere Entscheidungen treffen, Prozesse optimieren und letztendlich Innovation und Erfolg in diesen Branchen vorantreiben.

8. Reale Anwendungen: Finanzen, Marketing, Gesundheitswesen und Fertigung

8.1 Finanzen

Im Finanzwesen spielen die Anwendung von Statistiken, Prognosen und maschinellen

Lernalgorithmen in verschiedenen Aspekten eine zentrale Rolle, darunter Risikobewertung, Portfoliomanagement, Handel und Betrugserkennung. Finanzinstitute und Experten nutzen die Leistungsfähigkeit der Datenanalyse, um fundierte Entscheidungen und Vorhersagen über Markttrends und einzelne Aktien zu treffen.

- **Risikobewertung** : Kreditwürdigkeit, Kreditausfälle und Investitionsrisiken sind einige der vielen Aspekte, die stark von der Risikobewertung abhängen. Statistische Modelle und Algorithmen des maschinellen Lernens werden verwendet, um die Risiken vorherzusagen, die mit der Kreditvergabe an einzelne Kreditnehmer, der Investition in bestimmte Aktien oder Anleihen oder der Erstellung eines bestimmten Anlageportfolios verbunden sind.
- **Portfoliomanagement** : Finanzberater und Portfoliomanager nutzen unterschiedliche Strategien, um Anlageportfolios zu optimieren, Risiken zu minimieren und Renditen zu maximieren. Algorithmen des maschinellen Lernens helfen dabei, die Wertentwicklung einzelner Vermögenswerte vorherzusagen und das Gesamtrisiko im Portfolio auszugleichen. Darüber hinaus können Algorithmen wie die moderne Portfoliotheorie (MPT) verwendet werden, um die beste Vermögensallokation für die Bedürfnisse eines Anlegers zu ermitteln.
- **Handel** : Hochfrequenzhandel (HFT) und algorithmischer Handel nutzen hochentwickelte Computerprogramme, um Aufträge schnell an den Märkten zu erteilen. Diese Programme treffen Entscheidungen auf der Grundlage statistischer Analysen und maschineller Lernalgorithmen, die

riesige Datenmengen, Nachrichten und Markttrends analysieren, um profitable Handelsmöglichkeiten zu identifizieren.

- **Betrugserkennung** : Banken und Finanzinstitute sind in der Lage, betrügerische Aktivitäten wie Kreditkartenbetrug oder Insiderhandel zu erkennen, indem sie große Mengen an Transaktionsdaten mithilfe von Algorithmen für maschinelles Lernen analysieren. Diese Algorithmen sind darauf ausgelegt, anomales Verhalten oder Muster bei Transaktionen zu erkennen und sie zur weiteren Untersuchung zu kennzeichnen.

8.2 Marketing

Marketingexperten nutzen Statistiken, Prognosen und Techniken des maschinellen Lernens, um das Kundenverhalten zu verstehen, Märkte zu segmentieren, bestimmte Kundengruppen anzusprechen und Kampagnenstrategien zu optimieren.

- **Kundensegmentierung** : Clustering-Algorithmen und statistische Modelle können große Datenmengen zu Kundendemografie, Präferenzen und Kaufgewohnheiten analysieren. Mithilfe dieser Informationen können Marketingteams gezielte Kampagnen und maßgeschneiderte Angebote für verschiedene Kundensegmente erstellen.
- **Predictive Analytics** : Vorhersagemodelle helfen Marketingfachleuten, die Kundenabwanderung, die Produktnachfrage und die Auswirkungen von Marketingkampagnen vorherzusagen. Durch das Verständnis dieser

Trends können Vermarkter Strategien und Budgets effektiver entwickeln, Ressourcen effizienter zuweisen und letztendlich ihren Return on Investment (ROI) steigern.

- **A/B-Tests** : Marketingkampagnen beinhalten oft mehrere Variablen, wie Anzeigendesigns, E-Mail-Betreffzeilen oder Werbeangebote, die für maximale Wirksamkeit optimiert werden müssen. A/B-Tests verwenden statistische Hypothesentechniken, um die Leistung verschiedener Kampagnenvariablen zu vergleichen und zu analysieren und die erfolgreichsten Kombinationen zu identifizieren.
- **Stimmungsanalyse** : Modelle des maschinellen Lernens wie die Verarbeitung natürlicher Sprache (Natural Language Processing, NLP) können zur Analyse von Textdaten aus Kundenfeedback, Produktbewertungen und sozialen Medien eingesetzt werden, um die Stimmung der Verbraucher einzuschätzen. Diese Daten liefern wertvolle Einblicke in Kundenpräferenzen und können Entscheidungen über Produktentwicklung, Marketingkampagnen und Kundenbindung beeinflussen.

8.3 Gesundheitswesen

Statistiken, Prognosen und Methoden des maschinellen Lernens haben tiefgreifende Auswirkungen auf das Gesundheitswesen und treiben Fortschritte in der personalisierten Medizin, der Krankheitsvorhersage, der Analyse medizinischer Bildgebung und der Arzneimittelentwicklung voran.

- **Personalisierte Medizin** : Algorithmen für maschinelles Lernen können Genomdaten für jeden einzelnen Patienten analysieren und Forschern dabei helfen, zu verstehen, wie einzelne Gene mit Medikamenten interagieren, und die besten Behandlungsoptionen für bestimmte Patienten zu ermitteln.
- **Krankheitsvorhersage** : Modelle des maschinellen Lernens können verwendet werden, um Krankheitsausbrüche oder die individuelle Wahrscheinlichkeit der Krankheitsentwicklung vorherzusagen, indem verschiedene Faktoren wie genetische Informationen, Krankenakten und Umweltdaten analysiert werden.
- **Medizinische Bildanalyse** : Deep-Learning- und Computer-Vision-Techniken revolutionieren die medizinische Bildanalyse, indem sie die Identifizierung von Krankheiten und Anomalien in Röntgen-, CAT- und MRT-Bildern automatisieren.
- **Arzneimittelentwicklung** : Computermodelle und Algorithmen für maschinelles Lernen können die Zeit und die Kosten der Arzneimittelentwicklung erheblich reduzieren, indem sie die Toxizität von Arzneimitteln vorhersagen, die chemische Struktur von Arzneimittelkandidaten optimieren und bei der Identifizierung potenzieller neuer Arzneimittelziele helfen.

8.4 Herstellung

Im Fertigungssektor sind datengesteuerte Techniken von entscheidender Bedeutung für die Optimierung von Produktionsprozessen, die Verwaltung von Lieferketten und die Sicherstellung der Qualitätskontrolle.

- **Vorausschauende Wartung** : Modelle für maschinelles Lernen nutzen Sensordaten und historische Wartungsaufzeichnungen, um vorherzusagen, wann Geräte wahrscheinlich ausfallen oder gewartet werden müssen. Durch die proaktive Planung der Wartung können Hersteller Ausfallzeiten minimieren und Kosten senken.
- **Optimierung der Lieferkette** : Prognosealgorithmen und Modelle für maschinelles Lernen ermöglichen es Herstellern, Rohstoffknappheit oder -verzögerungen vorherzusagen, sodass sie ihre Produktionspläne anpassen und ihre Lieferketten dynamisch neu organisieren können.
- **Qualitätskontrolle** : Computer-Vision-, Bildverarbeitungs- und maschinelle Lernmodelle können eingesetzt werden, um den Inspektionsprozess zu automatisieren und Fehler in hergestellten Produkten zu erkennen. Durch die Reduzierung menschlicher Fehler und die Sicherstellung eines gleichbleibend hohen Qualitätsstandards im gesamten Produktionsprozess können Hersteller die Kundenzufriedenheit steigern und Verluste aufgrund von Mängeln minimieren.
- **Prozessoptimierung** : Statistische Prozesskontrolle (SPC) und Algorithmen für maschinelles Lernen können verwendet werden, um Herstellungsprozesse zu analysieren und Variablen zu identifizieren, die sich auf die Effizienz oder Produktqualität auswirken. Durch die Optimierung dieser Variablen können Hersteller ihre Abläufe rationalisieren und die Produktivität maximieren.

Zusammenfassend lässt sich sagen, dass die Anwendung von Statistiken, Prognosen und Techniken des maschinellen Lernens weitreichende Auswirkungen auf verschiedene Branchen hat, darunter Finanzen, Marketing, Gesundheitswesen und Fertigung. Da das Datenvolumen und die Komplexität weiter zunehmen, steigt das Potenzial dieser Methoden zur Förderung von Innovation und Effizienz exponentiell.

8. Reale Anwendungen: Finanzen, Marketing, Gesundheitswesen und Fertigung

In diesem Abschnitt werden wir einige reale Anwendungen von Statistik, Prognosen und maschinellem Lernen in verschiedenen Branchen wie Finanzen, Marketing, Gesundheitswesen und Fertigung untersuchen. Diese Anwendungsfälle verdeutlichen die Bedeutung dieser Techniken für datengesteuerte Entscheidungen und die Schaffung effizienter Lösungen für verschiedene Geschäftsprobleme.

8.1 Finanzen

Die Finanzbranche verlässt sich seit Jahrzehnten stark auf statistische Analysen und Techniken des maschinellen Lernens, um bessere

Anlageentscheidungen zu treffen. Einige wichtige Anwendungen in diesem Bereich sind wie folgt:

8.1.1 Risikomanagement

Banken und Finanzinstitute nutzen statistische Modelle, um die Ausfallwahrscheinlichkeiten und Kreditrisiken potenzieller Kreditnehmer einzuschätzen. Techniken wie Zeitreihenanalyse, Monte-Carlo-Simulationen und Überlebensanalyse helfen Instituten, Kreditrisiken effektiv zu quantifizieren und zu verwalten.

8.1.2 Algorithmischer Handel

Der Aktienhandel hat durch den Einsatz maschineller Lernalgorithmen eine erhebliche Automatisierung erfahren. Beim Hochfrequenzhandel (HFT) werden Algorithmen eingesetzt, um Handelsentscheidungen zu treffen und Aufträge innerhalb von Millisekunden zu erteilen. Diese Algorithmen können große Datenmengen in Echtzeit analysieren, um Handelsmöglichkeiten zu identifizieren.

8.1.3 Portfoliooptimierung

Investmentmanager nutzen statistische Modelle und Optimierungstechniken, um optimale Portfolios zu konstruieren, die die Rendite maximieren und gleichzeitig das Portfoliorisiko minimieren. Die moderne Portfoliotheorie, begründet von Harry Markowitz, nutzt die Mittelwert-Varianz-Optimierung, um verschiedenen Vermögenswerten in einem Portfolio Gewichte zuzuweisen.

8.1.4 Betrugserkennung

Techniken des maschinellen Lernens, insbesondere Klassifizierungsalgorithmen, helfen bei der Identifizierung betrügerischer Transaktionen, indem sie das Kundenverhalten überwachen und ungewöhnliche Muster erkennen. Modelle wie logistische Regression, Entscheidungsbäume und neuronale Netze wurden erfolgreich zur Aufdeckung von Betrug und zur Reduzierung von Finanzkriminalität eingesetzt.

8.2 Marketing

Unternehmen haben begonnen, die Leistungsfähigkeit datengesteuerter Marketingstrategien zu nutzen, um Kunden anzusprechen und Umsätze zu steigern. Zu den Anwendungen von Statistik und maschinellem Lernen im Marketing gehören:

8.2.1 Kundensegmentierung

Clustering-Algorithmen werden häufig verwendet, um Kunden anhand ihrer demografischen Merkmale, ihres Verhaltens und ihrer Vorlieben zu segmentieren. Dies ermöglicht es Vermarktern, gezielte Marketingkampagnen zu erstellen und verschiedene Kundensegmente effektiver zu erreichen.

8.2.2 Warenkorbanalyse

Durch das Assoziationsregel-Mining können Muster zwischen den von Kunden gekauften Produkten ermittelt werden. Einzelhändler nutzen diese Informationen, um Werbestrategien zu entwickeln, personalisierte Empfehlungen zu generieren und die Ladengestaltung zu optimieren.

8.2.3 Stimmungsanalyse

Techniken der Verarbeitung natürlicher Sprache (NLP) wie Text Mining und Sentiment-Analyse helfen dabei, Verbrauchermeinungen und Feedback auf verschiedenen Plattformen zu erfassen. Dies hilft Unternehmen dabei, Bereiche mit Verbesserungspotenzial zu identifizieren und ihre Marketingstrategien anzupassen, um die Markenwahrnehmung zu verbessern.

8.2.4 Abwanderungsvorhersage

Predictive Analytics und Modelle des maschinellen Lernens werden eingesetzt, um die Kundenabwanderung vorherzusagen. Durch die Identifizierung von Kunden, bei denen das Risiko besteht, dass sie ihre Abonnements verlassen oder kündigen, können Unternehmen gezielte Maßnahmen zur Kundenbindung ergreifen und die Kundenabwanderung minimieren.

8.3 Gesundheitswesen

Die Gesundheitsbranche hat eine rasche Einführung von Datenanalyse- und maschinellen Lerntools erlebt, um die Diagnose, Behandlung und Prävention von Krankheiten zu verbessern. Zu den wichtigsten Anwendungen gehören:

8.3.1 Krankheitsdiagnose

Algorithmen des maschinellen Lernens, insbesondere Deep-Learning-Techniken wie Convolutional Neural Networks (CNN), haben sich bei der Diagnose von Krankheiten auf der Grundlage medizinischer Bilder als vielversprechend erwiesen, beispielsweise Lungenkrebs anhand von Röntgenaufnahmen des Brustkorbs oder Hautkrebs anhand von Bildern von Hautläsionen.

8.3.2 Arzneimittelentdeckung

Maschinelles Lernen optimiert den Arzneimittelentwicklungsprozess erheblich, indem es riesige Mengen an Patientendaten analysiert und wichtige biologische Merkmale identifiziert, die mit einer Krankheit verbunden sind. Dies hilft bei der Auswahl potenzieller Medikamentenkandidaten und der Vorhersage der Ergebnisse klinischer Studien.

8.3.3 Personalisierte Medizin

Techniken des maschinellen Lernens ermöglichen die Entwicklung von Präzisionsmedizin durch die Integration von Daten auf Patientenebene (Genomik, Klinik und Lebensstil), um maßgeschneiderte Behandlungen für jeden Einzelnen zu erstellen. Mithilfe der personalisierten Medizin können Ärzte die wirksamsten Behandlungsoptionen für den einzelnen Patienten auswählen.

8.3.4 Epidemieprognose

Statistische Modelle und Techniken des maschinellen Lernens werden eingesetzt, um die Ausbreitung von Infektionskrankheiten zu verfolgen und vorherzusagen. Diese Prognosen helfen Regierungen und Gesundheitsorganisationen, Ressourcen effizienter zu planen und zuzuweisen und so die Ergebnisse im Bereich der öffentlichen Gesundheit zu verbessern.

8.4 Herstellung

Fertigungsprozesse haben stark von der Einführung fortschrittlicher Datenanalyse- und maschineller Lerntechniken profitiert, um die Produktion zu optimieren und die Produktqualität zu verbessern. Einige bemerkenswerte Anwendungen umfassen:

8.4.1 Qualitätskontrolle

Algorithmen des maschinellen Lernens wie Bilderkennung und Mustererkennung helfen dabei, Fehler und Abweichungen im Herstellungsprozess zu erkennen und sorgen so für eine optimale Qualitätskontrolle in jeder Phase der Produktion.

8.4.2 Vorausschauende Wartung

IoT-Sensoren und fortschrittliche Analysen ermöglichen es Herstellern, die Geräteleistung zu überwachen und potenzielle Ausfälle vorherzusagen, bevor sie auftreten. Eine rechtzeitige Wartung trägt dazu bei, die Betriebskosten zu senken und Geräteausfälle zu vermeiden.

8.4.3 Supply-Chain-Optimierung

Mithilfe datengesteuerter Prognosemodelle werden Nachfrage und Lagerbestände vorhergesagt, sodass Hersteller ihre Lieferketten optimieren und Kosten senken können. Darüber hinaus können Modelle des maschinellen Lernens Ineffizienzen in der Lieferkette erkennen und Verbesserungen vorschlagen, um die Gesamtleistung zu verbessern.

8.4.4 Prozessoptimierung

Mithilfe von Modellen des maschinellen Lernens können die wichtigsten Parameter und Variablen, die den Herstellungsprozess beeinflussen, identifiziert und optimiert werden, was zu einer höheren Produktion und weniger Ausschuss führt. Techniken wie Design of Experiments (DOE) und Response Surface Methodology (RSM) werden häufig zur Prozessoptimierung eingesetzt.

Zusammenfassend lässt sich sagen, dass Statistiken, Prognosen und Techniken des maschinellen Lernens wesentliche Werkzeuge in der heutigen datengesteuerten Welt sind. Branchen wie Finanzen, Marketing, Gesundheitswesen und Fertigung nutzen diese Techniken, um die Entscheidungsfindung zu verbessern, Abläufe zu rationalisieren und sich einen Wettbewerbsvorteil zu verschaffen. Da immer mehr Unternehmen diese Tools nutzen, können wir mit noch größeren Innovationen und Fortschritten rechnen, die die Zukunft dieser Branchen prägen werden.

Verweise

1. Hinton, G., Deng, L., Yu, D., Dahl, GE, Mohamed, A., Jaitly, N., Senior, A., Vanhoucke, V., Nguyen, P., Sainath, TN und Kingsbury , B., 2012. Tiefe neuronale Netze für die akustische Modellierung in der Spracherkennung: Die gemeinsamen Ansichten von vier Forschungsgruppen. IEEE Signal Processing Magazine, 29(6), S. 82-97.
2. Johnson, KW, Torres Soto, J., Glicksberg, BS, Shameer, K., Miotto, R., Ali, M., Ashley, E. und Dudley, JT, 2018. Künstliche Intelligenz in der Kardiologie. Journal of the American College of Cardiology, 71(23), S. 2668-2679.
3. Smithant, I., Dunnmon, J. und Suh, S., 2016. Domainübergreifender Einsatz von Lungenentzündung zur Vorhersage der pathologischen Reaktion auf eine neoadjuvante Therapie. In der Jahrestagung der Radiological Society of North America (Band 27, S. 835). Radiologische Gesellschaft Nordamerikas (RSNA).
4. Vaughn-Cooke, M., 2016. Überwachung des Herstellungsprozesses: Ein umfassendes quantitatives Modell der Prozessüberwachung.

Journal of Manufacturing Association, 301, S. 303–310.
5. Weltgesundheitsorganisation, 2013. Die globale Krankheitslast: Aktualisierung 2004. Weltgesundheitsorganisation.

Kombination von Zeitreihenprognosen und maschinellem Lernen zur Verbesserung realer Anwendungen

Das Verständnis von Zeitreihendaten ist in vielen Bereichen unseres Lebens von entscheidender Bedeutung geworden, von der Vorhersage des Verhaltens der Börse bis hin zur Vorhersage des Wartungsbedarfs einer Maschine. Mit den jüngsten Fortschritten in den Bereichen Statistik, Prognosemethoden und maschinelles Lernen können wir unser Verständnis von Zeitreihendaten verbessern und verschiedene Anwendungen in der realen Welt optimieren. In diesem Unterabschnitt diskutieren wir die Prinzipien der Zeitreihenvorhersage, Algorithmen für maschinelles Lernen und wie sie integriert werden können, um ihre Leistung bei der Bewältigung realer Probleme zu verbessern.

Zeitreihenprognose

Bei der Zeitreihenprognose geht es um die Generierung von Vorhersagen auf der Grundlage historischer Datenpunkte im Zeitverlauf. Das Ziel besteht darin, anhand früherer Beobachtungen zukünftige Datenpunkte vorherzusagen. Diese Analyse spielt eine wichtige Rolle bei Geschäftsplanungs- und Entscheidungsprozessen.

Einige gängige Techniken für Zeitreihenprognosen sind:

1. **Gleitender Durchschnitt (MA)** : Berechnet den Durchschnitt von Datenpunkten innerhalb eines bestimmten Zeitfensters und gleitet durch die Daten.
2. **Exponentielle Glättung (ES)** : Ähnlich dem gleitenden Durchschnitt, aber diese Methode weist früheren Beobachtungen exponentiell abnehmende Gewichtungen zu, wodurch neueren Beobachtungen eine höhere Bedeutung beigemessen wird.
3. **Autoregressiver integrierter gleitender Durchschnitt (ARIMA)** : Ein leistungsstarkes Prognosemodell, das drei Komponenten berücksichtigt – Autoregression, Integration und gleitender Durchschnitt – und es dem Modell ermöglicht, sich an instationäre Zeitreihendaten anzupassen.
4. **Saisonale Zerlegung von Zeitreihen (STL)** : Zerlegt eine Zeitreihe in ihre Trend-, Saison- und Restkomponenten, die separat vorhergesagt werden können, bevor sie zu einer endgültigen Vorhersage wieder kombiniert werden.

Maschinelles Lernen für Zeitreihendaten

Das Aufkommen des maschinellen Lernens hat neue Möglichkeiten zur Analyse von Zeitreihendaten eröffnet. Einige beliebte Modelle für maschinelles Lernen, die auf Zeitreihenprobleme angewendet werden, sind:

1. **Rekurrente neuronale Netze (RNNs)** : Neuronale Netze, die Sequenzen variabler Länge verarbeiten können, indem sie einen verborgenen Zustand beibehalten, der die historischen Informationen darstellt.
2. **Langes Kurzzeitgedächtnis (LSTM)** : Eine Art RNN, das langfristige Abhängigkeiten in den Daten lernen kann und weniger anfällig für Probleme wie verschwindende und explodierende Farbverläufe ist.
3. **Gated Recurrent Units (GRU)** : Ähnlich wie LSTMs, aber mit einer vereinfachten Architektur, die versteckte Zellen und Speicherzellen kombiniert und so das Training beschleunigt.
4. **Prophet** : Ein von Facebook entwickeltes Prognosemodell, das mit einfachen, sofort einsatzbereiten Konfigurationen eine robuste Leistung bietet und fehlende Werte und Ausreißer effektiv verarbeitet.

Integration von Zeitreihenprognosen und maschinellem Lernen

Während herkömmliche statistische Methoden einen starken, grundlegenden Ansatz für die Zeitreihenprognose bieten, kann die Einbindung von Techniken des maschinellen Lernens häufig die Leistung verbessern. Einige Möglichkeiten, diese Ansätze zu kombinieren, sind:

Feature Engineering und Auswahl

Die Anwendung von Domänenwissen zur Erstellung neuer Funktionen kann Modellen für maschinelles Lernen erheblich dabei helfen, komplexe Muster in den Daten zu erfassen. Darüber hinaus können Techniken zur Merkmalsauswahl dabei helfen, die informativsten Merkmale auszuwählen und eine Überanpassung zu reduzieren.

Modellstapel- und Ensemble-Methoden

Mehrere Modelle können kombiniert oder „gestapelt“ werden, um ein Ensemble zu schaffen, das einzelne Modelle übertrifft. Zeitreihenprognosemodelle und Techniken des maschinellen Lernens können verwendet werden, um vielfältige Vorhersagen zu erstellen. Die endgültige Prognose kann durch einen Durchschnitt oder einen gewichteten Durchschnitt dieser Vorhersagen erhalten werden.

Hyperparameter-Tuning und Modellauswahl

Sowohl Prognosemethoden als auch Modelle für maschinelles Lernen verfügen über Hyperparameter, die optimiert werden müssen, um die beste Leistung zu erzielen. Hyperparameter-Tuning mithilfe von Methoden wie Rastersuche, Zufallssuche oder Bayes'scher Optimierung kann eingesetzt werden, um die besten Hyperparameter für beide Ansätze zu finden.

Bewertung und Modellvergleich

Der Vergleich der Leistung verschiedener Modelle und ihrer Kombinationen kann wertvolle Erkenntnisse über die beste Methodik für ein bestimmtes Problem liefern. Gängige Bewertungsmetriken für Zeitreihenprognosen sind der mittlere absolute Fehler (MAE), der mittlere quadratische Fehler (MSE) und der mittlere quadratische Fehler (RMSE).

Zusammenfassend lässt sich sagen, dass die Kombination von Zeitreihenprognosen und Techniken des maschinellen Lernens zu besseren und zuverlässigeren Vorhersagen für reale Anwendungen führen kann. Praktiker sollten das vorliegende Problem, die verfügbaren Daten und Rechenressourcen berücksichtigen, wenn sie diese Ansätze zur Optimierung der Leistung integrieren. Mit dem technologischen Fortschritt erwarten wir eine noch ausgefeiltere und leistungsfähigere Integration von Prognosemethoden und Techniken des maschinellen Lernens, was zu einer verbesserten Entscheidungsfindung und höheren Effizienzen in verschiedenen Branchen führen wird.

Praxisnahe Anwendungen von Statistik, Prognosen und maschinellem Lernen

In den letzten Jahren haben sich Statistiken, Prognosen und maschinelles Lernen in verschiedenen Branchen zu unverzichtbaren Werkzeugen entwickelt, um komplexe Probleme zu lösen und datengesteuerte Entscheidungen zu treffen. Anwendungen dieser Techniken finden sich in so unterschiedlichen Bereichen wie Gesundheitswesen, Finanzen, Marketing, Sport und Landwirtschaft. In diesem Unterabschnitt werden mehrere reale Anwendungen dieser quantitativen Methoden untersucht und ihre Auswirkungen auf das Alltagsleben diskutiert.

Gesundheitspflege

Das Gesundheitswesen ist eine wichtige Branche, die durch Fortschritte in der Medizintechnik, tragbaren Geräten und elektronischen Gesundheitsakten durch steigende Datenmengen gekennzeichnet ist. Diese riesigen Datenmengen können verwendet werden, um Trends zu erkennen, Behandlungsoptionen zu optimieren und Vorhersagemodelle zur Verbesserung der Patientenergebnisse zu erstellen. Zu den wichtigsten Anwendungen gehören:

- **Krankheitsvorhersage und -prävention** : Nutzung von Patientendaten zur Erstellung von Krankheitsrisikomodellen, die zur Identifizierung gefährdeter Personen, zur Priorisierung vorbeugender Maßnahmen und zur Orientierung bei der klinischen Entscheidungsfindung verwendet werden können.

- **Arzneimittelentwicklung und personalisierte Medizin** : Fortschrittliche statistische Techniken und Algorithmen des maschinellen Lernens können eingesetzt werden, um die Daten aus klinischen Studien und der Genomforschung zu analysieren und so die Entwicklung personalisierter Therapien zu ermöglichen, die auf die einzigartige genetische Ausstattung jedes Einzelnen zugeschnitten sind.
- **Optimierung der Krankenhausressourcen** : Implementierung von Prognosemodellen zur Vorhersage des Patientenaufkommens, wodurch Krankenhäuser und andere Gesundheitseinrichtungen die Ressourcenzuweisung optimieren, Wartezeiten verkürzen und das allgemeine Patientenerlebnis verbessern können.

Finanzen

Die Finanzbranche kann die Leistungsfähigkeit von Statistiken, Prognosen und maschinellem Lernen nutzen, um Investitionsentscheidungen zu treffen, Risiken zu verwalten und Handelsstrategien zu optimieren. Zu den wichtigsten Anwendungen gehören:

- **Portfoliooptimierung** : Analyse historischer Marktdaten zur Erstellung optimaler Portfolios, die das Risiko minimieren und die Rendite maximieren, unter Verwendung ausgefeilter Risikomodelle und maschineller Lernalgorithmen.

- **Betrugserkennung** : Einsatz fortschrittlicher Analysetechniken zur Identifizierung verdächtiger Aktivitäten und Transaktionen, die auf potenziell betrügerisches Verhalten hinweisen.
- **Algorithmischer Handel** : Nutzung von Prognosemodellen und Techniken des maschinellen Lernens zur Entwicklung automatisierter Handelsstrategien auf der Grundlage historischer Preisdaten, Markttrends und anderer relevanter Variablen.

Marketing

Marketingexperten verlassen sich zunehmend auf quantitative Methoden, um Kunden effektiv anzusprechen, den Umsatz zu steigern und den Umsatz zu maximieren. Zu den wichtigsten Anwendungen gehören:

- **Kundensegmentierung** : Anwendung von Clustering-Algorithmen und anderen statistischen Techniken zur Analyse von Kundendaten, sodass Marketingfachleute anhand von Faktoren wie Demografie, Interessen und Kaufverhalten unterschiedliche Zielgruppen identifizieren können.
- **Verkaufsprognose** : Nutzung historischer Verkaufsdaten und anderer relevanter Variablen zur Erstellung genauer Verkaufsprognosen, die es Unternehmen ermöglichen, Lagerbestände zu verwalten, Ressourcen effizient zuzuteilen und Marketingkampagnen zu planen.
- **Prädiktive Analysen** : Nutzung von Algorithmen für maschinelles Lernen, um das Kundenverhalten vorherzusagen, z. B. die Wahrscheinlichkeit, auf Werbeaktionen zu

reagieren, abzuwandern oder Wiederholungskäufe zu tätigen, was eine effizientere Zielgruppenausrichtung und eine verbesserte Kundenbindung ermöglicht.

Sport

Von der Verbesserung der Teamleistung bis hin zur fundierten Entscheidungsfindung sind Statistiken und maschinelles Lernen immer wichtigere Bestandteile des Sportmanagements und der Sportanalyse. Zu den wichtigsten Anwendungen gehören:

- **Analyse der Spielerleistung** : Verwendung statistischer Modelle und Techniken des maschinellen Lernens zur Bewertung der Leistungskennzahlen der Spieler, sodass Trainer gezielte Trainingspläne entwickeln und fundierte Kaderentscheidungen treffen können.
- **Vorhersage des Verletzungsrisikos** : Einsatz prädiktiver Algorithmen zur Bewertung der Verletzungsrisikoprofile einzelner Sportler, Anleitung von Verletzungspräventionsprogrammen und Sportlermanagementstrategien.
- **Spielergebnisprognose** : Analyse historischer Spieldaten, um Vorhersagen über zukünftige Spielergebnisse zu treffen und Wettmärkte, Fantasy-Sportarten und andere Anwendungen zu informieren.

Landwirtschaft

Fortschrittliche Analysen können Interessenvertreter in der Landwirtschaft unterstützen, indem sie den Ernteertrag steigern, Ressourcenverschwendung minimieren und landwirtschaftliche Praktiken optimieren. Zu den wichtigsten Anwendungen gehören:

- **Ernteertragsvorhersage** : Nutzung historischer Produktionsdaten, klimatischer Variablen und anderer relevanter Faktoren zur Erstellung von Ernteertragsprognosen, um Landwirten dabei zu helfen, Pflanz- und Ernteentscheidungen zu optimieren.
- **Präzisionslandwirtschaft** : Nutzung von Algorithmen für maschinelles Lernen und Sensordaten zur Beurteilung der Feld- und Erntebedingungen, was die gezielte Anwendung von Düngemitteln, Pestiziden und Bewässerung ermöglicht und so Abfall und Umweltauswirkungen reduziert.
- **Optimierung der Lieferkette** : Einsatz von Prognosemodellen zur Vorhersage der Nachfrage nach landwirtschaftlichen Produkten und zur Optimierung der Logistik, um eine pünktliche Lieferung sicherzustellen und den Verderb zu minimieren.

Zusammenfassend lässt sich sagen, dass Statistiken, Prognosen und maschinelles Lernen in vielen Aspekten des modernen Lebens eine entscheidende Rolle spielen. Indem wir die Leistungsfähigkeit dieser quantitativen Methoden nutzen, können wir die Entscheidungsfindung optimieren, Erkenntnisse aus komplexen Datensätzen gewinnen und Innovationen in verschiedenen Branchen vorantreiben. Da die Technologie voranschreitet und unsere Fähigkeit, Daten zu sammeln und zu verarbeiten, wächst, wird die Bedeutung dieser Tools immer weiter zunehmen.

Bewertung von Modellen in der realen Welt: Leistungsmessungen, Über- und Unteranpassung sowie Kreuzvalidierung

In diesem Unterabschnitt werden wir untersuchen, wie die Wirksamkeit statistischer und maschineller Lernmodelle in realen Anwendungen bewertet werden kann. Wir werden wichtige Konzepte wie Leistungsmaße, Überanpassung, Unteranpassung und Kreuzvalidierung diskutieren. Diese sind wichtig, um zu verstehen, wie gut sich ein Modell auf neue, unsichtbare Daten verallgemeinern lässt, und um letztendlich seinen Erfolg bei der Lösung des vorliegenden Problems zu bestimmen.

Leistungskennzahlen

Ein wichtiger Aspekt beim Aufbau und der Auswahl eines geeigneten Modells ist die Bestimmung seiner Leistung. Leistungskennzahlen sind Kriterien zur Beurteilung der Qualität eines Modells durch den Vergleich seiner Vorhersagen mit den tatsächlichen Ergebnissen. Es stehen mehrere Leistungskennzahlen zur Verfügung, und die Auswahl hängt von der Art des Problems und den spezifischen Anforderungen der Anwendung ab.

Einige gängige Leistungsmaße für Regressions- und Klassifizierungsprobleme sind:

- **Mittlerer absoluter Fehler (MAE)** : Dies stellt den Durchschnitt der absoluten Unterschiede zwischen den vorhergesagten und tatsächlichen Werten in einem Regressionsproblem dar. Es ist ein einfaches und intuitives Maß für die Modellleistung.
$$ \text{MAE} = \frac{1}{n}\sum_{i=1}^{n}\left|y_i - \hat{y}_i\right| $$
- **Mittlerer quadratischer Fehler (MSE)** : Ähnlich wie MAE stellt diese Metrik den Durchschnitt der quadrierten Differenzen zwischen den vorhergesagten und tatsächlichen Werten in einem Regressionsproblem dar. MSE reagiert empfindlicher auf Ausreißer, da größere Fehler stärker gewichtet werden.
$$ \text{MSE} = \frac{1}{n}\sum_{i=1}^{n}(y_i - \hat{y}_i)^2 $$
- **Root Mean Squared Error (RMSE)** : Dieses Leistungsmaß ist die Quadratwurzel von MSE. RMSE stellt dieselben Einheiten wie die Zielvariable dar, was die Interpretation in einem Regressionsproblem erleichtert.
$$ \text{RMSE} = \sqrt{\frac{1}{n}\sum_{i=1}^{n}(y_i - \hat{y}_i)^2} $$
- **Genauigkeit** : Bei Klassifizierungsproblemen stellt die Genauigkeit den Anteil der korrekt klassifizierten Instanzen an der Gesamtzahl der Instanzen dar.
$$ \text{Genauigkeit} = \frac{\text{Anzahl der richtigen Vorhersagen}}{\text{Gesamtzahl der Vorhersagen}} $$
- **Präzision** : Präzision misst den Anteil wahrhaft positiver Vorhersagen (z. B. die Anzahl erfolgreich

identifizierter relevanter Elemente) an allen vom Modell getroffenen positiven Vorhersagen.

$$ \text{Präzision} = \frac{\text{True Positives}}{\text{True Positives + False Positives}} $$

- **Rückruf** : Auch bekannt als Sensitivität oder echte positive Rate. Der Rückruf misst den Anteil relevanter Elemente, die vom Modell erfolgreich identifiziert wurden.

$$ \text{Recall} = \frac{\text{True Positives}}{\text{True Positives + False Negatives}} $$

Überanpassung und Unteranpassung

Wenn wir Modelle erstellen und verfeinern, müssen wir uns zweier häufiger Probleme bewusst sein: Überanpassung und Unteranpassung.

- **Überanpassung** : Dies tritt auf, wenn ein Modell bei den Trainingsdaten gut abschneidet, bei neuen, unsichtbaren Daten jedoch schlecht. Ein überangepasstes Modell hat die Trainingsdaten zu gut gelernt und erfasst wahrscheinlich Rauschen und zufällige Schwankungen, was zu einer mangelnden Generalisierung auf neue Eingaben führt.
- **Unteranpassung** : Umgekehrt tritt eine Unteranpassung auf, wenn ein Modell die zugrunde liegenden Muster in den Trainingsdaten nicht erfasst, was zu einer schlechten Leistung sowohl bei den Trainings- als auch bei den Testdaten führt. Ein unzureichend angepasstes Modell ist zu einfach und erfordert mehr

Komplexität, um die Beziehungen in den Daten genau darzustellen.

Ziel ist es, ein Gleichgewicht zwischen Unter- und Überanpassung zu finden und so ein Modell zu erhalten, das sich gut auf neue Daten verallgemeinern lässt. Dies kann durch die Anwendung von Techniken wie der Regularisierung sowie durch die Auswahl einer geeigneten Modellkomplexität auf der Grundlage der verfügbaren Daten erreicht werden.

Kreuzvalidierung

Um die Modellleistung effektiv zu bewerten und eine Überanpassung zu vermeiden, verwenden wir häufig eine Technik namens Kreuzvalidierung. Bei der Kreuzvalidierung handelt es sich um einen Prozess, der die Daten in mehrere kleinere Teilmengen, sogenannte Folds, aufteilt und das Modell anhand dieser Folds iterativ trainiert und bewertet. Die häufigste Form der Kreuzvalidierung ist die k-fache Kreuzvalidierung, bei der die Daten in k gleich große Falten unterteilt werden.

Während jeder Iteration wird eine Falte als Validierungssatz vorgehalten, während die verbleibenden k-1 Faltungen zum Trainieren des Modells verwendet werden. Dieser Vorgang wird k-mal wiederholt, jedes Mal mit einer anderen Faltung als Validierungssatz. Abschließend wird die Leistung des Modells über alle Kit-Iterationen gemittelt.

Die Kreuzvalidierung ist eine leistungsstarke Technik, die nicht nur bei der Modellbewertung hilft, sondern auch bei der Modellauswahl und der Optimierung von Hyperparametern hilft. Durch die Bereitstellung einer zuverlässigeren Schätzung der Modellleistung kann die Kreuzvalidierung dazu beitragen, eine Überanpassung zu verhindern und sicherzustellen, dass sich das ausgewählte Modell gut auf neue, unsichtbare Daten übertragen lässt.

Zusammenfassend lässt sich sagen, dass das Verständnis und die Umsetzung dieser Konzepte – Leistungsmessungen, Überanpassung, Unteranpassung und Kreuzvalidierung – entscheidende Schritte für die effektive Anwendung von Statistiken, Prognosen und Modellen des maschinellen Lernens in realen Situationen sind. Durch sorgfältige Berücksichtigung dieser Faktoren können wir robuste Modelle entwickeln, die wertvolle Erkenntnisse und Lösungen für komplexe Probleme liefern.

Anwendung von Statistiken, Prognosen und maschinellem Lernen auf reale Probleme

Da wir immer mehr Daten aus verschiedenen Aspekten unseres Lebens sammeln, wächst die Bedeutung des Einsatzes von Statistiken, Prognosen und maschinellem Lernen, um besser zu verstehen, Vorhersagen zu treffen und fundierte Entscheidungen zu treffen. In diesem Unterabschnitt werden wir einige der praktischen Anwendungen dieser Konzepte bei realen Problemen untersuchen.

Vorhersage des Aktienmarktes

Finanzmärkte sind komplexe Systeme mit großen Datenmengen und Tausenden von Aktien, Anleihen und Indizes, die analysiert werden müssen. Investoren und Analysten nutzen seit langem statistische Modelle und Techniken des maschinellen Lernens, um die Entwicklung dieser Wertpapiere vorherzusagen und fundierte Anlageentscheidungen zu treffen. Diese Modelle können auf verschiedene Aspekte des Aktienmarktes angewendet werden, beispielsweise auf die Vorhersage von Aktienkursen, die Identifizierung geeigneter Investitionsmöglichkeiten und die Abschätzung des mit potenziellen Investitionen verbundenen Risikos.

Einige gängige Modelle für maschinelles Lernen, die in diesem Bereich verwendet werden, sind lineare Regression, neuronale Netze, Entscheidungsbäume und Zeitreihenvorhersagetechniken wie neuronale Netze ARIMA (Autoregressive Integrated Moving Average) und LSTM (Long Short-Term Memory). Obwohl diese Modelle ihre jeweiligen Vorteile und Grenzen haben, bieten sie in ihrer Gesamtheit wertvolle Einblicke in die sich ständig verändernde Dynamik der Finanzmärkte.

Empfehlungssysteme

Fast alle E-Commerce-Plattformen und Streaming-Dienste nutzen Empfehlungssysteme, um das Nutzererlebnis zu personalisieren und das

Nutzerengagement zu steigern. Durch das Sammeln und Analysieren von Benutzerdaten, wie beispielsweise der Anzeige- oder Kaufhistorie, Suchanfragen und demografischen Informationen, können diese Systeme die Präferenzen des Benutzers vorhersagen und passende Empfehlungen aussprechen. Amazon kann beispielsweise Produkte basierend auf Ihrem Surfverhalten vorschlagen und Netflix kann Ihnen Filme oder Fernsehsendungen zeigen, die Ihnen gefallen könnten.

Algorithmen des maschinellen Lernens wie kollaboratives Filtern, inhaltsbasiertes Filtern und Hybridmodelle (z. B. Matrixfaktorisierung) werden in diesen Empfehlungssystemen häufig verwendet. Diese Algorithmen helfen Dienstanbietern dabei, die Präferenzen des Benutzers besser zu verstehen und relevante Inhalte bereitzustellen, wodurch sich die Chancen auf Kundenzufriedenheit und -treue erhöhen.

Gesundheitspflege

Im Gesundheitswesen können Statistiken, Prognosen und maschinelles Lernen dazu beitragen, Krankheiten genauer zu identifizieren und zu diagnostizieren, die Ergebnisse für Patienten vorherzusagen und die Zuweisung von Gesundheitsressourcen zu optimieren. Einige dieser Anwendungen umfassen:

- Medizinische Bildgebung: Modelle des maschinellen Lernens wie Convolutional Neural Networks (CNNs) wurden erfolgreich bei der Identifizierung von Krankheiten anhand medizinischer Bilder wie Röntgenaufnahmen, MRT-Scans und Mammographien eingesetzt.

- Arzneimittelentwicklung: Die Entdeckung neuer Arzneimittel ist ein zeitaufwändiger und teurer Prozess. Algorithmen des maschinellen Lernens können dabei helfen, neuartige Medikamentenkandidaten schneller und mit größerer Genauigkeit zu identifizieren, indem sie die riesigen Datenmengen analysieren, die im Prozess der Medikamentenentwicklung anfallen.
- Wiedereinweisungen ins Krankenhaus: Prognosemodelle können die Wahrscheinlichkeit von Wiedereinweisungen von Patienten vorhersagen, sodass Gesundheitsdienstleister personalisierte Pflegepläne erstellen und unnötige Kosten reduzieren können.
- Vorhersage von Krankheitsausbrüchen: Durch die Analyse historischer Daten und die Berücksichtigung von Faktoren wie Wetter, Bevölkerungsdichte und Reisemuster können Modelle des maschinellen Lernens Krankheitsausbrüche wie Grippe genau vorhersagen, sodass Beamte des öffentlichen Gesundheitswesens rechtzeitig vorbeugende Maßnahmen ergreifen können.

Wettervorhersage

Genaue Wettervorhersagen sind für verschiedene Sektoren unerlässlich, darunter Landwirtschaft, Transport und Katastrophenmanagement. Moderne Wettervorhersagen basieren in hohem Maße auf statistischen Modellen und Techniken des maschinellen Lernens, um enorme Datenmengen zu verarbeiten, die aus

Satellitenbildern, Wetterstationen und anderen Quellen gesammelt werden.

Zu den beliebten Vorhersagemodellen gehören numerische Wettervorhersagemodelle (NWP), die mathematische Gleichungen verwenden, um das Verhalten der Atmosphäre zu simulieren, sowie Modelle des maschinellen Lernens wie Random Forests und künstliche neuronale Netze. Diese Modelle ermöglichen es Meteorologen, zuverlässigere kurz- und langfristige Wettervorhersagen zu erstellen, was erhebliche Auswirkungen auf Planungs- und Entscheidungsprozesse in verschiedenen Branchen hat.

Entdeckung eines Betruges

Die Betrugserkennung ist ein wesentlicher Aspekt mehrerer Branchen, darunter Banken, Versicherungen und Telekommunikation. Algorithmen des maschinellen Lernens wie Entscheidungsbäume, logistische Regression und neuronale Netze können wertvolle Einblicke in die Transaktionsmuster der Kunden liefern und verdächtiges Verhalten erkennen, das möglicherweise auf Betrug hindeutet.

Durch die Implementierung dieser Techniken können Unternehmen ihre Fähigkeiten zur Betrugserkennung erheblich verbessern, finanzielle Verluste reduzieren und das Vertrauen der Kunden stärken.

Abschluss

Mit der Weiterentwicklung der Technologie wird der Einsatz von Statistiken, Prognosen und maschinellem Lernen in realen Anwendungen zweifellos weiter zunehmen. Die in diesem Unterabschnitt bereitgestellten Beispiele sind nur eine kleine Darstellung der endlosen Möglichkeiten, die es auf diesem Gebiet gibt. Indem wir diese Konzepte verstehen und auf spezifische Probleme anwenden, können wir innovative Lösungen schaffen und Entscheidungsprozesse in verschiedenen Aspekten unseres täglichen Lebens verbessern.

Umgang mit Unsicherheit und Volatilität durch maschinelles Lernen

In der realen Welt sind Daten oft chaotisch, unvollständig und unterliegen verschiedenen Unsicherheitsquellen. Das bedeutet, dass unsere Annahmen über Muster und Beziehungen in den Daten häufig durch unvorhergesehene Faktoren untergraben werden. Daher ist es zwingend erforderlich, Unsicherheit und Volatilität bei der Anwendung von Statistiken, Prognosen und Modellen des maschinellen Lernens zu berücksichtigen.

In diesem Abschnitt besprechen wir, wie Sie mit Unsicherheit und Volatilität umgehen, um die Leistung Ihrer Modelle in realen Szenarien zu optimieren. Dazu gehören Techniken zur Messung und Berücksichtigung von Unsicherheiten sowie praktische Tipps zur Verbesserung der Robustheit Ihrer Analysen und Vorhersagen.

Unsicherheit und Volatilität verstehen

Bevor wir uns mit den praktischen Techniken befassen, ist es wichtig, das Konzept der Unsicherheit und Volatilität im Kontext von Datenanalyse und maschinellem Lernen zu verstehen. Unsicherheit bezieht sich auf das Fehlen vollständiger Kenntnisse oder Informationen über eine bestimmte Situation, was auf die Komplexität des zugrunde liegenden Systems, das Fehlen bestimmter Datenpunkte oder das Vorhandensein nichtsystematischer Faktoren (oder Rauschen) zurückzuführen sein kann. Volatilität hingegen ist der Grad der Variabilität oder Streuung in einem bestimmten Prozess, was es schwieriger macht, zukünftige Ergebnisse genau vorherzusagen.

In beiden Fällen setzen die in unseren Daten vorhandenen Unsicherheiten und Volatilitäten der Zuverlässigkeit unserer Schlussfolgerungen, Prognosen und Vorhersagen Grenzen. Ziel ist es daher, Methoden zur Identifizierung und Quantifizierung dieser Unsicherheiten und Volatilitäten zu entwickeln, um die Robustheit und Zuverlässigkeit unserer Modelle zu verbessern.

Quantifizierung der Unsicherheit

Eine Möglichkeit, die Unsicherheit in einem Datensatz zu quantifizieren, ist die Berechnung der Varianz, die die Streuung oder Streuung einzelner Datenpunkte um den Mittelwert misst.

Dies kann dabei helfen, den Grad der Variabilität und Inkonsistenz in unseren Daten zu ermitteln und auf potenzielle Probleme hinzuweisen, die sich auf die Genauigkeit unserer Vorhersagen auswirken können.

Ein anderer Ansatz besteht darin, Konfidenzintervalle oder Vorhersageintervalle für unsere Schätzungen und Prognosen zu schätzen, die einen Bereich liefern, innerhalb dessen wir mit einem gewissen Maß an Sicherheit erwarten, dass der wahre Wert liegt. Dies ist besonders nützlich in Fällen, in denen wir eine kleine Stichprobengröße haben oder in denen unsere Daten ein hohes Maß an Variabilität aufweisen.

Bei Modellen für maschinelles Lernen kann man die Unsicherheit von Vorhersagen berechnen, indem man die Varianz der Vorhersagen über mehrere Modelle oder Bootstrapping-Stichproben der Daten schätzt. Dies kann mithilfe von Ensemble-Methoden wie Bagging und Bootstrapped Aggregating (auch als „Bagging" bekannt) erreicht werden, bei denen mehrere Modelle auf verschiedenen Teilmengen der Daten trainiert und ihre Vorhersagen kombiniert werden, um eine robustere und genauere Schätzung zu erstellen.

Umgang mit Volatilität

Beim Umgang mit volatilen Daten ist es von entscheidender Bedeutung, geeignete Glättungstechniken zu verwenden, um die Auswirkungen kurzfristiger Schwankungen und Rauschen auf unsere Vorhersagen zu reduzieren.

Einige beliebte Methoden zur Bewältigung der Volatilität in Zeitreihendaten sind:

- Gleitende Durchschnitte: Berechnen Sie den Durchschnittswert der Daten über ein bestimmtes Fenster oder einen bestimmten Zeitraum, was dazu beitragen kann, die Auswirkungen kurzfristiger Schwankungen zu reduzieren und längerfristige Trends hervorzuheben.
- Exponentielle Glättung: Wenden Sie einen Gewichtungsfaktor auf die Daten an, sodass neueren Beobachtungen eine größere Bedeutung beigemessen wird, wodurch sich das Modell schneller an Änderungen im zugrunde liegenden Prozess anpassen kann.
- Kalman-Filter: Verwenden Sie ein Zustandsraummodell, um die zugrunde liegenden Trends in den Daten zu verfolgen und gleichzeitig den Einfluss von Rauschen und anderen Unsicherheitsquellen zu berücksichtigen.

Bei der Arbeit mit maschinellen Lernmodellen kann die Einbeziehung von Regularisierungstechniken wie LASSO oder Ridge-Regression dazu beitragen, die Auswirkungen von Rauschen zu reduzieren und eine Überanpassung zu verhindern, indem einfachere Modelle gefördert werden, die weniger empfindlich auf kleine Schwankungen in den Daten reagieren.

Bewerten Sie die Leistung Ihrer Modelle

Es ist wichtig, die Leistung Ihrer Modelle mithilfe geeigneter Metriken und Validierungstechniken wie Kreuzvalidierung zu bewerten, um zu beurteilen, wie gut sie sich auf bisher nicht sichtbare Daten übertragen lassen. Dies kann Ihnen dabei helfen, potenzielle Probleme im Zusammenhang mit einer Überanpassung zu erkennen und die Unsicherheit und Volatilität Ihrer Vorhersagen einzuschätzen.

Darüber hinaus können Sie durch den Vergleich der Leistung verschiedener Modelle ermitteln, welche für den Umgang mit den jeweiligen Unsicherheits- und Volatilitätsquellen in Ihren Daten besser geeignet sind, und entsprechend das beste Modell auswählen.

Abschluss

In realen Szenarien sind Unsicherheit und Volatilität allgegenwärtige Herausforderungen. Um zuverlässige und robuste Modelle für Statistik und maschinelles Lernen zu erstellen, ist es wichtig, diese Herausforderungen zu verstehen, zu quantifizieren und effektiv zu bewältigen. Nutzen Sie diese Techniken, um die Zuverlässigkeit Ihrer Schlussfolgerungen, Prognosen und Vorhersagen angesichts unsicherer und volatiler Daten zu verbessern und die Leistung und Relevanz Ihrer Modelle in realen Anwendungen sicherzustellen.

9. Ethische Überlegungen und Voreingenommenheitsprävention in der statistischen Analyse und im maschinellen Lernen

9.1 Verzerrungen in der statistischen Analyse und im maschinellen Lernen erkennen und angehen

Bei realen Anwendungen von Statistik, Prognosen und maschinellem Lernen ist es von entscheidender Bedeutung, die potenziellen Verzerrungen zu erkennen und anzugehen, die in jeder Phase des Datenanalyseprozesses auftreten können – von der Datenerfassung bis zur Modellentwicklung und -bewertung. Voreingenommenheit kann zu falschen Schlussfolgerungen oder Vorhersagen führen, bereits bestehende Ungleichheiten aufrechterhalten und letztendlich das Vertrauen in datengesteuerte Entscheidungsfindung untergraben. In diesem Unterabschnitt diskutieren wir verschiedene Arten von Vorurteilen, ihre Quellen und empfohlene Vorgehensweisen zur Abschwächung ihrer Auswirkungen.

9.1.1 Arten von Bias und ihre Quellen

1. **Stichprobenverzerrung** : Dies tritt auf, wenn die für die Analyse verwendete Stichprobe nicht repräsentativ für die Grundgesamtheit ist, aus der sie gezogen wurde. Beispielsweise kann die Verwendung einer Online-Umfrage zur Untersuchung einer sehr vielfältigen Bevölkerung mit unterschiedlichem Internetzugang zu einer Verzerrung der Auswahl führen. Die Ergebnisse einer solchen Analyse spiegeln möglicherweise

nur die Perspektiven einer bestimmten Gruppe wider, beispielsweise junger Menschen oder Menschen, die in städtischen Gebieten leben, und nicht die der gesamten Bevölkerung.

2. **Messverzerrung** : Dies entsteht, wenn die zur Datenerhebung eingesetzten Tools oder Methoden von Natur aus fehlerhaft oder verzerrt sind. Forscher, die die Kundenzufriedenheit messen, können beispielsweise unbeabsichtigt Voreingenommenheit hervorrufen, indem sie vage Umfragefragen stellen oder in Interviews eine Leitsprache verwenden.
3. **Bestätigungsverzerrung** : Bestätigungsverzerrung tritt auf, wenn Analysten Daten so interpretieren oder priorisieren, dass ihre Vorurteile bestätigt werden, anstatt alle relevanten Beweise objektiv zu bewerten. Dies kann sich in Form von Datenschnüffeln, Überanpassung oder selektiver Berichterstattung über Ergebnisse äußern.
4. **Algorithmische Verzerrung** : Dies tritt auf, wenn Verzerrungen versehentlich in der Modellentwicklungsphase eingeführt oder durch maschinelle Lernalgorithmen verstärkt werden. Wenn Trainingsdaten Verzerrungen enthalten oder wenn die Auswahl der Merkmale und ihre jeweiligen Gewichte im Modell systematische Fehler verursachen, kann das resultierende Modell verzerrte Vorhersagen generieren.

9.1.2 Best Practices zur Minderung von Verzerrungen in der statistischen Analyse und im maschinellen Lernen

1. **Stellen Sie die Repräsentativität der Daten sicher** : Bevor Sie eine Analyse durchführen, bewerten Sie die Stichprobenmerkmale sorgfältig und stellen Sie sicher, dass sie für die Zielpopulation repräsentativ sind. Erwägen Sie bei Bedarf den Einsatz von geschichteten Stichproben, gewichteten Anpassungen oder Oversampling-Techniken zur Anpassung an unterrepräsentierte Gruppen.
2. **Nutzen Sie mehrere Datenquellen** : Der Vergleich und die Gegenüberstellung von Daten aus verschiedenen Quellen können dabei helfen, potenzielle Verzerrungen zu erkennen und die allgemeine Datenqualität zu verbessern. Dies kann die Kombination von Primärdaten (vom Forscher gesammelt) mit Sekundärdaten (aus anderen Quellen) oder den Einsatz von Datentriangulationstechniken wie Querschnitts-, Längsschnitt- und Sequenzanalyse umfassen.
3. **Führen Sie eine strenge Datenvorverarbeitung durch** : Die Bereinigung und Vorverarbeitung der Daten vor der Durchführung einer Analyse ist ein wesentlicher Bestandteil der Reduzierung von Verzerrungen in den Ergebnissen. Dazu gehört der Umgang mit fehlenden Daten, der Umgang mit Ausreißern und das Transformieren von Variablen, etwa das Normalisieren oder Standardisieren der Daten.
4. **Test auf Verzerrung** : Verwenden Sie statistische Tests wie den Chi-Quadrat-Test, den T-Test oder den F-Test, um zu untersuchen, ob beobachtete Unterschiede in den Stichprobendaten auf zufällige Zufälle oder inhärente Verzerrungen zurückzuführen sind.
5. **Entscheiden Sie sich für robuste Schätzer** : Bevorzugen Sie beim Schätzen von

Modellparametern die Verwendung von Schätzern, die weniger empfindlich auf Ausreißer oder Abweichungen in der zugrunde liegenden Datenverteilung reagieren. Zu diesen robusten Schätzern können der getrimmte Mittelwert, der winsorisierte Mittelwert oder die mittlere absolute Abweichung gehören.

6. **Entwickeln Sie faire und erklärbare Modelle** : Priorisieren Sie in Anwendungen des maschinellen Lernens die Verwendung von Modellen und Algorithmen, die interpretierbar, transparent und fair sind – das bedeutet, verschiedene Gruppen fair zu behandeln und Erklärungen für Modellentscheidungen bereitzustellen. Techniken wie die Feature-Wichtigkeitsanalyse oder der Einsatz erklärbarer KI-Frameworks wie LIME oder SHAP können hilfreich sein.
7. **Führen Sie Fairness- und Bias-Audits durch** : Prüfen und bewerten Sie Modelle regelmäßig auf Fairness, sowohl vor deren Bereitstellung als auch während ihrer gesamten betrieblichen Nutzung. Erwägen Sie den Einsatz von Leistungskennzahlen und Analysetechniken, die speziell zur Bewertung der Fairness entwickelt wurden, wie z. B. die Disparate-Impact-Analyse oder das Equalized Odds Ratio.
8. **Stakeholder einbeziehen und Vielfalt fördern** : Die Einbindung von Stakeholdern in die Entwicklung, Implementierung und Bewertung statistischer oder maschineller Lernmodelle kann dazu beitragen, Vorurteile effektiver zu erkennen und anzugehen. Darüber hinaus kann die Förderung der Vielfalt in Forschungsteams unterschiedliche Perspektiven hervorbringen,

potenzielle Quellen von Vorurteilen identifizieren und unbewussten Vorurteilen entgegenwirken.

Zusammenfassend sind ethische Überlegungen und die Vermeidung von Vorurteilen entscheidende Aspekte beim Einsatz statistischer Analysen und maschinellem Lernen in realen Anwendungen. Indem wir verschiedene Arten von Voreingenommenheit erkennen, ihre Quellen verstehen und Best Practices zu deren Abschwächung einsetzen, können wir genauere und fairere Modelle gewährleisten und die datengesteuerte Entscheidungsfindung verbessern.

9.1 Verzerrungen in der statistischen Analyse und im maschinellen Lernen verstehen und angehen

9.1.1 Bias definieren

Voreingenommenheit bezieht sich im Zusammenhang mit statistischer Analyse und maschinellem Lernen auf das Vorhandensein systematischer Fehler bei der Erstellung von Vorhersagen, die zu unfairen Ergebnissen, verzerrten Wahrnehmungen oder der Verstärkung von Stereotypen führen können. Der Grund für die Verzerrung könnte die Auswahl des Trainingsdatensatzes, unsachgemäßer Umgang mit Daten oder algorithmische Einschränkungen sein, die zu diskriminierenden Praktiken führen können.

9.1.2 Quellen der Voreingenommenheit

In einem statistischen oder maschinellen Lernsystem können mehrere Quellen für Verzerrungen vorhanden sein. Einige der häufigsten Ursachen für Voreingenommenheit sind:

1. **Datenerfassung** : Eine voreingenommene Stichprobe einer Population könnte zu einer Über- oder Unterrepräsentation bestimmter Gruppen führen und zu verzerrten Ergebnissen führen, wenn das Modell auf eine breitere Population verallgemeinert wird.
2. **Messfehler** : Falsche oder unvollständige Datenerfassungsmechanismen können zu verzerrten Datensätzen führen und die daraus getroffenen Vorhersagen könnten fehlerhaft sein.
3. **Etikettierungsverzerrung** : Bei der Verwendung von überwachten Lerntechniken kommt es zu einer voreingenommenen Etikettierung, wenn Datenannotatoren unwissentlich ihre Stereotypen, Vorurteile oder Missverständnisse in die Datenetiketten integrieren.
4. **Algorithmen** : Die Wahl des Algorithmus sowie seiner Annahmen und Einschränkungen kann zu verzerrten Vorhersagen führen. Beispielsweise können einige Algorithmen bestimmten Merkmalen eine größere Bedeutung zuweisen, was zu unfairen Ergebnissen führt.

9.1.3 Voreingenommenheit erkennen

Es ist wichtig anzuerkennen, dass Voreingenommenheit der realen Welt inhärent ist und es daher möglicherweise unmöglich ist, sie vollständig aus Daten oder Modellen zu eliminieren. Um jedoch sicherzustellen, dass statistische Analysen oder Modelle für maschinelles Lernen ethisch und vertrauenswürdig bleiben, ist es wichtig, das Vorhandensein von Vorurteilen zu erkennen und wirksam dagegen vorzugehen. Zu den Methoden zur Erkennung von Voreingenommenheit gehören:

1. **Deskriptive Analyse** : Durch eine gründliche Analyse der Daten mithilfe grundlegender deskriptiver Statistiken, Visualisierungen und Kreuztabellen ist es häufig möglich, Inkonsistenzen oder Ungleichgewichte zu identifizieren, die auf das Vorhandensein von Verzerrungen hinweisen können.
2. **Domänenexpertise** : Die Nutzung von Domänenkenntnissen, um den Kontext der Daten besser zu verstehen, kann auch dabei helfen, Verzerrungen zu erkennen. Die Zusammenarbeit mit Fachexperten kann eine Perspektive bieten, die über die verfügbaren Daten hinausgeht, und dabei helfen, potenzielle Quellen von Verzerrungen im Prognoseprozess zu erkennen.
3. **Metriken zur Bias-Erkennung** : Die Verwendung quantitativer Metriken zur Messung des Grads der Bias im Datensatz/in den Modellen kann bei der Identifizierung der Existenz einer Bias hilfreich sein. Beispiele für beliebte Metriken zur Voreingenommenheitserkennung sind Disparate Impact (DI) und Equal Opportunity Difference (EOD).

9.1.4 Adressierungsbias

Sobald das Vorhandensein einer Verzerrung festgestellt wurde, ist es wichtig, diese zu beheben, um die Fairness und Robustheit der Modelle zu verbessern. Einige Maßnahmen, die ergriffen werden können, um Voreingenommenheit zu mildern, sind:

1. **Datenvorverarbeitungstechniken** : Durch erneute Stichprobenziehung oder Neugewichtung können Stichprobenverzerrungen durch Überabtastung unterrepräsentierter Gruppen oder Unterabtastung überrepräsentierter Gruppen ausgeglichen werden. Eine weitere Datenvorverarbeitungstechnik ist die Anwendung von Transformationsfunktionen auf die Merkmale des Datensatzes, die möglicherweise eine voreingenommene Verteilung aufweisen. Diese Methoden zielen darauf ab, den Datensatz auszugleichen und die Auswirkungen von Verzerrungen auf die Modellergebnisse zu verringern.
2. **Algorithmische Ansätze** : Das Entwerfen fairer Algorithmen oder das Modifizieren vorhandener Algorithmen, um Fairness-Einschränkungen einzubeziehen, kann bei der Beseitigung von Verzerrungen hilfreich sein. Einige beliebte Ansätze sind Fair Adversarial Learning, Constrained Optimization und Reweighting Techniques.
3. **Post-hoc-Analyse und Anpassungen** : Nachdem das Modell trainiert wurde, können Verzerrungen durch verschiedene Techniken wie Neukalibrierung, kostensensitives Lernen oder

Schwellenwertanpassung immer noch reduziert oder sogar beseitigt werden.

4. **Leistungsüberwachung** : Die regelmäßige Überwachung der Modellleistung im Hinblick auf Fairness-Indikatoren und die Vornahme notwendiger Anpassungen, um Änderungen in der Datenverteilung oder Benutzerfeedback zu berücksichtigen, können dazu beitragen, Verzerrungen auf lange Sicht zu mildern.

9.1.5 Ethische Überlegungen

Während es wichtig ist, Verzerrungen bei der statistischen Analyse und beim maschinellen Lernen zu bekämpfen, ist es ebenso wichtig sicherzustellen, dass die zur Abschwächung von Verzerrungen ergriffenen Maßnahmen ethisch und rechtlich konform sind. Transparenz über den Ansatz und die Prozesse zur Bekämpfung von Voreingenommenheit, die Rechenschaftspflicht für alle Probleme, die trotz aller Bemühungen auftreten, und das Engagement der Interessengruppen, um den verantwortungsvollen und ethischen Einsatz dieser Technologien sicherzustellen, würden einen großen Beitrag zur Vertrauensbildung und zur Bereitstellung fairer Prognosen leisten.

Zusammenfassend lässt sich sagen, dass das Verständnis, die Anerkennung und die wirksame Bekämpfung von Vorurteilen einen großen Beitrag dazu leisten, sicherzustellen, dass statistische Analysen und Modelle des maschinellen Lernens ethisch bleiben und die Aufrechterhaltung von Diskriminierung oder unfairen Ergebnissen verhindern. Es liegt in der Verantwortung von

Datenwissenschaftlern, Statistikern und Entscheidungsträgern, wachsam gegenüber Verzerrungen zu bleiben, die Modelle und ihre Auswirkungen auf verschiedene Gruppen kritisch zu prüfen und bei Bedarf Korrekturmaßnahmen zu ergreifen.

9.1 Verzerrungen in der statistischen Analyse und im maschinellen Lernen verstehen und abmildern

Im Bereich der statistischen Analyse und des maschinellen Lernens arbeiten wir häufig mit großen Datensätzen und komplexen Modellen, um Vorhersagen zu treffen, Muster zu verstehen und Rückschlüsse auf die zugrunde liegenden Prozesse zu ziehen. Die von uns erzielten Ergebnisse sind jedoch nur so genau und fair wie die Daten und Techniken, die wir verwenden. Deshalb spielen ethische Überlegungen und die Vermeidung von Voreingenommenheit eine so entscheidende Rolle bei der Gewährleistung der Integrität und Zuverlässigkeit unserer Arbeit. Als Praktiker in diesen Bereichen müssen wir uns potenzieller Quellen von Voreingenommenheit bewusst sein, verstehen, wie wir sie erkennen können, und Strategien entwickeln, um ihre Auswirkungen auf unsere Analysen und Vorhersagen abzuschwächen.

9.1.1 Bias definieren

Unter Bias versteht man im Zusammenhang mit statistischer Analyse und maschinellem Lernen das Vorhandensein systematischer Fehler in den Daten, Modellen oder Analyseverfahren, die zu Ergebnissen führen, die von der Wahrheit abweichen oder bestimmte Gruppen oder Ergebnisse ungerechtfertigt begünstigen. Verzerrungen können aus verschiedenen Quellen stammen, beispielsweise aus Datenerfassungs- und Stichprobenverfahren, Modellentwicklung und subjektiver menschlicher Entscheidungsfindung. Wenn diese Option nicht aktiviert ist, können sich Verzerrungen über mehrere Phasen der Analyse hinweg ausbreiten und die Genauigkeit, Fairness und ethische Natur der von uns gezogenen Schlussfolgerungen und Vorhersagen erheblich beeinträchtigen.

9.1.2 Quellen der Voreingenommenheit

Verzerrungen können in verschiedenen Phasen des Analyseprozesses auftreten und resultieren oft aus einer Kombination von Faktoren. Zu den häufigsten Ursachen für Voreingenommenheit gehören:

9.1.2.1 Datenerfassung und Probenahme

Beim Sammeln und Sampling von Daten können wir versehentlich Verzerrungen hervorrufen, indem wir Fälle oder Beobachtungen auswählen, die nicht repräsentativ für die Prozesse sind, die wir untersuchen möchten. Diese Vorurteile können auf verschiedene Weise entstehen, wie zum Beispiel:

- **Auswahlverzerrung** : Wenn wir Daten nur von bestimmten Quellen, Gruppen oder Einzelpersonen sammeln, schließen wir versehentlich andere aus, was möglicherweise zu einer unausgewogenen oder unvollständigen Sicht auf die zugrunde liegenden Prozesse führt.
- **Messverzerrung** : Systematische Fehler in Datenerfassungsinstrumenten oder -verfahren, wie z. B. Fragebögen oder Dateneingaben, können zu Messverzerrungen führen und die Genauigkeit und Zuverlässigkeit der gesammelten Daten beeinträchtigen.
- **Überlebensbias** : Indem wir nur Fälle berücksichtigen, die bestimmte Prozesse oder Bedingungen „überstanden" haben, übersehen wir möglicherweise andere, die es aufgrund verschiedener Faktoren nicht in unseren Datensatz geschafft haben, was zu einer Überrepräsentation von „erfolgreichen" Fällen oder Ergebnissen führt.

9.1.2.2 Modellentwicklung

Verzerrungen können auch während des Modellentwicklungsprozesses eingeführt werden, wenn wir unsere statistischen und maschinellen Lernmodelle erstellen, trainieren und validieren. Zu den potenziellen Quellen der Voreingenommenheit gehören:

- **Überanpassung** : Wenn ein Modell das Rauschen in den Trainingsdaten und nicht die wahren zugrunde liegenden Muster oder Beziehungen lernt, kann es zu einer Überanpassung kommen, was zu einer schlechten Generalisierung und verzerrten Vorhersagen führt.

- **Unteranpassung** : Wenn ein Modell umgekehrt die Komplexität der zugrunde liegenden Daten nicht erfasst, kann es zu einer Unteranpassung kommen, was zu verzerrten und unzuverlässigen Vorhersagen führt.
- **Algorithmische Voreingenommenheit** : Die Algorithmen, die wir für die Modellentwicklung verwenden, können selbst voreingenommen sein, da sie möglicherweise auf der Grundlage bestimmter Annahmen entworfen oder optimiert wurden, die in unserem spezifischen Daten- und Analysekontext nicht zutreffen.

9.1.2.3 Menschliche Entscheidungsfindung

Schließlich kann eine Verzerrung auch durch menschliches Eingreifen in verschiedenen Phasen der Analyse entstehen, sei es bei der Datenerfassung, der Vorverarbeitung, der Modellentwicklung oder der Interpretation der Ergebnisse. Einige Beispiele für von Menschen verursachte Vorurteile sind:

- **Bestätigungsverzerrung** : Wenn Menschen Beweise suchen, interpretieren oder priorisieren, die ihre bereits bestehenden Überzeugungen oder Hypothesen bestätigen, können sie unbeabsichtigt Bestätigungsverzerrungen in den Analyseprozess einbringen.
- **Verankerungsvoreingenommenheit** : Wenn wir uns bei der Entscheidungsfindung zu stark auf die anfänglichen Informationen verlassen, auf die wir stoßen, können wir unsere nachfolgenden Urteile an diesen frühen Datenpunkten verankern, was zu einem voreingenommenen Entscheidungsprozess führt.

- **Kognitive Verzerrungen** : Andere kognitive Verzerrungen, wie unter anderem Aktualitätsverzerrung, Gruppendenken und Rückblickverzerrung, können unsere Entscheidungsfindung und Analyseprozesse beeinflussen und zu einer allgemeinen Verzerrung unserer Arbeit beitragen.

9.1.3 Strategien zur Verhinderung und Abschwächung von Verzerrungen

Das Erkennen potenzieller Quellen von Voreingenommenheit und das Verständnis ihrer Auswirkungen sind die ersten Schritte, um deren Auswirkungen auf unsere statistischen Analysen und Modelle für maschinelles Lernen abzumildern. Um Vorurteile zu reduzieren oder zu beseitigen, können verschiedene Strategien eingesetzt werden, darunter:

9.1.3.1 Sicherstellung einer repräsentativen Datenerhebung und Probenahme

- Planen und entwerfen Sie Datenerfassungsverfahren sorgfältig, um sicherzustellen, dass sie ein repräsentatives Bild der Prozesse, Populationen oder Gruppen von Interesse erfassen.
- Verwenden Sie geschichtete oder zufällige Stichprobenverfahren, um Auswahlverzerrungen zu minimieren.
- Bewerten und stellen Sie regelmäßig die Qualität und Genauigkeit der Datenerfassungsinstrumente und -verfahren sicher, um Messfehler zu minimieren.

9.1.3.2 Verbesserung der Modellentwicklung und -auswahl

- Verwenden Sie Techniken wie die Kreuzvalidierung, um die Generalisierungsleistung von Modellen zu bewerten und sich vor Über- oder Unteranpassung zu schützen.
- Bewerten Sie die Eignung der für die Modellentwicklung verwendeten Algorithmen und Techniken unter Berücksichtigung ihrer Annahmen, Vorurteile und Einschränkungen.
- Erwägen Sie die Verwendung von Ensemble-Methoden, die die Vorhersagen mehrerer Basismodelle kombinieren, um die Robustheit zu erhöhen und die Verzerrung der endgültigen Vorhersagen zu verringern.

9.1.3.3 Abschwächung menschlicher Vorurteile

- Fördern Sie kritisches Denken und das Hinterfragen bereits bestehender Annahmen, Überzeugungen und Hypothesen, um Bestätigungsverzerrungen zu vermeiden.
- Schulen und ermutigen Sie die Teammitglieder, sich kognitiver Vorurteile bewusst zu sein und nach objektiven Beweisen und externen Inputs zu suchen, um ihnen entgegenzuwirken.
- Schaffen Sie Möglichkeiten für unterschiedliche Perspektiven und Beiträge im Entscheidungsprozess, die dabei helfen können, potenzielle Vorurteile zu erkennen und ihnen entgegenzuwirken.

9.1.4 Schlussbemerkungen

Vorurteile spielen bei statistischen Analysen und maschinellem Lernen eine unvermeidliche Rolle, und es liegt in unserer Verantwortung als Praktiker, ihre Auswirkungen auf unsere Arbeit zu erkennen und abzumildern. Indem wir die Ursachen von Vorurteilen verstehen, geeignete Strategien anwenden, um deren Präsenz zu minimieren, und die Genauigkeit und Fairness unserer Ergebnisse kontinuierlich überwachen und validieren, können wir sicherstellen, dass unsere Arbeit einen positiven Beitrag für Wissenschaft, Industrie und Gesellschaft leistet und die zugrunde liegenden ethischen Bedenken berücksichtigt diese Felder.

9.1 Voreingenommenheit verstehen und identifizieren

Unter Bias versteht man im Zusammenhang mit statistischer Analyse und maschinellem Lernen das Vorhandensein systematischer Fehler bei Vorhersagen oder Schätzungen aufgrund unangemessener oder unvollständiger Darstellungen der Daten. In realen Anwendungen können Verzerrungen zu irreführenden Ergebnissen führen und sich negativ auf Entscheidungsprozesse auswirken. Daher müssen ethische Überlegungen berücksichtigt werden, um mögliche negative Folgen von Voreingenommenheit zu verhindern und Fairness, Rechenschaftspflicht und Transparenz sicherzustellen.

9.1.1 Quellen der Voreingenommenheit

Voreingenommenheit kann aus verschiedenen Quellen stammen, darunter den folgenden:

1. **Datenerfassungs- und Stichprobenverzerrung** : Dies tritt auf, wenn es sich bei den für die Analyse oder das Modelltraining gesammelten Daten nicht um eine repräsentative Stichprobe der Bevölkerung handelt. Verzerrte Stichprobenverteilungen können zu verzerrten Vorhersagen oder Schlussfolgerungen führen.
2. **Messverzerrung** : Ungenauigkeiten bei der Datenmessung oder -aufzeichnung können zu Verzerrungen führen. Beispielsweise können systematische Fehler in Messinstrumenten oder selbstberichtete Umfrageantworten die wahren Beziehungen zwischen Variablen verzerren.
3. **Etikettierungsverzerrung** : Bei überwachten maschinellen Lernalgorithmen wirkt sich die Qualität der Trainingsdatenetiketten direkt auf den Lernprozess aus. Voreingenommene Bezeichnungen, entweder aufgrund menschlicher Fehler oder subjektiver Beurteilungen, können zu verzerrten Modellvorhersagen führen.
4. **Algorithmische Verzerrung** : Auch bei unvoreingenommenen Daten kann die Wahl des Algorithmus, der Modellarchitektur oder spezifischer Parameter zu verzerrten Ergebnissen führen. In einigen Fällen kann ein bestimmter Algorithmus von Natur aus ein bestimmtes Datenmuster oder eine bestimmte Datenfunktion gegenüber anderen bevorzugen.
5. **Bestätigungsfehler** : Bei der Durchführung von Analysen oder Modellbewertungen können sich Analysten selektiv auf Informationen konzentrieren, die ihre bereits bestehenden

Überzeugungen bestätigen, was zu einer voreingenommenen Interpretation der Ergebnisse führt.

9.1.2 Strategien zur Minderung von Verzerrungen

Um eine ethische Analyse und Modellentwicklung sicherzustellen, ist es von entscheidender Bedeutung, Methoden zu übernehmen, die potenzielle Verzerrungsquellen berücksichtigen. Die folgenden Ansätze können hilfreich sein, um Voreingenommenheit zu verhindern, zu identifizieren und abzumildern:

1. **Datenerfassung und Vorverarbeitung** : Sammeln Sie Daten aus verschiedenen Quellen und stellen Sie sicher, dass die Stichprobe die Zielgruppe repräsentiert. Führen Sie eine gründliche explorative Datenanalyse (EDA) durch, um die Datenverteilung zu verstehen, potenzielle Probleme zu erkennen und notwendige Transformationen durchzuführen.
2. **Feature-Auswahl und -Engineering** : Wenden Sie Techniken an, um wichtige Features zu identifizieren und irrelevante oder überflüssige Features zu entfernen. Vermeiden Sie eine Überanpassung, indem Sie ein angemessenes Gleichgewicht zwischen Modellkomplexität und Generalisierung wählen.
3. **Modellauswahl** : Seien Sie sich der inhärenten Verzerrungen bestimmter Algorithmen bewusst und wählen Sie ein Modell, das am besten zum Problem und den Dateneigenschaften passt. Erwägen Sie den Einsatz von Ensemble-Techniken, bei denen Vorhersagen aus mehreren

Modellen kombiniert werden, um individuelle Modellverzerrungen zu reduzieren.

4. **Bewertung** : Verwenden Sie robuste Bewertungsmetriken und Kreuzvalidierungstechniken, um die Modellleistung für verschiedene Datenteilmengen zu bewerten. Führen Sie zusätzliche Verzerrungsanalysen durch, wie z. B. eine disparate Impact-Analyse oder eine kontrafaktische Analyse, um potenzielle Verzerrungen weiter zu identifizieren und anzugehen.

5. **Kontinuierliches Lernen und Verbessern** : Aktualisieren Sie Modelle regelmäßig mit neuen Daten, um mit Veränderungen in der Bevölkerung oder den Umständen Schritt zu halten. Ermutigen Sie Stakeholder und Endbenutzer zum Feedback, um potenzielle Probleme zu identifizieren und Modelle entsprechend zu verbessern.

9.1.3 Gewährleistung von Transparenz und Rechenschaftspflicht

Neben der Identifizierung und Abschwächung von Vorurteilen ist es von entscheidender Bedeutung, Transparenz und Verantwortlichkeit bei statistischen Analysen, Prognosen und der Entwicklung von Anwendungen für maschinelles Lernen sicherzustellen. Dies kann durch folgende Maßnahmen erreicht werden:

1. **Dokumentation** : Dokumentieren Sie eindeutig Datenquellen, Erhebungsmethoden, Vorverarbeitungsschritte, Gründe für die Modellauswahl, Ergebnisse der Modellbewertung und alle während des Prozesses getroffenen

Annahmen. Dies ermöglicht externe Validierung, Peer-Review und Reproduzierbarkeit.

2. **Interpretierbarkeit** : Wählen Sie interpretierbare Modelle oder integrieren Sie Erklärbarkeitstechniken, um Stakeholdern und Endbenutzern zu helfen, zu verstehen, wie das Modell Vorhersagen oder Schlussfolgerungen macht, und um Vertrauen in das System aufzubauen.
3. **Offenheit** : Teilen Sie Analysen, Code und Ergebnisse mit der Community zur Peer-Review, um sicherzustellen, dass die Ergebnisse von einem vielfältigen Publikum geprüft und validiert werden.
4. **Zusammenarbeit** : Arbeiten Sie mit Ethikkommissionen, Fachexperten und anderen Interessengruppen in der Modellentwicklungs- und Bereitstellungsphase zusammen, um sicherzustellen, dass ethische Überlegungen und potenzielle Vorurteile angemessen berücksichtigt werden.

Durch die Einbeziehung dieser ethischen Überlegungen in die Entwicklung und den Einsatz statistischer Analysen, Prognosen und Modelle für maschinelles Lernen können Praktiker zum Aufbau fairer, transparenter und rechenschaftspflichtiger Systeme für reale Anwendungen beitragen. Darüber hinaus können diese Maßnahmen dazu beitragen, die Herausforderungen im Zusammenhang mit der Voreingenommenheitsprävention zu bewältigen, bessere Entscheidungsprozesse sicherzustellen und die Gesamtwirkung dieser Technologien auf die Gesellschaft zu verbessern.

9. Ethische Überlegungen und Voreingenommenheitsprävention in der statistischen Analyse und im maschinellen Lernen

9.1 Identifizierung und Behebung von Verzerrungen bei der Datenerfassung

Verzerrungen bei der Datenerfassung sind oft die Hauptursache für unethische Ergebnisse bei statistischen Analysen und Implementierungen maschinellen Lernens. Für die Entwicklung zuverlässiger Modelle ist es von entscheidender Bedeutung, sicherzustellen, dass die verarbeiteten Daten repräsentativ und frei von diskriminierenden Faktoren sind. In diesem Abschnitt werden wichtige Überlegungen zur Identifizierung und Beseitigung von Verzerrungen bei der Datenerfassung dargelegt.

- **Stichprobenverzerrung** : Stichprobenverzerrung tritt auf, wenn die verwendeten Daten die Gesamtpopulation nicht genau widerspiegeln. Dies kann zu irreführenden Schlussfolgerungen oder Ergebnissen führen, die sich nicht gut auf reale Szenarien übertragen lassen. Um Stichprobenverzerrungen entgegenzuwirken, stellen Sie sicher, dass die erfassten Daten die gesamte interessierende Population abdecken. Dies kann durch geschichtete Stichprobenverfahren zur Auswahl einer ausgewogenen Stichprobe oder durch

Überstichproben zum Ausgleich unterrepräsentierter Klassen erreicht werden.

- **Messverzerrung** : Messverzerrungen können während des Datenerfassungsprozesses oder bei der Erfassung der Werte bestimmter Variablen auftreten. Dies kann zu systematischen Fehlern führen, die die Genauigkeit statistischer Modelle beeinträchtigen. Auch wenn nicht alle Messfehler vollständig beseitigt werden können, kann die Kenntnis potenzieller Fehlerquellen dazu beitragen, die Wahrscheinlichkeit ihres Auftretens zu minimieren.
    - Stellen Sie sicher, dass die Messgeräte gut kalibriert sind, und berücksichtigen Sie mögliche Ungenauigkeiten aufgrund von Beobachterfehlern oder Einschränkungen der Messgeräte.
- **Auswahlverzerrung** : Eine Auswahlverzerrung kann auftreten, wenn bestimmte Beobachtungen mit größerer Wahrscheinlichkeit im Datensatz vertreten sind als andere. Dies kann durch Faktoren verursacht werden, die von der Unfähigkeit, bestimmte Teilnehmer zu erreichen, bis hin zu unterschiedlichen Rücklaufquoten zwischen verschiedenen demografischen Gruppen reichen. Um den Effekt der Selektionsverzerrung zu minimieren, können Forscher Zufallsstichprobenmethoden einsetzen und den Einsatz von Techniken wie Propensity-Score-Matching und inverser Wahrscheinlichkeitsgewichtung in Betracht ziehen, um potenzielle Störfaktoren zu kontrollieren.
- **Verzerrung durch ausgelassene Variablen** : Verzerrung durch ausgelassene Variablen entsteht, wenn eine Schlüsselvariable oder ein Schlüsselfaktor, der das Zielergebnis beeinflusst, unbeabsichtigt oder aufgrund von

Datenbeschränkungen ausgeschlossen wird. Dies führt zu einem unklaren Zusammenhang zwischen den erklärenden Variablen und dem Ergebnis. Um dieses Problem anzugehen, ist es von entscheidender Bedeutung, ein klares Verständnis des Domänenbereichs und des Versuchsdesigns zu haben, um zu versuchen, alle relevanten Variablen einzubeziehen.

- **Datenqualität** : Aus verschiedenen Quellen gesammelte Daten können inkonsistente Einträge, doppelte Datensätze oder fehlende Werte enthalten. Alle diese Probleme können zu Verzerrungen führen und die statistische Validität der erzielten Ergebnisse beeinträchtigen. So verbessern Sie die Datenqualität:
  - Implementieren Sie Datenbereinigungsverfahren, einschließlich Ausreißererkennung, Datennormalisierung und Imputation fehlender Daten.
  - Förderung und Aufrechterhaltung der Transparenz bei den Datenerfassungsmethoden.
- **Umgang mit Verzerrungen in Algorithmen und Modellen** : Manchmal können statistische Algorithmen oder Modelle des maschinellen Lernens bestehende Verzerrungen in den Daten hervorrufen oder verstärken. Forscher und Praktiker müssen die Annahmen ihrer gewählten Modelle kontinuierlich überprüfen und hinterfragen und auf mögliche Quellen von Verzerrungen achten. Einige beliebte Techniken zur Minderung algorithmischer Verzerrungen können sein:
  - Gewährleistung der Vielfalt der Trainingsdaten.
  - Erstellen von Modellbewertungsmetriken, die Fairness und Gerechtigkeit berücksichtigen.

○ Einsatz maschineller Lerntechniken, die speziell auf Fairness ausgelegt sind, wie z. B. Adversarial Debiasing oder Fair Adaboost.

Wenn während oder nach der Analyse ein Verdacht auf Voreingenommenheit besteht, ist es wichtig, Einschränkungen und potenzielle Vorurteile, die im Prozess entstanden sein könnten, transparent zu kommunizieren. Dies fördert eine Kultur der Ehrlichkeit und ist wertvoll, um sicherzustellen, dass die Ergebnisse der Analyse ethisch vertretbar und wissenschaftlich korrekt sind.

Durch die frühzeitige Berücksichtigung von Vorurteilen und ethischen Überlegungen im Datenerfassungs- und -analyseprozess stellen Forscher und Praktiker eine zuverlässigere Grundlage für ihre gesamte statistische Analyse oder ihr maschinelles Lernprojekt sicher und bauen gleichzeitig Vertrauen zwischen Benutzern und Systembeteiligten auf. Angesichts der kontinuierlichen Weiterentwicklung von KI und datengesteuerten Technologien ist ein proaktiver und durchdachter Ansatz zur Bekämpfung von Vorurteilen wichtiger denn je.

Integration von Statistiken, Prognosen und maschinellem Lernen im wirklichen Leben

In diesem Unterabschnitt befassen wir uns mit der effektiven Integration von Statistiken, Prognosen und Techniken des maschinellen Lernens in reale Anwendungen. Wenn wir die Leistungsfähigkeit und Grenzen dieser Ansätze verstehen, können wir bessere Entscheidungen treffen und wertvolle

Erkenntnisse in verschiedenen Bereichen wie Wirtschaft, Finanzen, Gesundheitswesen und Sozialwissenschaften gewinnen.

1. Die Daten verstehen

Der erste Schritt bei der Anwendung dieser Techniken besteht darin, ein gutes Verständnis der vorliegenden Daten zu erlangen. Das beinhaltet:

- *Datenerfassung* : Das Sammeln zuverlässiger und relevanter Daten ist für jede Analyse von entscheidender Bedeutung. Für eine genaue Analyse und Entscheidungsfindung ist es wichtig sicherzustellen, dass die Daten für die untersuchte Bevölkerung oder das untersuchte Phänomen repräsentativ sind.
- *Datenvorverarbeitung* : Daten aus der realen Welt sind oft chaotisch, unvollständig und verrauscht. Vorverarbeitungstechniken wie Ausreißererkennung, Imputation fehlender Werte und Merkmalsskalierung sind erforderlich, um diese Probleme zu beheben und die Gültigkeit der Ergebnisse sicherzustellen.
- *Explorative Datenanalyse (EDA)* : Die Visualisierung und Zusammenfassung der Daten hilft bei der Identifizierung von Mustern, Trends und Beziehungen zwischen Variablen. Dieser Schritt kann die Auswahl geeigneter statistischer und maschineller Lernmethoden für ein bestimmtes Problem leiten.

2. Erstellen und Validieren von Modellen

Sobald wir ein klares Verständnis der Daten haben, können wir mit der Erstellung und Validierung von Modellen fortfahren, die spezifische Fragen oder Probleme ansprechen. Dieser Prozess umfasst:

- *Modellauswahl* : Die Auswahl des geeigneten statistischen oder maschinellen Lernalgorithmus ist entscheidend, um aussagekräftige Ergebnisse zu erhalten. Diese Entscheidung sollte auf der Art der Daten, dem behandelten Problem und dem gewünschten Maß an Interpretierbarkeit und Vorhersagegenauigkeit basieren.
- *Modelltraining* : Durch die Anpassung des ausgewählten Modells an die Daten können wir seine Parameter lernen und die Beziehungen zwischen Variablen quantifizieren. Dies kann Techniken wie die Regression der kleinsten Quadrate, die Maximum-Likelihood-Schätzung oder die Gradientenabstiegsoptimierung umfassen.
- *Modellvalidierung* : Die Bewertung der Gültigkeit und Genauigkeit des Modells ist wichtig, um sicherzustellen, dass die Ergebnisse zuverlässig und nützlich sind. Zu den Validierungstechniken gehören Kreuzvalidierung, Bootstrapping und der Vergleich der Leistung verschiedener Modelle in einem Holdout-Set.

3. Ergebnisse interpretieren und Entscheidungen treffen

Mit einem gut passenden Modell können wir mit der Interpretation der Ergebnisse fortfahren und darauf basierende Entscheidungen treffen. Dieser Prozess kann Folgendes umfassen:

- *Statistische Inferenz* : Schätzen der Werte unbekannter Populationsparameter, Testen von Hypothesen, Ableiten von Konfidenzintervallen und Quantifizieren der Unsicherheit in den Ergebnissen.
- *Prognose* : Vorhersage zukünftiger Ergebnisse oder Trends auf der Grundlage der in den historischen Daten identifizierten Beziehungen. Dabei kann es sich um Zeitreihenanalysen, Szenarioanalysen oder simulationsbasierte Techniken wie die Monte-Carlo-Simulation handeln.
- *Maschinelles Lernen* : Nutzung trainierter Modelle, um Vorhersagen zu treffen, neue Datenpunkte zu klassifizieren, Muster zu identifizieren und verborgene Beziehungen in den Daten aufzudecken. Beispiele hierfür sind Bilderkennung, Verarbeitung natürlicher Sprache und Empfehlungssysteme.
- *Entscheidungsfindung* : Nutzung der Ergebnisse der Analyse, um fundierte Entscheidungen zu treffen, sei es in der Wirtschaft, im Finanzwesen, im Gesundheitswesen oder in den Sozialwissenschaften. Dies kann Szenarioanalysen, Kosten-Nutzen-Analysen oder Optimierungstechniken umfassen.

4. Modelle iterieren und aktualisieren

Wenn neue Daten verfügbar werden oder sich die Bedingungen ändern, ist es wichtig, die Modelle zu aktualisieren und ihre Genauigkeit und Relevanz neu zu bewerten. Dies könnte einen kontinuierlichen Verbesserungsprozess beinhalten, wie zum Beispiel:

- *Modellverfeinerung* : Aktualisierung des Modells, um neue Daten, Variablen oder Methoden zu integrieren und so seine Leistung zu verbessern.
- *Überwachung der Leistung* : Regelmäßige Bewertung der Leistung des Modells anhand von Leistungsmetriken wie Genauigkeit, Präzision, Rückruf oder F1-Score, um sicherzustellen, dass es im Laufe der Zeit gültig und genau bleibt.
- *Neuschulung und Feinabstimmung* : Neubewertung und Anpassung der Modellparameter basierend auf neuen Daten oder geänderten Bedingungen, um seine Leistung aufrechtzuerhalten.

Durch die Integration von Statistik-, Prognose- und maschinellen Lerntechniken in reale Anwendungen können wir die Leistungsfähigkeit datengesteuerter Entscheidungsfindung nutzen, um komplexe Probleme anzugehen und fundierte Entscheidungen zu treffen. Indem wir die Grenzen und Stärken dieser Techniken verstehen und unsere Modelle kontinuierlich validieren und aktualisieren, können wir sicherstellen, dass unsere Entscheidungen auf genauen, zuverlässigen und relevanten Erkenntnissen basieren.

Praxisnahe Anwendungen von Statistik, Prognosen und maschinellem Lernen

In jüngster Zeit sind Statistiken, Prognosen und maschinelles Lernen (ML) zu einem integralen

Bestandteil verschiedener Aspekte des modernen Lebens geworden. Diese erhöhte Relevanz ist auf das Wachstum von Big Data und die Fortschritte bei der Rechenleistung zurückzuführen, die die Anwendung dieser Techniken in mehreren Bereichen ermöglicht haben. In diesem Unterabschnitt werden wir einige der wichtigsten realen Szenarien untersuchen, in denen Statistiken, Prognosen und ML eingesetzt werden, um komplexe Probleme zu lösen und Fortschritte voranzutreiben.

1. Gesundheitswesen und biomedizinische Forschung

Da täglich immer mehr gesundheitsbezogene Daten generiert werden, ist der Bereich des Gesundheitswesens und der biomedizinischen Forschung zu einem bedeutenden Nutznießer von Statistiken, Prognosen und ML-Techniken geworden. Einige dieser Anwendungen umfassen:

- **Krankheitsdiagnose und -prognose** : ML-Algorithmen, insbesondere Deep Learning und neuronale Netze, werden zur Analyse medizinischer Bilder wie Röntgen- und MRT-Aufnahmen eingesetzt, um Muster zu erkennen und Krankheiten genauer als herkömmliche Methoden zu diagnostizieren. Darüber hinaus können diese Techniken auch eingesetzt werden, um das Fortschreiten der Krankheit vorherzusagen und wirksame Behandlungspläne vorzuschlagen.
- **Arzneimittelentdeckung und personalisierte Medizin** : ML-Algorithmen können den Arzneimittelentdeckungsprozess beschleunigen,

indem sie die Wirksamkeit und Sicherheit von Kandidatenmolekülen vorhersagen. Darüber hinaus können diese Techniken auch bei der Entwicklung personalisierter Behandlungspläne helfen, die die genetische Ausstattung und die Gesundheitsgeschichte einzelner Patienten berücksichtigen.

- **Genomik und Epigenomik** : Statistiken und ML-Algorithmen werden genutzt, um riesige Datensätze zu analysieren, die im Rahmen der Humangenomik- und Epigenomikforschung generiert wurden. Diese Analyse hilft beim Verständnis der Rolle genetischer Variationen bei der Krankheitsanfälligkeit und bei der Entwicklung gezielter Therapien.

2. Finanzen und Wirtschaft

Der Finanz- und Wirtschaftssektor nutzt die Leistungsfähigkeit von Statistiken, Prognosen und ML für verschiedene Zwecke:

- **Börsenprognose** : Fortgeschrittene statistische Modelle und ML-Techniken wie Zeitreihenanalyse und Deep Learning können dabei helfen, Börsentrends vorherzusagen und fundiertere Anlageentscheidungen zu treffen.
- **Kreditrisikoanalyse** : ML-Algorithmen wie Entscheidungsbäume, logistische Regression und neuronale Netze werden verwendet, um die Kreditwürdigkeit von Kreditnehmern zu analysieren und dadurch das mit Krediten und anderen Finanzprodukten verbundene Risiko zu mindern.
- **Betrugserkennung** : ML-Algorithmen können umfangreiche Datensätze zu Finanztransaktionen

analysieren, um Muster und Anomalien zu identifizieren, die auf betrügerische Aktivitäten hinweisen.

- **Wirtschaftsprognose** : Zur Prognose makroökonomischer Indikatoren wie BIP-Wachstum, Inflation und Arbeitslosenquote werden verschiedene statistische und ökonometrische Modelle eingesetzt. Diese Prognosen helfen bei geld- und fiskalpolitischen Entscheidungen.

3. Marketing und Kundenanalyse

Unternehmen aller Branchen nutzen Statistiken, Prognosetechniken und ML, um ihre Marketingbemühungen zu verbessern und ihre Kunden besser zu verstehen:

- **Kundensegmentierung** : ML-Algorithmen wie Clustering- und Klassifizierungstechniken helfen Unternehmen dabei, Kunden anhand ihrer demografischen Informationen, Kaufmuster und anderen relevanten Faktoren zu gruppieren.
- **Stimmungsanalyse** : Natural Language Processing (NLP), ein Zweig von ML, kann Kundenbewertungen und Social-Media-Beiträge analysieren, um die Stimmung der Kunden gegenüber einem bestimmten Produkt oder einer bestimmten Marke zu ermitteln und es Unternehmen so zu ermöglichen, datengesteuerte Entscheidungen über Produktverbesserungen und Marketingstrategien zu treffen.
- **Nachfrageprognose** : Zeitreihenanalysen und Regressionsmodelle können Unternehmen dabei helfen, die Produktnachfrage vorherzusagen und

so ihre Lieferketten- und Bestandsverwaltungsprozesse zu optimieren.

- **Abwanderungsvorhersage** : ML-Modelle können Muster identifizieren, die auf eine Kundenabwanderung hinweisen, sodass Unternehmen vorbeugende Maßnahmen ergreifen und wertvolle Kunden binden können.

4. Verkehr und Stadtplanung

Statistische und ML-Techniken spielen eine entscheidende Rolle bei der Bewältigung der Herausforderungen in den Bereichen Verkehr und Stadtplanung:

- **Verkehrsvorhersage** : Anhand historischer Verkehrsdaten und -muster können ML-Algorithmen das Ausmaß der Überlastung vorhersagen und es den Verkehrsverwaltungsbehörden ermöglichen, den Verkehrsfluss zu optimieren und datengesteuerte Richtlinien umzusetzen.
- **Autonome Fahrzeuge** : Fortgeschrittene ML-Algorithmen wie Deep Learning und Reinforcement Learning treiben die Entwicklung autonomer Fahrzeuge voran, die komplexe Verkehrssituationen mit minimalem menschlichen Eingriff bewältigen können.
- **Intelligente Stadtinfrastruktur** : Statistische und ML-Techniken können bei der Analyse städtischer Daten helfen, um den Energieverbrauch, die Abfallwirtschaft und andere kritische Aspekte der Stadtplanung zu optimieren.

Zusammenfassend lässt sich sagen, dass die Anwendungsmöglichkeiten von Statistiken,

Prognosen und maschinellem Lernen nahezu unbegrenzt sind und sich auf praktisch jede Branche und jeden Bereich auswirken. Die rasante Entwicklung dieser Techniken in Verbindung mit der zunehmenden Verfügbarkeit von Daten und Rechenleistung hat die Voraussetzungen für weitere Fortschritte und Innovationen geschaffen, die unsere Welt weiterhin verändern werden. Angehende Fachkräfte, die in ihren jeweiligen Bereichen etwas bewirken möchten, müssen sich bemühen, Fachwissen in diesen quantitativen und analytischen Werkzeugen und Techniken zu entwickeln.

Reale Anwendungen statistischer Techniken und maschinellen Lernens

In der zunehmend datengesteuerten Welt von heute sind Kenntnisse über statistische Techniken und Algorithmen für maschinelles Lernen von unschätzbarem Wert. Diese leistungsstarken Tools finden vielfältige Anwendungsmöglichkeiten in verschiedenen Bereichen und Branchen, und ihre Effizienz bei der Lösung komplexer Probleme und der Generierung wertvoller Erkenntnisse hat dazu geführt, dass sie in einer Vielzahl von Szenarien eingesetzt werden. In diesem Abschnitt werden wir einige gängige reale Anwendungen statistischer Techniken und maschinellen Lernens untersuchen, die ihr transformatives Potenzial verdeutlichen.

1. Gesundheitswesen und Medizin

Die Gesundheitsbranche generiert riesige Datenmengen aus Krankenakten, klinischen Studien, Patientengeschichten, Genetik und Geräten. Die Einbeziehung statistischer Analysen und maschinellen Lernens kann zu verbesserten medizinischen Diagnosen und Behandlungsplänen führen. Zu den wichtigsten Anwendungen gehören:

- Krankheitsvorhersage: Hochrisikopersonen identifizieren, Krankheiten im Frühstadium erkennen und Behandlungsoptionen personalisieren.
- Arzneimittelentwicklung: Vorhersage der Arzneimittelsicherheit und -wirksamkeit, Optimierung der Arzneimitteldosierung und Verkürzung der Markteinführungszeit neuer Arzneimittel.
- Genomik: Analyse genetischer Daten, um die Beziehung zwischen Genen und Krankheiten zu bestimmen und eine Grundlage für die personalisierte Medizin zu schaffen.
- Medizinische Bildgebung: Automatische Analyse medizinischer Bilder wie MRT, CT-Scans und Röntgenaufnahmen, um eine genaue und schnellere Diagnose zu ermöglichen.
- Telemedizin: Nutzung maschineller Lerntechniken für die Fernüberwachung des Gesundheitszustands, die Vorsorge und das Krankheitsmanagement.

2. Finanzen und Bankwesen

Statistische Techniken und maschinelle Lernalgorithmen spielen im Finanz- und Bankensektor eine entscheidende Rolle und ermöglichen eine bessere Entscheidungsfindung, Betrugserkennung und Risikovorhersage. Beispiele beinhalten:

- Kreditbewertung: Bestimmung der Kreditwürdigkeit einer Person durch statistische Analysen und maschinelle Lernmodelle, was zu fundierten Kreditentscheidungen führt.
- Algorithmischer Handel: Analyse großer Mengen historischer Daten, um Muster und Trends zu erkennen und automatisierte Handelsausführungen zu ermöglichen.
- Betrugserkennung: Identifizieren Sie ungewöhnliche Muster bei Finanztransaktionen und kennzeichnen Sie sie als möglichen Betrug, was zur Schadensverhütung und einer höheren Sicherheit führt.
- Risikomanagement: Analyse historischer Finanzdaten zur Vorhersage und Minderung potenzieller Risiken, was zu optimierten Anlagestrategien führt.

3. Einzelhandel und E-Commerce

Unternehmen im Einzelhandel und E-Commerce sind stark auf datengesteuerte Entscheidungsfindung angewiesen. Statistische und maschinelle Lerntechniken ermöglichen ein verbessertes Kundenerlebnis, eine verbesserte Geschäftsleistung und eine optimierte Logistik. Zu den bemerkenswerten Anwendungen gehören:

- Empfehlungssysteme: Nutzung von Benutzerverhaltensdaten und -präferenzen, um personalisierte Produktvorschläge bereitzustellen, was zu höheren Konversionsraten und Kundenzufriedenheit führt.
- Bedarfsprognose: Vorhersage von Verkaufs- und Lagerbedarf, um Lagerbestände zu optimieren und Verschwendung zu reduzieren.
- Preisoptimierung: Analyse von Markttrends und Wettbewerbspreisen, um die optimale Preisstrategie zu ermitteln und Umsatz und Gewinn zu maximieren.
- Segmentierung und Targeting: Identifizierung verschiedener Kundengruppen mit ähnlichen Vorlieben und Verhaltensweisen, um effektivere Marketing- und Werbekampagnen zu ermöglichen.

4. Transport und Logistik

Effizientes Transport- und Logistikmanagement ist für Unternehmen und Stadtplanung von entscheidender Bedeutung. Statistische Methoden und Algorithmen des maschinellen Lernens spielen eine wichtige Rolle bei der Optimierung dieser Prozesse. Einige Anwendungen umfassen:

- Routenoptimierung: Analyse historischer Verkehrsdaten und -muster, um optimale Routen zu ermitteln und so Zeit und Kraftstoffkosten zu sparen.
- Verkehrsvorhersage: Vorhersage von Verkehrsfluss und Staus, um ein besseres Verkehrsmanagement und eine bessere Stadtplanung zu ermöglichen.
- Flottenmanagement: Vorhersage des Fahrzeugwartungsbedarfs, Optimierung des

Kraftstoffverbrauchs und Verbesserung der Fahrersicherheit.

- Autonome Fahrzeuge: Nutzung von Algorithmen des maschinellen Lernens für die sensorbasierte Datenanalyse, um die Entscheidungsfindung und Steuerung selbstfahrender Autos in Echtzeit zu erleichtern.

5. Energie und Umwelt

Die anhaltenden weltweiten Bemühungen, nachhaltige Energielösungen zu finden und den Klimawandel zu bekämpfen, machen eine anspruchsvolle Datenanalyse erforderlich. Statistische Techniken und maschinelles Lernen unterstützen die Entwicklung und Verwaltung erneuerbarer Energiequellen, die Umweltüberwachung und Erhaltungsstrategien. Zu den wichtigsten Anwendungen gehören:

- Prognose für erneuerbare Energien: Vorhersage der Solar- und Windstromerzeugung auf der Grundlage von Wetterdaten, was zu optimierten Energieerzeugungs- und -verteilungsplänen führt.
- Vorhersage des Energieverbrauchs: Analyse historischer Daten, um zukünftige Energieverbrauchsmuster zu bestimmen und so ein besseres Nachfragemanagement zu ermöglichen.
- Klimamodellierung: Simulation komplexer Klimasysteme und Vorhersage zukünftiger Klimawandelszenarien als Orientierung für politische Entscheidungen und Anpassungsstrategien.

6. Sport und Unterhaltung

In den letzten Jahren haben Sportmannschaften und -organisationen damit begonnen, Datenanalysen und maschinelles Lernen zu nutzen. Hauptanwendungen sind:

- Leistungsanalyse: Analyse der Leistungsdaten der Spieler und Entwicklung optimaler Trainingsstrategien zur Verbesserung der Leistung der Athleten.
- Verletzungsvorhersage: Faktoren identifizieren, die zum Verletzungsrisiko beitragen, und Präventivmaßnahmen umsetzen.
- Spielstrategie: Nutzung von Spieler- und Teamstatistiken als Grundlage für Trainerentscheidungen und Spielpläne.
- Fan-Engagement: Analyse von Fandaten, um das Gesamterlebnis zu verbessern, Marketingkampagnen zu optimieren und den Umsatz zu steigern.

Zusammenfassend lässt sich sagen, dass statistische Techniken und Methoden des maschinellen Lernens in verschiedenen Bereichen vielversprechend und transformativ sind. Kontinuierliche Investitionen in die Entwicklung und Anwendung dieser Tools werden neue Möglichkeiten eröffnen und die Landschaft unserer Zukunft prägen.

Kombination statistischer Ansätze, Prognosetechniken und

maschinellem Lernen zur Verbesserung realer Anwendungen

Wenn man sich der realen Welt nähert, liefert ein Verständnis von Statistik, Prognosen und maschinellem Lernen wertvolle Erkenntnisse, die bei der Entscheidungsfindung, Optimierung und Vorhersage sehr hilfreich sein können. In diesem Abschnitt soll gezeigt werden, wie die Kombination dieser Ansätze verschiedene reale Anwendungen wie Geschäftsprozesse, wissenschaftliche Forschung und technologische Fortschritte verbessern kann.

1. Geschäftsanalyse und Entscheidungsfindung

Ein wichtiger Aspekt der Führung eines erfolgreichen Unternehmens besteht darin, datengesteuerte Entscheidungen zu treffen, die sich auf Wachstum, Effizienz und Kundenzufriedenheit auswirken. Um dies zu erreichen, können Unternehmen statistische Analysen, Prognosen und maschinelles Lernen nutzen, um Daten zu analysieren und umsetzbare Erkenntnisse zu gewinnen.

A. Nachfrageprognose und Lieferkette

Für Unternehmen, die in der Fertigung, im Einzelhandel oder in der Logistik tätig sind, ist es von entscheidender Bedeutung, die Nachfrage nach ihren Produkten zu verstehen und sicherzustellen, dass die Lagerbestände aufrechterhalten werden. Statistische Analysetechniken können verwendet werden, um Trends in historischen Verkaufsdaten zu identifizieren, während Prognosemodelle (wie Zeitreihenanalyse oder exponentielle Glättung) die zukünftige Nachfrage vorhersagen können. Diese Informationen können dann in Algorithmen für maschinelles Lernen eingespeist werden, die dabei helfen können, Entscheidungen in der Lieferkette und im Bestandsmanagement zu optimieren, beispielsweise zu entscheiden, wann bei Lieferanten Bestellungen aufgegeben oder Produktionsläufe geplant werden sollen.

B. Kundensegmentierung und Targeting

Für jedes Unternehmen ist es von größter Bedeutung, die Bedürfnisse und Vorlieben der Kunden zu verstehen. Statistische Techniken (z. B. Clusteranalyse oder Hauptkomponentenanalyse) können verwendet werden, um Kundendemografien, Präferenzen oder Interaktionsmuster zu identifizieren. Prognosemodelle können vorhersagen, wie bestimmte Kundengruppen auf bestimmte Marketingkampagnen oder Werbeangebote reagieren werden, während Algorithmen des maschinellen Lernens (z. B. Empfehlungsmaschinen) Unternehmen dabei helfen können, ihre Anzeigeninhalte, Website-Erlebnisse oder Produktempfehlungen an einzelne Kunden anzupassen und so die Conversions zu maximieren Kundenzufriedenheit.

2. Gesundheitswesen und Medizin

Im Gesundheitswesen und in der Medizin können genaue Vorhersagen und aktuelle Informationen direkt zu besseren Diagnosen, Behandlungen und Ergebnissen für Patienten führen. Statistische Analysen und maschinelles Lernen können verschiedene Aspekte der medizinischen Forschung, Diagnostik und Pflege verbessern.

A. Medizinische Diagnose und Bildgebung

Statistische Techniken können eingesetzt werden, um große medizinische Datensätze zu analysieren, Muster und Korrelationen zu identifizieren und potenzielle Biomarker für Krankheiten zu entdecken. Algorithmen des maschinellen Lernens, wie zum Beispiel Deep-Learning-Neuronale Netze oder Support-Vektor-Maschinen, können zur Analyse medizinischer Bilder (wie MRTs, CT-Scans oder Röntgenaufnahmen) und zur Bereitstellung präziser Diagnosen eingesetzt werden, die Ärzten dabei helfen, fundierte Behandlungsentscheidungen zu treffen.

B. Arzneimittelforschung und personalisierte Medizin

Der Prozess der Arzneimittelentdeckung umfasst traditionell umfangreiche Experimente und Tests. Statistische Ansätze wie experimentelles Design und Hypothesentests können zur Optimierung des Experimentierprozesses eingesetzt werden, während maschinelle Lernalgorithmen große Datensätze analysieren können, um potenzielle

Medikamentenkandidaten zu identifizieren und deren Wirksamkeit bei der Behandlung vorherzusagen. Darüber hinaus können Prognosetechniken in Kombination mit der Analyse genomischer Daten medizinisches Fachpersonal dabei unterstützen, personalisierte Medizin bereitzustellen und Behandlungen auf der Grundlage individueller Patientenprofile und -bedürfnisse anzupassen.

3. Klimawandel und Umweltschutz

Die Bekämpfung der negativen Auswirkungen des Klimawandels und der Schutz unserer Umwelt werden immer dringlicher. Statistische Analysen, Prognosen und maschinelles Lernen können in diesen Bereichen einen großen Beitrag leisten, unser Verständnis von Naturphänomenen verbessern und unsere Aktionspläne für die Zukunft verbessern.

A. Klimatrends und Wettervorhersage

Mit statistischen Techniken wie der Regressionsanalyse oder der Zeitreihenanalyse können historische Klima- und Wetterdaten untersucht und Trends und Muster bei globalen Temperaturen, Treibhausgasemissionen oder dem Anstieg des Meeresspiegels erkannt werden. Prognosemodelle wie das General Circulation Model (GCM) oder das Weather Research and Forecasting (WRF)-Modell können kurz- bis langfristige Vorhersagen von Klima- und Wettermustern liefern. Durch die Kopplung dieser Prognosen mit Algorithmen für maschinelles Lernen, wie z. B. künstlichen neuronalen Netzen, können Vorhersagen verbessert und Schadensbegrenzungsstrategien, Anpassungspläne oder politische Entscheidungen unterstützt werden.

B. Erhaltung der biologischen Vielfalt und Ökosystemmanagement

Der Schutz der biologischen Vielfalt und die Erhaltung der Ökosysteme sind für die Erhaltung der Gesundheit unseres Planeten von entscheidender Bedeutung. Statistische Techniken können verwendet werden, um Populationsgrößen abzuschätzen, Artenverteilungen zu analysieren oder Arteninteraktionen innerhalb von Ökosystemen zu modellieren. Prognosemodelle können die Auswirkungen des Klimawandels oder menschlicher Handlungen auf diese Ökosysteme vorhersagen, während maschinelles Lernen (z. B. Reinforcement Learning) Erhaltungsstrategien oder Pläne zur Wiederherstellung von Ökosystemen optimieren und so die bestmöglichen Ergebnisse für unsere Umwelt gewährleisten kann.

Abschluss

Zusammenfassend lässt sich sagen, dass die Kombination aus statistischen Ansätzen, Prognosetechniken und maschinellem Lernen unser Verständnis und unsere Entscheidungsprozesse in verschiedenen realen Anwendungen erheblich verbessern kann. Ausgestattet mit der Kraft datengesteuerter Erkenntnisse können Einzelpersonen,

Unternehmen und Regierungen bessere Entscheidungen treffen, ihre Abläufe optimieren und potenzielle Herausforderungen vorhersehen, was letztendlich zu besseren Ergebnissen und einer wohlhabenderen Zukunft für alle führt.

Kombination menschlicher Expertise mit automatisierten Algorithmen in realen Anwendungen

Meistens tauchen wir in die Welt der Datenanalyse ein, um fundierte Entscheidungen in verschiedenen Bereichen zu treffen. Während automatisierte Algorithmen eine hervorragende Möglichkeit bieten, riesige Datenmengen zu verarbeiten und zu analysieren, bleibt menschliches Fachwissen für die Kontextualisierung, Bewertung und Umsetzung der aus diesen Algorithmen gewonnenen Erkenntnisse unverzichtbar. In diesem Unterabschnitt diskutieren wir einige praktische Möglichkeiten, wie menschliches Fachwissen bei der Interpretation statistischer Analysen, Prognosen und maschineller Lernmodelle helfen kann, um optimale Lösungen für die Praxis abzuleiten.

Verbesserung der Validierung und Interpretation von Algorithmusausgaben

Während automatisierte Algorithmen in der Lage sind, riesige Datensätze zu verarbeiten und zahlreiche Erkenntnisse zu liefern, ist menschliches Fachwissen für die Validierung und Interpretation dieser Ergebnisse unerlässlich. Um quantitative Ergebnisse zu kontextualisieren, Nuancen zu erkennen und Vorurteile zu mildern, ist menschliches Urteilsvermögen erforderlich, um eine genaue Analyse und angemessene Empfehlungen sicherzustellen.

Beispielsweise könnte ein Modell für maschinelles Lernen ein Muster identifizieren, das eine bestimmte Bevölkerungsgruppe mit höherer oder niedrigerer Leistung in Verbindung bringt. Es erfordert jedoch menschliches Urteilsvermögen, um sicherzustellen, dass das Muster kein Artefakt einer in den Daten vorhandenen Verzerrung ist und dass seine Interpretation fair ist und keine Diskriminierung verbreitet. Darüber hinaus können Fachexperten wertvolles Feedback zur Relevanz und Durchführbarkeit von Algorithmusausgaben geben und so den Analyseprozess weiter verfeinern.

Überbrückung der Lücke zwischen Theorie und praktischer Umsetzung

Die Anwendung statistischer Methoden und Modelle des maschinellen Lernens in realen Situationen erfordert ein tiefes Verständnis und Verständnis für die damit verbundenen praktischen Auswirkungen. Menschliches Fachwissen kann die Lücke zwischen theoretischen Modellen und praktischen Einschränkungen schließen und sicherstellen, dass statistische und maschinelle

Lernvorhersagen realistisch, umsetzbar und umsetzbar sind.

Beispielsweise könnte ein im Verkehrsmanagement eingesetztes maschinelles Lernmodell bestimmte Verkehrsbeschränkungen vorschlagen, um Staus zu reduzieren. Allerdings müssen die lokalen Behörden praktische Auswirkungen berücksichtigen, wie etwa die Verfügbarkeit alternativer Routen, die möglichen Auswirkungen auf lokale Unternehmen und die öffentliche Meinung. In diesem Fall müssen Fachexperten und lokale Interessenvertreter zusammenarbeiten, um die vorgeschlagenen Lösungen zu bewerten und die Kompromisse abzuwägen, bevor die Empfehlungen umgesetzt werden.

Erleichterung einer effektiven interdisziplinären Zusammenarbeit

Die Verschmelzung statistischer und maschineller Lernansätze erfordert oft die Zusammenarbeit zwischen Experten aus verschiedenen Bereichen, um sicherzustellen, dass die resultierenden Ergebnisse präzise und zuverlässig sind. Fachexperten bringen Domänenwissen ein und helfen Datenwissenschaftlern, den Kontext und die Feinheiten des vorliegenden Problems zu verstehen. Umgekehrt lehren Datenwissenschaftler Fachexperten, wie sie das Potenzial von Algorithmen nutzen können, um wertvolle Erkenntnisse aus ihren Daten zu gewinnen.

Dieses kollaborative Umfeld fördert einen fruchtbaren Ideenaustausch und ermöglicht die Entwicklung maßgeschneiderter Lösungen, die auf spezifische Herausforderungen in verschiedenen Bereichen zugeschnitten sind. Beispielsweise kann die Zusammenarbeit zwischen medizinischem Fachpersonal und Datenwissenschaftlern zu Vorhersagemodellen führen, die Risikopatienten identifizieren, während die Kombination von Marketingerkenntnissen mit Algorithmen für maschinelles Lernen die Platzierung von Werbung optimieren und die Kapitalrendite maximieren kann.

Abwägung ethischer Überlegungen

Die Anwendung statistischer und maschineller Lernmodelle in realen Situationen muss von ethischen Überlegungen geleitet werden. Menschliches Fachwissen spielt eine entscheidende Rolle bei der Erkennung potenzieller ethischer Probleme und stellt sicher, dass die Ergebnisse und Empfehlungen die Privatsphäre des Einzelnen nicht gefährden, unfaire Vorurteile aufrechterhalten oder unbeabsichtigten Schaden anrichten.

Beispielsweise kann ein maschinelles Lernmodell eine bestimmte Gruppe von Kunden identifizieren, bei denen die Wahrscheinlichkeit höher ist, dass sie mit ihren Krediten in Verzug geraten. In einem solchen Szenario ist menschliches Urteilsvermögen erforderlich, um sicherzustellen, dass die daraus resultierenden Kreditrichtlinien diese Gruppe nicht unfair diskriminieren. Darüber hinaus sollten Transparenz und

Rechenschaftspflicht während des gesamten Analyse- und Entscheidungsprozesses gewahrt bleiben, damit Interessenvertreter und Regulierungsbehörden die Fairness und Gültigkeit des Ergebnisses bewerten können.

Zusammenfassend lässt sich sagen, dass die Kombination menschlicher Expertise mit automatisierten Algorithmen das Beste aus beiden Welten bietet – die Fähigkeit, riesige Datenmengen zu verarbeiten, mit dem differenzierten menschlichen Verständnis, das erforderlich ist, um wertvolle, ethische und praktische Lösungen für das wirkliche Leben zu generieren. Durch die Verbesserung der Validierung und Interpretation, die Überbrückung der Lücke zwischen Theorie und Praxis, die Erleichterung der interdisziplinären Zusammenarbeit und die Abwägung ethischer Überlegungen spielt menschliches Fachwissen eine wesentliche Rolle bei der Erschließung des vollen Potenzials von Statistik, Prognosen und maschinellem Lernen in realen Anwendungen.

10. Zukünftige Entwicklungen in Statistik, Prognose und maschinellem Lernen: Trends und Herausforderungen

10.1 Technologiekonvergenz und Zusammenarbeit

Fortschritte in mehreren Technologiebereichen wie künstlicher Intelligenz (KI), Data Mining, Statistik, Prognosen und maschinellem Lernen zielen alle darauf ab, riesige Datenmengen zu verstehen, um zur Lösung realer Probleme beizutragen. Da Daten für die Entscheidungsfindung und Problemlösung immer wichtiger werden, wird die Notwendigkeit, dass diese Technologien zusammenarbeiten und kohärente Lösungen liefern, immer wichtiger. In diesem Unterabschnitt werden wir die laufenden Entwicklungen und potenziellen Herausforderungen untersuchen, wenn diese Technologien zusammenwachsen und zusammenarbeiten, um die Menschheit in die Zukunft zu führen.

10.1.1 Verstärkte interdisziplinäre Forschung und Anwendungen

Der interdisziplinäre Charakter dieser Technologiekonvergenz impliziert, dass die Zusammenarbeit zwischen Experten aus verschiedenen Bereichen notwendigerweise zunehmen wird. Statistiker, Data Miner, KI-Spezialisten und andere Fachleute müssen eng zusammenarbeiten, um effektive Lösungen zu entwickeln. Die Integration dieser Bereiche wird es Unternehmen ermöglichen, datengesteuerte Entscheidungsprozesse aufzubauen, die auf den besten Aspekten all dieser Technologien basieren.

Ein offensichtliches Beispiel für diesen Trend ist der zunehmende Einsatz von maschinellem Lernen in statistischen Prognosemodellen. Herkömmliche Prognosemethoden wie ARIMA und Exponential Smoothing werden durch fortschrittlichere Algorithmen für maschinelles Lernen wie Recurrent Neural Networks (RNN) und Long Short-Term Memory (LSTM)-Netzwerke ergänzt oder in diese integriert. Dadurch können Prognostiker die Stärken beider Methoden nutzen, indem sie Hybridmodelle erstellen, die eine immer komplexere und umfangreichere Datenlandschaft bewältigen können.

Die größte Herausforderung bei interdisziplinärer Forschung und Anwendung besteht darin, ein gemeinsames Verständnis und Vokabular zwischen verschiedenen Expertengruppen zu entwickeln und aufrechtzuerhalten. Da diese Bereiche zusammenwachsen, werden kontinuierliche Bemühungen um Standardisierung, Kommunikation und Wissensverbreitung von entscheidender Bedeutung sein, um ein wirklich kollaboratives Umfeld zu schaffen, das Innovationen vorantreiben kann.

10.1.2 Automatisierung und algorithmische Verbesserungen

Da die potenziellen Anwendungen und Szenarien, die von Statistiken, Prognosen und maschinellem Lernen abgedeckt werden sollen, immer komplexer werden, steigt auch die Notwendigkeit, immer ausgefeiltere Algorithmen zu entwickeln und einzusetzen. Eine erwartete Entwicklung ist der verstärkte Fokus auf die Automatisierung des Prozesses der Modellauswahl, Parameterabstimmung und Datenverarbeitung. Durch die Automatisierung wird der Umfang der erforderlichen manuellen Eingriffe reduziert, was wiederum die Wahrscheinlichkeit minimiert, dass menschliche Vorurteile oder Fehler in die Analyse eindringen.

Da das Datenvolumen weiterhin wächst, steigt außerdem der Druck auf die Entwicklung von Algorithmen, die große Datensätze effizient verarbeiten können. Insbesondere auf dem Gebiet des maschinellen Lernens wurden in den letzten Jahren erhebliche Fortschritte erzielt. Dabei wurden neue Algorithmen entwickelt und bestehende Algorithmen verbessert, wodurch der Zeitaufwand, die Rechenressourcen und in einigen Fällen auch die Menge der zur Erstellung genauer Vorhersagen erforderlichen gekennzeichneten Daten reduziert werden können .

Diese Fortschritte bringen auch neue Herausforderungen im Zusammenhang mit der Erklärbarkeit und Interpretierbarkeit der entwickelten Modelle mit sich. Da Modelle immer komplexer und automatisierter werden, verschwindet der Bedarf an menschlicher Intuition und menschlichem Verständnis nicht. Tatsächlich wird es noch wichtiger, sicherzustellen, dass diese Systeme rechenschaftspflichtig, transparent und ethisch verantwortungsvoll bleiben.

10.1.3 Datenschutz und Sicherheit

Da immer mehr Organisationen und Institutionen in verschiedenen Branchen datengesteuerte Entscheidungsstrategien nutzen, besteht ein zunehmender Bedarf, Bedenken im Zusammenhang mit Datenschutz und -sicherheit auszuräumen. Die Kombination von Methoden aus Statistik, Prognose und maschinellem Lernen hat zu äußerst effektiven Analysemethoden zur Gewinnung von Erkenntnissen aus Daten geführt, hat aber auch die Bedenken hinsichtlich der Vertraulichkeit von Benutzerinformationen erhöht.

In den Bereichen Kryptografie und datenschutzschonendes maschinelles Lernen werden laufend Anstrengungen unternommen, um Techniken und Lösungen zu entwickeln, die eine Datenanalyse ermöglichen und gleichzeitig die Sicherheit sensibler Informationen gewährleisten. Zu diesen Techniken gehören homomorphe Verschlüsselung, sichere Mehrparteienberechnung und differenzielle Privatsphäre. Die Herausforderung besteht hier darin, ein Gleichgewicht zwischen der Wahrung des Datenschutzes und der Möglichkeit für Unternehmen zu finden, wertvolle Erkenntnisse zu gewinnen und fundierte Entscheidungen zu treffen.

10.1.4 Bildungsinitiativen und Personaltransformation

Auf dem Weg in die Zukunft müssen die Arbeitskräfte, die sich mit Statistiken, Prognosen und maschinellem Lernen befassen, für den Umgang mit diesen sich entwickelnden Technologien gut gerüstet sein. Bildungs- und Ausbildungsprogramme müssen sich an diese Veränderungen anpassen, indem sie interdisziplinäre Perspektiven einbeziehen und fortlaufende Schulungen zu neuen Techniken und Methoden anbieten. Die Formulierung von

Lehrplänen, Kursen und Programmen, die den Studierenden die wesentlichen Fähigkeiten für die Arbeit in dieser sich entwickelnden Landschaft vermitteln, wird von entscheidender Bedeutung sein.

Der Bedarf an Fachkräften mit Fachkenntnissen in diesen Bereichen wird weiter steigen, was die Arbeitskräfte belasten kann, wenn nicht genügend fähige Personen zur Verfügung stehen. Organisationen und Institutionen müssen in die Umschulung und Weiterqualifizierung ihrer Mitarbeiter investieren und interdisziplinäre Bildungsinitiativen umsetzen, um sie mit den notwendigen Fähigkeiten auszustatten, um künftigen Herausforderungen gewachsen zu sein.

Zusammenfassend lässt sich sagen, dass Statistik, Prognosen und maschinelles Lernen drei Bereiche sind, die erhebliche Fortschritte machen und auch in Zukunft eng zusammenarbeiten werden. Zu den wichtigsten zukünftigen Entwicklungen werden wahrscheinlich die zunehmende interdisziplinäre Forschung, Automatisierung, algorithmische Verbesserungen, verbesserter Datenschutz und Sicherheit sowie ein Fokus auf die Anpassung von Bildungsrahmen gehören. Die Zukunft dieser Bereiche ist vielversprechend, aber die erfolgreiche Umsetzung dieses Potenzials hängt von der Bewältigung mehrerer bedeutender und komplexer Herausforderungen ab.

10. Zukünftige Entwicklungen in Statistik, Prognose und

maschinellem Lernen: Trends und Herausforderungen

10.1. Reale Anwendungen und die Bedeutung interdisziplinärer Zusammenarbeit

Da die Welt immer datengesteuerter wird, wächst die Bedeutung statistischer Methoden, Prognosemodelle und Algorithmen des maschinellen Lernens (ML). Ihre Bedeutung geht über Disziplinen und Industriesektoren hinaus und die Anwendungen reichen unter anderem von den Bereichen Finanzen, Gesundheitswesen, Transport und Energie. In diesem Abschnitt gehen wir auf einige zukünftige Trends und Herausforderungen dieser Ansätze ein und betonen gleichzeitig die Bedeutung der interdisziplinären Zusammenarbeit für ihre erfolgreiche Umsetzung.

10.1.1. Erhöhte Komplexität und Heterogenität von Daten

Einer der Haupttrends, mit denen sich die Bereiche Statistik, Prognose und maschinelles Lernen auseinandersetzen müssen, ist die zunehmende Komplexität und Heterogenität von Daten. Organisationen und Einzelpersonen generieren kontinuierlich vielfältige Datensätze, die Text-, Bilder-, Audio- und Videodateien sowie miteinander verbundene und zeitliche Daten umfassen. Das bedeutet, dass ausgefeiltere Techniken erforderlich sein werden, um wertvolle Erkenntnisse aus diesen komplexen Datensätzen zu gewinnen, und hier kommen maschinelles

Lernen, Deep Learning und fortschrittliche statistische Methoden ins Spiel.

10.1.2. Integration von KI und ML in Entscheidungsprozesse

Da immer mehr Unternehmen beginnen, KI und ML in ihre Entscheidungsprozesse zu integrieren, wird die Abhängigkeit von genauen Prognosen und umsetzbaren Erkenntnissen noch größer. Dies zwingt Forscher dazu, robustere und zuverlässigere statistische Modelle und Algorithmen für maschinelles Lernen zu entwickeln.

Ein Trend, den wir in diesem Zusammenhang erwarten können, ist der verstärkte Einsatz von erklärbarer KI (XAI). Wenn Entscheidungsträger KI- und ML-Lösungen implementieren, möchten sie verstehen, wie die Modelle ihre Vorhersagen treffen. Dies fördert die Verantwortlichkeit, Transparenz und das Vertrauen in die Algorithmen und stellt sicher, dass ethische Überlegungen gewahrt bleiben und Fehler reduziert werden.

10.1.3. Edge Computing und die Entstehung des IoT

Das schnelle Wachstum des Internets der Dinge (IoT) wird voraussichtlich tiefgreifende Auswirkungen auf die Anwendungsbereiche Statistik, Prognose und maschinelles Lernen haben. Die riesigen Datenmengen, die von IoT-Geräten erzeugt werden, bieten erhebliche Möglichkeiten für Echtzeitanalysen, stellen aber auch Herausforderungen in Bezug auf Latenz, Bandbreitenbeschränkungen und Datenschutzbedenken dar.

Edge Computing, bei dem Daten näher an der Quelle verarbeitet werden, wird für die Bewältigung einiger dieser Herausforderungen wahrscheinlich immer wichtiger. Forscher müssen ressourceneffiziente Algorithmen entwickeln, die auf Edge-Geräten eingesetzt werden können und Echtzeitvorhersagen ermöglichen, ohne die Netzwerkinfrastruktur zu überfordern.

10.1.4. Interpretierbares maschinelles Lernen, kausale Schlussfolgerungen und ethische Herausforderungen

Da maschinelles Lernen eine breitere Akzeptanz findet und zunehmend in kritische Entscheidungsprozesse integriert wird, wird die Bedeutung der Interpretierbarkeit und des Verständnisses von Kausalzusammenhängen noch wichtiger. Dies ist nicht nur für die Modelldiagnose und -optimierung relevant, sondern auch für die Berücksichtigung ethischer und fairer Bedenken in der KI.

Die Notwendigkeit, die zugrunde liegenden Kausalmechanismen zu verstehen und faire, transparente und rechenschaftspflichtige Algorithmen zu entwickeln, bietet Statistikern und Forschern im Bereich maschinelles Lernen sowohl Chancen als auch Herausforderungen. Das wachsende Interesse an interpretierbaren maschinellen Lerntechniken und kausalen Schlussfolgerungen kann dazu beitragen, die Lücke zwischen Modellgenauigkeit und Erklärbarkeit zu schließen und sicherzustellen, dass ML-Modelle den ethischen Standards entsprechen, die in kritischen Anwendungen erwartet werden.

10.1.5. Die Bedeutung interdisziplinärer Zusammenarbeit

Der rasante Fortschritt von Technologien und Techniken in den Bereichen Statistik, Prognose und maschinelles Lernen erfordert die Zusammenarbeit zwischen Fachexperten, Statistikern und Informatikern. Interdisziplinäre Teams sind von entscheidender Bedeutung, um komplexe Probleme der realen Welt anzugehen und sicherzustellen, dass die entwickelten Modelle und Algorithmen anwendbar, interpretierbar und ethisch einwandfrei sind.

Zusammenarbeit fördert den Austausch von Ideen, Methoden und Perspektiven und führt letztendlich zu aussagekräftigeren Erkenntnissen, die Innovationen vorantreiben und die Entscheidungsfindung beeinflussen können. Durch die Förderung interdisziplinären Lernens und der interdisziplinären Kommunikation können Statistiker und Praktiker des maschinellen Lernens die Herausforderungen und Anforderungen verschiedener Bereiche besser verstehen und so die Entwicklung relevanterer und wirkungsvollerer Lösungen erleichtern.

10.2. Abschluss

Die Zukunft von Statistik, Prognosen und maschinellem Lernen ist voller spannender Möglichkeiten, aber auch großer Herausforderungen. Indem sie über neue Trends auf dem Laufenden bleiben, mit Experten aus anderen Disziplinen zusammenarbeiten und sich mit ethischen und fairen Überlegungen befassen, sind Praktiker und Forscher in diesen Bereichen gut gerüstet, um sich in der komplexen Landschaft realer Anwendungen zurechtzufinden und einen sinnvollen Beitrag dazu zu leisten der Fortschritt von Wissen und Technologie.

10.5 Zukünftige Entwicklungen in Statistik, Prognose und maschinellem Lernen: Trends und Herausforderungen

Die Zukunft von Statistik, Prognosen und maschinellem Lernen ist riesig, da diese Bereiche für die Entwicklung datengesteuerter Lösungen zur Bewältigung verschiedener Herausforderungen in der heutigen Welt von entscheidender Bedeutung sind. Innovationen in Technologie, Rechenressourcen und Algorithmen treiben den Bereich der Datenanalyse immer wieder auf ein neues Niveau. Dieser Abschnitt befasst sich mit den spannenden Trends und Herausforderungen, die die Zukunft dieser Bereiche prägen werden, und wie sie mit verschiedenen Sektoren verflochten werden, um Transformation und Innovation voranzutreiben.

10.5.1 Wachsende Daten und Komplexität

Mit dem Aufkommen des Internets der Dinge (IoT), mobiler Geräte, Sensoren und sozialer Medien explodiert die Datenproduktion. Jede Minute werden riesige Datenmengen generiert, die reichhaltige Wissensquellen darstellen, die darauf warten, ausgewertet zu werden. Datenexperten benötigen zunehmend das Wissen und die Fähigkeiten, um mit riesigen Datenmengen effizient umzugehen. Big-Data-Analysen und Distributed-Computing-Frameworks wie Apache Hadoop und Spark werden eine entscheidende Rolle bei der Erleichterung der Datenverarbeitung spielen und dadurch statistische Modellierung und Techniken des maschinellen Lernens verfeinern.

10.5.2 Neuronale Netze und Deep Learning

Neuronale Netze, eine Art maschinelles Lernen, die die Funktionsweise des menschlichen Gehirns simuliert, haben maßgeblich zu bedeutenden Fortschritten in verschiedenen Anwendungen wie Bilderkennung, Verarbeitung natürlicher Sprache (NLP) und Spielen beigetragen. Deep Learning, ein Teilgebiet neuronaler Netze, erfreut sich immer größerer Beliebtheit, da Forscher neue Architekturen und Trainingsmethoden erforschen. Es ist zu erwarten, dass die Komplexität neuronaler Netze zunimmt, die Leistung steigt und der Anwendungsbereich erweitert wird.

10.5.3 Verstärkungslernen und Transferlernen

Reinforcement Learning (RL) und Transfer Learning sind aktive Forschungsbereiche, die versprechen, die Art und Weise, wie Systeme lernen und Intelligenz erlangen, zu revolutionieren. Bei RL lernt ein Agent aus seiner Interaktion mit einer Umgebung auf der Grundlage eines Belohnungs-Feedback-Mechanismus und kann so Strategien zur Optimierung der Ergebnisse entwickeln. Beim Transferlernen hingegen geht es darum, in einem Kontext erlerntes Wissen anzuwenden, um verwandte Probleme zu lösen, was eine schnellere Konvergenz und eine verbesserte Leistung ermöglicht. Diese Ansätze haben ein weitreichendes Potenzial, einschließlich der Entwicklung von Systemen der „künstlichen allgemeinen Intelligenz“ (AGI), die in der Lage sind, mehrere Aufgaben effizient zu erlernen und Menschen in verschiedenen Bereichen zu übertreffen.

10.5.4 Interdisziplinäre Integration

Da die Anwendung von Statistik, Prognosen und maschinellem Lernen weiter zunimmt, werden wir eine zunehmende Integration mit anderen Studienbereichen wie Physik, Biologie und Sozialwissenschaften erleben. Diese interdisziplinäre Fusion wird den Austausch von Wissen und Methoden stärken und die Breite und Tiefe datengesteuerter Entdeckungen erhöhen. Beispielsweise werden Anwendungen des maschinellen Lernens in der Arzneimittelforschung und Genomik immer häufiger eingesetzt und treiben Fortschritte in der personalisierten Medizin voran.

10.5.5 Ethik und Fairness

Da sich datengesteuerte Systeme immer stärker auf das Leben von Menschen auswirken, wird es immer wichtiger, ethisches und faires Verhalten innerhalb dieser Systeme sicherzustellen. Algorithmische Voreingenommenheit, Transparenz und Rechenschaftspflicht werden im

Mittelpunkt umfangreicher Debatten und Forschungen unter Wissenschaftlern, Praktikern und politischen Entscheidungsträgern stehen. Die Entwicklung ethischer Rahmenwerke und Bewertungsinstrumente zum Schutz vor Diskriminierung, Datenschutzverletzungen und anderen potenziellen Schäden wird von größter Bedeutung sein.

10.5.6 Infrastruktur und Skalierbarkeit

Der enorme Umfang und die Echtzeitcharakteristik der Datengenerierung erfordern eine robuste Hardware- und Software-Infrastruktur, um ordnungsgemäße Wartungs-, Speicher- und Verarbeitungsfunktionen sicherzustellen. Cloud Computing und High Performance Computing (HPC) werden wahrscheinlich weiterhin eine entscheidende Rolle bei der Bewältigung dieser Anforderungen spielen. Darüber hinaus werden effiziente und kostengünstige Datenspeichertechnologien wie Objektspeicher und Data-Lake-Architektur im Zuge der Weiterentwicklung der Datenverwaltungsherausforderungen an Bedeutung gewinnen.

10.5.7 Mensch-Maschine-Interaktion

Da KI- und maschinelle Lernsysteme immer intelligenter und autonomer werden, wird es von entscheidender Bedeutung sein, die Zusammenarbeit zwischen Mensch und Maschine zu fördern, um die Stärken beider Parteien zu nutzen und die Schwächen beider Parteien abzumildern. Innovationen in der Mensch-Computer-Interaktion, wie Augmented Reality, Verarbeitung natürlicher Sprache und Computer Vision, werden die Zusammenarbeit von Menschen und Maschinen weiter verändern, Synergien schaffen und die Problemlösung beschleunigen.

Zusammenfassend lässt sich sagen, dass die Zukunft von Statistik, Prognosen und maschinellem Lernen eine faszinierende Landschaft voller Chancen und Herausforderungen bietet. Da die Technologie in beispiellosem Tempo voranschreitet, werden datengesteuerte Lösungen bei der Bewältigung komplexer Probleme, die die Menschheit betreffen, unverzichtbar. In diesen Bereichen informiert, anpassungsfähig und offen für Innovationen zu bleiben, ist der Schlüssel zur Erschließung ihres Potenzials und zur Veränderung der Welt zum Besseren.

10.2 Die Rolle interdisziplinärer Ansätze bei der Weiterentwicklung statistischer und maschineller Lerntechniken

Während wir weiter in das 21. Jahrhundert vordringen, werden Computermethoden und -techniken, die sich aus Statistik, Prognosen und maschinellem Lernen (ML) ergeben, weiterhin nahezu jeden Aspekt des menschlichen Lebens durchdringen. In einer sich ständig weiterentwickelnden Welt ist es oft eine schwierige Aufgabe, zukünftige Trends und Herausforderungen vorherzusagen. Eines bleibt jedoch sicher: Interdisziplinäre Ansätze werden im laufenden Prozess der Entwicklung neuer und verbesserter Methoden in Bereichen wie Statistik und maschinellem Lernen eine entscheidende Rolle spielen. Durch die Überbrückung der Lücke zwischen verschiedenen Fachgebieten erhalten Forscher und Praktiker Zugang zu innovativen Ideen und neuartigen Anwendungen, die den Stand der Technik dieser leistungsstarken Werkzeuge erheblich vorantreiben können.

10.2.1 Interaktionen zwischen Industrie und Wissenschaft

In Zukunft wird von immer mehr Fachleuten erwartet, dass sie über solide Grundlagen in statistischen und ML-Techniken verfügen. Um sicherzustellen, dass Menschen diese Fähigkeiten erwerben, ist eine enge Zusammenarbeit zwischen Industrie und Wissenschaft erforderlich. Bildungseinrichtungen spielen eine entscheidende Rolle bei der Vorbereitung zukünftiger Mitarbeiter und Forscher, indem sie hochmoderne Studiengänge und Schulungsmöglichkeiten anbieten. In der Zwischenzeit können Industrieorganisationen wertvolles Feedback und Unterstützung geben, indem sie Forschungsprojekte sponsern, wertvolle Daten teilen und Praktika und Kooperationsplätze anbieten.

Solche Partnerschaften zwischen den beiden Bereichen sollten in den kommenden Jahren weiter gestärkt werden. Dies wird nicht nur einen stetigen Zustrom gut vorbereiteter Fachkräfte in die Arbeitswelt gewährleisten, sondern auch fortlaufende Innovationen bei der Entwicklung und Implementierung statistischer und maschineller Lerntechniken fördern.

10.2.2 Robustheit und Datenschutzverbesserungen

Da statistische und maschinelle Lerntechniken in verschiedenen Sektoren immer allgegenwärtiger werden, wird der Bedarf an der Entwicklung robuster und die Privatsphäre schützender Methoden zunehmen. Das Generieren von Vorhersagen und Erkenntnissen aus Daten kann manchmal potenzielle Risiken mit sich bringen, darunter Verstöße gegen die Vertraulichkeit oder voreingenommene Ergebnisse, die nachteilige Folgen haben. Aus diesem Grund muss größeres Augenmerk auf die Entwicklung von Algorithmen gelegt werden, die nicht nur effektiv sind, sondern auch die Privatsphäre des Einzelnen respektieren und die Wahrscheinlichkeit schädlicher Ergebnisse minimieren.

Neue Strategien wie Differential Privacy und Federated Learning gewinnen als mögliche Lösungen für diese Probleme zunehmend an Bedeutung. Durch die kontinuierliche Iteration und Verfeinerung der Implementierung dieser Methoden können Entwickler sicherere Methoden für den Umgang mit sensiblen Informationen bereitstellen und gleichzeitig robuste Analyse- und Vorhersagefunktionen ermöglichen.

10.2.3 Der Aufstieg von AutoML und der Suche nach neuronalen Architekturen

Ein auffälliger Trend in den letzten Jahren war die zunehmende Konzentration auf die Entwicklung von Algorithmen, die Modelle für maschinelles Lernen autonom entwerfen und optimieren können. Dabei handelt es sich um Methoden wie die Hyperparameter-Suche und die Suche nach neuronaler Architektur mit dem Ziel, einen Großteil des Prozesses zu automatisieren, der zum Entwerfen genauer und effizienter Modelle erforderlich ist.

Es wird erwartet, dass diese Bemühungen auch in Zukunft fortgesetzt werden, basierend auf der Idee, dass menschliche Experten nur eine begrenzte Anzahl von Faktoren gleichzeitig im Auge behalten können. Durch die Nutzung von Rechenleistung und ausgefeilten Algorithmen kann ein breiterer Suchraum für potenzielle Modellentwürfe erkundet und neue und leistungsstärkere Lösungen entdeckt werden. Diese Methoden können sich auch als besonders wertvoll bei der Identifizierung von Modellen erweisen, die bei neuen, unbekannten Aufgaben oder Datensätzen gut funktionieren.

10.2.4 Zusammenarbeit zwischen Mensch und KI und Erweiterung des Anwendungsbereichs

Um das Potenzial von Statistik, Prognosen und maschinellem Lernen zu maximieren, wird der Fokus auf die Zusammenarbeit zwischen Mensch und KI in Zukunft weiter zunehmen. Forscher widmen sich zunehmend der Aufgabe, Menschen dabei zu helfen, die durch statistische oder ML-Modelle generierten Informationen und Vorhersagen besser zu verstehen und zu nutzen. Dies impliziert den Bedarf an besser interpretierbaren Techniken oder speziellen Benutzeroberflächen, die Erkenntnisse auf intuitive und umsetzbare Weise präsentieren können.

Neben der Verbesserung der Mensch-KI-Interaktionen besteht eine weitere wichtige Herausforderung darin, das Spektrum der realen Bereiche zu erweitern, in denen diese Techniken angewendet werden können. Dazu gehört die Bewältigung unkonventioneller oder historisch schwieriger Probleme wie die Vorhersage von Naturkatastrophen oder die Verfolgung globaler Pandemien. Durch die gezielte Ausrichtung auf solche Bereiche mit großer Wirkung kann die Leistungsfähigkeit statistischer und ML-Methoden genutzt werden, um sinnvolle und positive Veränderungen im Leben der Menschen herbeizuführen.

Zusammenfassend lässt sich sagen, dass die Vorhersage der Zukunft von Statistik, Prognose und maschinellem Lernen eine komplexe Aufgabe ist. Dennoch werden die Rolle interdisziplinärer Ansätze und der kontinuierlichen Zusammenarbeit zwischen Wissenschaft und Industrie in Verbindung mit der wachsenden Aufmerksamkeit für Robustheit, Datenschutz, AutoML und die Zusammenarbeit zwischen Mensch und KI zweifellos eine entscheidende Rolle bei der Gestaltung der Fortschritte in diesen Bereichen spielen. Während wir weiterhin Innovationen vorantreiben und den Horizont dieser Bereiche erweitern, wird das Potenzial, unser Verständnis der Welt zu verbessern und die Entscheidungsfindung in verschiedenen Bereichen zu verbessern, praktisch grenzenlos sein.

10.1 Neue Technologien und Paradigmen im Bereich Statistik, Prognose und maschinelles Lernen

Da sich der Bereich Statistik, Prognosen und maschinelles Lernen ständig weiterentwickelt, prägen mehrere Schlüsseltrends seine Zukunft. Diese Entwicklungen bieten spannende Möglichkeiten zur Verbesserung und Ausweitung der Anwendung dieser Disziplinen sowie Herausforderungen beim Verständnis und der Navigation in der sich schnell verändernden Landschaft. In diesem Abschnitt werden einige der vielversprechendsten Entwicklungen besprochen, wobei der Schwerpunkt darauf liegt, welche Auswirkungen sie auf das Feld haben können und welche Herausforderungen sie für die in diesem Bereich Tätigen mit sich bringen könnten.

10.1.1 Der Aufstieg von Big Data und Echtzeitanalysen

Die Datenexplosion der letzten Jahre hat das Gesicht von Statistik, Prognosen und maschinellem Lernen verändert. Durch den Zugriff auf umfangreiche Datensätze haben diese

Bereiche das Potenzial, genauere Modelle zu entwickeln, fundiertere Entscheidungen zu treffen und beispiellose Einblicke in verschiedene Branchen und Aspekte des Lebens zu liefern. Allerdings birgt die schiere Datenmenge auch Herausforderungen: Wie können wir solch große Datenmengen effizient verarbeiten, speichern und analysieren?

Eine Lösung für diese Herausforderung ist das Aufkommen von Echtzeitanalysen, die sich auf die Verarbeitung von Daten konzentrieren, während sie generiert werden, anstatt sich auf historische Daten zu verlassen. Dieser Ansatz ermöglicht es Praktikern, proaktive Entscheidungen zu treffen, Muster und Trends schnell zu erkennen und auf sich abzeichnende Ereignisse zu reagieren. Echtzeitanalysen spielen auch im wachsenden Bereich der Streaming-Analytik eine wichtige Rolle, bei der Daten kontinuierlich analysiert werden, um Erkenntnisse zu gewinnen und Entscheidungen zu treffen.

10.1.2 Deep Learning und künstliche neuronale Netze

Deep Learning, ein Teilbereich des maschinellen Lernens, nutzt künstliche neuronale Netze, um Computern beizubringen, Muster zu erkennen, Entscheidungen zu treffen und andere komplexe Aufgaben auszuführen. Diese Netzwerke, die von der Struktur und Funktion biologischer neuronaler Netzwerke inspiriert sind, haben bemerkenswerte Erfolge in Bereichen wie Bilderkennung, Verarbeitung natürlicher Sprache und Spielen gezeigt.

Deep Learning hat das Potenzial, Prognosen und Statistiken zu revolutionieren, indem es genauere Vorhersagen ermöglicht und neue Einblicke in komplexe Beziehungen innerhalb von Daten liefert. Allerdings bestehen weiterhin Herausforderungen beim Training und Einsatz von Deep-Learning-Modellen, insbesondere im Hinblick auf die Rechenleistung und das Verständnis ihres Innenlebens. Da Deep Learning immer weiter voranschreitet, wird es für Praktiker in den Bereichen Statistik, Prognose und maschinelles Lernen von entscheidender Bedeutung sein, in diesem sich schnell entwickelnden Bereich auf dem Laufenden zu bleiben.

10.1.3 Das Internet der Dinge und Sensordaten

Das Internet der Dinge (IoT) – das Netzwerk miteinander verbundener Geräte und Objekte – ist ein schnell wachsendes und sich weiterentwickelndes Feld, das umfangreiche Daten für statistische Modelle und Prognosen bereitstellt. IoT-Geräte und -Sensoren sammeln riesige Mengen an Echtzeitdaten in verschiedenen Branchen, darunter Landwirtschaft, Gesundheitswesen, Transport und Energiemanagement.

Der Aufstieg von IoT- und Sensordaten bietet einzigartige Möglichkeiten für die Anwendung von Statistiken, Prognosen und maschinellem Lernen und ermöglicht eine detailliertere und genauere Modellierung und Vorhersage. Allerdings stellt die schiere Menge der erzeugten Daten in Verbindung mit der Notwendigkeit einer Echtzeitanalyse erhebliche Herausforderungen hinsichtlich der Datenspeicherung, -verarbeitung und -übertragung dar.

10.1.4 Die ethischen, Datenschutz- und Sicherheitsimplikationen der Datenwissenschaft

Da Daten zunehmend verfügbar und in Entscheidungsprozesse integriert werden, sind Bedenken hinsichtlich der ethischen, Datenschutz- und Sicherheitsauswirkungen der Datenerhebung und -nutzung von entscheidender Bedeutung. Von digitaler Überwachung und Gesichtserkennung bis hin zu algorithmischen Vorurteilen und autonomen Fahrzeugen werfen die wachsende Macht und der Einfluss datengesteuerter Entscheidungen Fragen über den verantwortungsvollen Umgang mit Daten und die Auswirkungen auf die Privatsphäre des Einzelnen und das gesellschaftliche Wohlergehen auf.

Für Praktiker in den Bereichen Statistik, Prognose und maschinelles Lernen ist das Verständnis der ethischen, Datenschutz- und Sicherheitsdimensionen ihrer Arbeit von entscheidender Bedeutung. Dies kann die Berücksichtigung potenzieller Verzerrungen bei Datenquellen, die Sicherstellung einer verantwortungsvollen Datennutzung und -speicherung sowie die Auseinandersetzung mit ethischen Rahmenwerken und Richtlinien in ihren Bereichen umfassen.

10.1.5 Die Integration von Domänenexpertise mit technischen Fähigkeiten

Mit der Erweiterung und Diversifizierung der Bereiche Statistik, Prognose und maschinelles Lernen wird der Bedarf an interdisziplinärer Zusammenarbeit weiter zunehmen. Experten in verschiedenen Bereichen – von Ökologie und öffentlicher Gesundheit bis hin zu Finanzen und Politik – müssen eng mit Datenwissenschaftlern und Statistikern zusammenarbeiten, um wirkungsvolle Modelle und Vorhersagen zu entwickeln. Diese Zusammenarbeit trägt dazu bei, dass technisches Fachwissen angemessen auf reale Probleme angewendet wird und die größten Auswirkungen auf die Industrie und die Gesellschaft insgesamt hat.

Darüber hinaus ist domänenspezifisches Wissen von unschätzbarem Wert, um die Interpretierbarkeit von Modellen des maschinellen Lernens sicherzustellen, eine zentrale Herausforderung auf diesem Gebiet. Erfahrungen in der Zieldomäne können dabei helfen, Modelle zu validieren, potenzielle Fallstricke und Verzerrungen zu identifizieren und die Entwicklung genauerer und aussagekräftigerer Modelle zu unterstützen.

Zusammenfassend lässt sich sagen, dass die zukünftigen Entwicklungen in den Bereichen Statistik, Prognosen und maschinelles Lernen sowohl spannende Chancen als auch gewaltige Herausforderungen bieten. Indem sie über diese Trends auf dem Laufenden bleiben und sich mit den interdisziplinären und ethischen Dimensionen ihrer Arbeit auseinandersetzen, sind Praktiker besser gerüstet, um die Zukunft dieser Disziplinen zu steuern und einen sinnvollen Einfluss auf die Welt um sie herum zu nehmen.

Haftungsausschluss für Urheberrechte und Inhalte:

Haftungsausschluss für KI-gestützte Inhalte:
Der Inhalt dieses Buches wurde mit Hilfe von Sprachmodellen der künstlichen Intelligenz (KI) wie CHatGPT und Llama generiert. Obwohl Anstrengungen unternommen wurden, um die Richtigkeit und Relevanz der bereitgestellten Informationen sicherzustellen, geben Autor und Herausgeber keine Gewährleistungen oder Garantien hinsichtlich der Vollständigkeit, Zuverlässigkeit oder Eignung des Inhalts für einen bestimmten Zweck. Die von der KI generierten Inhalte können Fehler, Ungenauigkeiten oder veraltete Informationen enthalten, und Leser sollten Vorsicht walten lassen und alle Informationen unabhängig überprüfen, bevor sie sich darauf verlassen. Der Autor und Herausgeber übernimmt keine Verantwortung für etwaige Folgen, die sich aus der Nutzung oder dem Vertrauen auf die KI-generierten Inhalte in diesem Buch ergeben.

Allgemeiner Haftungsausschluss:
Für die Erstellung dieses Buches verwenden wir Tools zur Inhaltsgenerierung und beziehen einen großen Teil des Materials aus Tools zur Textgenerierung. Wir stellen Finanzmaterial und Daten über unsere Dienste zur Verfügung. Um dies zu erreichen, greifen wir auf eine Vielzahl von Quellen zurück, um diese Informationen zu sammeln. Wir glauben, dass es sich dabei um zuverlässige, glaubwürdige und genaue Quellen handelt. Es kann jedoch vorkommen, dass die Informationen falsch sind.

WIR MACHEN KEINEN ANSPRUCH ODER ZUSICHERUNGEN HINSICHTLICH DER RICHTIGKEIT, VOLLSTÄNDIGKEIT ODER WAHRHEIT DER IN UNSEREM Buch ENTHALTENEN MATERIALIEN. Wir haften auch nicht für etwaige Fehler, Ungenauigkeiten oder Auslassungen und schließen ausdrücklich jegliche stillschweigende Gewährleistung der Marktgängigkeit oder der Eignung für einen bestimmten Zweck aus. Wir haften in keinem Fall für entgangenen Gewinn oder andere kommerzielle Schäden oder Sachschäden, einschließlich, aber nicht beschränkt auf AUF BESONDERE, ZUFÄLLIGE, FOLGESCHÄDEN ODER ANDERE SCHÄDEN; ODER FÜR VERZÖGERUNGEN BEIM INHALT ODER DER ÜBERTRAGUNG DER DATEN IN UNSEREM BUCH ODER DASS DAS BUCH IMMER VERFÜGBAR IST.
Darüber hinaus ist es wichtig zu beachten, dass Sprachmodelle wie ChatGPT auf Deep-Learning-Techniken basieren und auf riesigen Textdatenmengen trainiert wurden, um menschenähnlichen Text zu generieren. Diese Textdaten umfassen eine Vielzahl von Quellen wie Bücher, Artikel, Websites und vieles mehr. Dieser Trainingsprozess ermöglicht es dem Modell, Muster und Beziehungen innerhalb des Textes zu lernen und kohärente und kontextbezogene Ausgaben zu generieren.

Sprachmodelle wie ChatGPT können in einer Vielzahl von Anwendungen verwendet werden, einschließlich, aber nicht beschränkt auf, Kundenservice, Inhaltserstellung und Sprachübersetzung. Im Kundenservice beispielsweise können Sprachmodelle eingesetzt werden, um Kundenanfragen schnell und präzise zu beantworten, wodurch menschliche Agenten für die Bearbeitung komplexerer Aufgaben entlastet werden. Bei der Inhaltserstellung können Sprachmodelle zum Generieren von Artikeln, Zusammenfassungen und Bildunterschriften verwendet werden, was den Erstellern von Inhalten Zeit und Aufwand spart. Bei der Sprachübersetzung können Sprachmodelle dabei helfen, Texte mit hoher Genauigkeit von einer Sprache in eine andere zu übersetzen und so dabei helfen, Sprachbarrieren abzubauen.

Es ist jedoch wichtig zu bedenken, dass Sprachmodelle zwar große Fortschritte bei der Generierung menschenähnlicher Texte gemacht haben, sie jedoch nicht perfekt sind. Das Verständnis des Modells für den Kontext und die Bedeutung des Textes unterliegt immer noch Einschränkungen und kann zu falschen oder anstößigen Ergebnissen führen. Daher ist es wichtig, Sprachmodelle mit Vorsicht zu verwenden und stets die Genauigkeit der vom Modell generierten Ausgaben zu überprüfen.

Finanzielle Haftungsausschluss

Dieses Buch soll Ihnen helfen, die Welt des Online-Investierens zu verstehen, Ihre Ängste vor dem Einstieg zu beseitigen und Ihnen bei der Auswahl guter Investitionen zu helfen. Unser Ziel ist es, Ihnen dabei zu helfen, die Kontrolle über Ihr finanzielles Wohlergehen zu übernehmen, indem wir Ihnen eine solide Finanzausbildung und verantwortungsvolle Anlagestrategien bieten. Die in diesem Buch und in unseren Diensten enthaltenen Informationen dienen jedoch nur der allgemeinen Information und Bildungszwecken. Es ist nicht als Ersatz für eine rechtliche, kommerzielle und/oder finanzielle Beratung durch einen zugelassenen Fachmann gedacht. Das Geschäft mit Online-Investitionen ist eine komplizierte Angelegenheit, die für den Erfolg jeder Investition eine sorgfältige finanzielle Due Diligence erfordert. Es wird Ihnen dringend empfohlen, die Dienste qualifizierter und kompetenter Fachleute in Anspruch zu nehmen, bevor Sie eine Investition tätigen, die sich auf Ihre Finanzen auswirken könnte. Diese Informationen werden in diesem Buch bereitgestellt, einschließlich der Art und Weise, wie es erstellt wurde, und werden zusammenfassend als „Dienste" bezeichnet.

Seien Sie vorsichtig mit Ihrem Geld. Verwenden Sie nur Strategien, bei denen Sie beide die potenziellen Risiken verstehen und mit denen Sie sich wohlfühlen. Es liegt in Ihrer Verantwortung, klug zu investieren und Ihre persönlichen und finanziellen Daten zu schützen.

Wir glauben, dass wir eine großartige Gemeinschaft von Anlegern haben, die durch Investitionen finanziellen Erfolg erzielen und sich gegenseitig dabei helfen möchten. Dementsprechend ermutigen wir die Leute, in unserem Blog und möglicherweise in Zukunft auch in unserem Forum Kommentare abzugeben. Viele Menschen werden zu diesem Thema beitragen, es wird jedoch Zeiten geben, in denen Menschen unbeabsichtigt oder unabsichtlich irreführende, täuschende oder falsche Informationen bereitstellen.

Sie sollten sich NIEMALS auf Informationen oder Meinungen verlassen, die Sie zu diesem Buch oder einem Buch, auf das wir verlinken, lesen. Die Informationen, die Sie hier und in unseren Dienstleistungen lesen, sollten als Ausgangspunkt für Ihre EIGENE RECHERCHE zu verschiedenen Unternehmen und Anlagestrategien dienen, damit Sie eine fundierte Entscheidung darüber treffen können, wo und wie Sie Ihr Geld investieren.

WIR GARANTIEREN NICHT DIE RICHTIGKEIT, ZUVERLÄSSIGKEIT ODER VOLLSTÄNDIGKEIT DER IN DEN KOMMENTAREN, IM FORUM ODER IN ANDEREN ÖFFENTLICHEN BEREICHEN DES BUCHS ODER IN EINEM IN UNSEREM BUCH ERSCHEINENDEN HYPERLINK BEREITGESTELLTEN INFORMATIONEN.

Unsere Dienstleistungen sollen Ihnen dabei helfen, zu verstehen, wie Sie für sich selbst gute Investitions- und persönliche Finanzentscheidungen treffen können. Sie tragen die alleinige Verantwortung für die von Ihnen getroffenen Anlageentscheidungen. Wir übernehmen keine Verantwortung für Fehler oder Auslassungen im Buch, auch nicht in Artikeln oder Beiträgen, für in Nachrichten eingebettete Hyperlinks oder für Ergebnisse, die sich aus der Verwendung solcher Informationen ergeben. Wir haften auch nicht für Verluste oder Schäden, einschließlich etwaiger Folgeschäden, die dadurch entstehen, dass sich ein Leser auf Informationen verlässt, die er durch die Nutzung unserer Dienste erhält. Bitte nutzen Sie unser Buch nicht, wenn Sie keine Selbstverantwortung für Ihr Handeln übernehmen.

Die US-Börsenaufsicht SEC (Securities and Exchange Commission) hat zusätzliche Informationen zum Thema Cyberbetrug veröffentlicht, die Ihnen helfen sollen, ihn zu erkennen und wirksam zu bekämpfen. Weitere Hilfe zu Online-Investitionsprogrammen und deren Vermeidung erhalten Sie auch in den folgenden Büchern: http://www.sec.gov und http://www.finra.org sowie http://www.nasaa.org Hierbei handelt es sich jeweils um Organisationen, die zum Schutz von Online-Investoren gegründet wurden.

Wenn Sie unsere Ratschläge ignorieren und keine unabhängige Recherche zu den verschiedenen Branchen, Unternehmen und Aktien durchführen, beabsichtigen Sie, in Informationen, „Tipps" oder Meinungen aus unserem Buch zu investieren und sich ausschließlich auf diese zu verlassen – Sie stimmen zu, dass Sie dies getan haben Sie treffen eine bewusste, persönliche Entscheidung aus Ihrem eigenen freien Willen und werden unter keinen Umständen versuchen, uns für die daraus resultierenden Ergebnisse verantwortlich zu machen. Die hier angebotenen Dienstleistungen dienen nicht dazu, als Ihr persönlicher Anlageberater zu fungieren. Wir kennen nicht alle relevanten Fakten über Sie und/oder Ihre individuellen Bedürfnisse und wir behaupten nicht, dass unsere Dienste für Ihre Bedürfnisse geeignet sind. Wenn Sie eine persönliche Beratung wünschen, sollten Sie einen registrierten Anlageberater aufsuchen.

Links zu anderen Websites. Von Zeit zu Zeit können Sie über unsere Website auch auf andere Bücher verlinken. Wir haben keine Kontrolle über den Inhalt oder die Handlungen der Bücher, auf die wir verlinken, und haften nicht für alles, was im Zusammenhang mit der Nutzung dieser Bücher geschieht. Die Aufnahme von Links sollte, sofern nicht ausdrücklich anders angegeben, nicht als Befürwortung oder Empfehlung dieses Buches oder der darin geäußerten Ansichten angesehen werden. Sie, und nur Sie, sind dafür verantwortlich, jedes Buch sorgfältig zu prüfen, bevor Sie Geschäfte mit ihnen tätigen.

Haftungsausschlüsse und -beschränkungen: Unter keinen Umständen, einschließlich, aber nicht beschränkt auf Fahrlässigkeit, können wir oder unsere Partner (sofern vorhanden) oder eines unserer verbundenen Unternehmen direkt oder indirekt für Verluste oder Schäden jeglicher Art verantwortlich oder haftbar gemacht werden von oder im Zusammenhang mit der Nutzung unserer Dienste, einschließlich, aber nicht beschränkt auf direkte, indirekte, Folgeschäden, unerwartete, besondere, exemplarische oder andere Schäden, die daraus resultieren können, einschließlich, aber nicht beschränkt auf wirtschaftliche Verluste, Verletzungen, Krankheit oder Tod oder ähnliches andere Arten von Verlusten oder Schäden oder unerwartete oder negative Reaktionen auf hierin enthaltene Vorschläge oder auf andere Weise, die Ihnen im Zusammenhang mit Ihrer Nutzung von Ratschlägen, Waren oder Dienstleistungen, die Sie auf der Website erhalten, unabhängig von der Quelle verursacht oder angeblich entstanden sind, oder jedes andere Buch, das Sie möglicherweise über Links von unserem Buch aus besucht haben, auch wenn Sie auf die Möglichkeit solcher Schäden hingewiesen wurden.

Das geltende Recht erlaubt möglicherweise keine Beschränkung oder einen Ausschluss der Haftung oder von Neben- oder Folgeschäden (einschließlich, aber nicht beschränkt auf verlorene Daten), sodass die oben genannte Einschränkung oder der Ausschluss möglicherweise nicht auf Sie zutrifft. Allerdings übersteigt die Gesamthaftung von uns Ihnen gegenüber für alle Schäden, Verluste und Klagegründe (sei es aus Vertrag, unerlaubter Handlung oder anderweitig) in keinem Fall den Betrag, den Sie uns gegebenenfalls für die Nutzung unserer Dienste gezahlt haben Dienstleistungen, falls vorhanden. Und durch die Nutzung unserer Website erklären Sie sich ausdrücklich damit einverstanden, uns nicht für Konsequenzen haftbar zu machen, die sich aus Ihrer Nutzung unserer Dienste oder der darin bereitgestellten Informationen zu irgendeinem Zeitpunkt oder aus irgendeinem Grund ergeben, unabhängig von den Umständen.

Haftungsausschluss für spezifische Ergebnisse. Unser Ziel ist es, Ihnen durch Bildung und Investitionen dabei zu helfen, die Kontrolle über Ihr finanzielles Wohlergehen zu erlangen. Wir bieten Strategien, Meinungen, Ressourcen und andere Dienstleistungen, die speziell darauf ausgelegt sind, den Lärm und den Hype zu durchbrechen und Ihnen dabei zu helfen, bessere persönliche Finanz- und Anlageentscheidungen zu treffen. Es gibt jedoch keine Garantie dafür, dass eine Strategie oder Technik zu 100 % wirksam ist, da die Ergebnisse von Person zu Person sowie von der Anstrengung und dem Engagement, die sie zur Erreichung ihres Ziels unternehmen, unterschiedlich sein können. Und leider kennen wir Sie nicht. Daher erklären Sie sich mit der Nutzung und/oder dem Kauf unserer Dienste ausdrücklich damit einverstanden, dass die Ergebnisse, die Sie durch die Nutzung dieser Dienste erhalten, ausschließlich Ihnen überlassen sind. Darüber hinaus erklären Sie sich ausdrücklich damit einverstanden, dass sämtliche Risiken der Nutzung und etwaige Folgen einer solchen Nutzung ausschließlich bei Ihnen liegen. Und dass Sie zu keinem Zeitpunkt oder aus irgendeinem Grund versuchen werden, uns haftbar zu machen, unabhängig von den Umständen.

Gemäß den gesetzlichen Bestimmungen können und werden wir keine Garantie dafür geben, dass Sie durch die Nutzung der über unser Buch erworbenen Dienste bestimmte Ergebnisse erzielen können. Nichts auf dieser Seite, unserem Buch oder einer unserer Dienstleistungen ist ein Versprechen oder eine Garantie für Ergebnisse, einschließlich der Tatsache, dass Sie einen bestimmten Geldbetrag oder überhaupt Geld verdienen werden. Sie verstehen auch, dass alle Investitionen mit einem gewissen Risiko verbunden sind Sie können beim Investieren tatsächlich Geld verlieren. Dementsprechend dienen alle in unserem Buch genannten Ergebnisse in Form von Erfahrungsberichten, Fallstudien oder auf andere Weise lediglich der Veranschaulichung von Konzepten und sollten nicht als durchschnittliche Ergebnisse oder Versprechen für tatsächliche oder zukünftige Leistungen betrachtet werden.

Urheberrecht und andere Haftungsausschlüsse:

Dieses Buch, „Day Trading with Robinhood: Trade Like a Pro", ist ein unabhängig veröffentlichtes Werk und steht in keiner Verbindung zu Robinhood Markets, Inc. oder einer seiner Tochtergesellschaften oder verbundenen Unternehmen, wird von diesen nicht unterstützt oder gesponsert. Der Autor und Herausgeber dieses Buches steht in keiner Verbindung oder Verbindung zur Robinhood-App, und alle in diesem Buch geäußerten Meinungen, Ansichten oder Strategien sind ausschließlich die des Autors und stellen nicht die Meinungen oder Standpunkte von Robinhood Markets, Inc. dar seine Tochtergesellschaften. Die in diesem Buch bereitgestellten Informationen dienen ausschließlich Bildungs- und Informationszwecken und sollten nicht als Finanz-, Anlage- oder professionelle Beratung betrachtet werden. Den Lesern wird empfohlen, vor einer Investitionsentscheidung einen lizenzierten Finanzexperten zu konsultieren.

Allgemeiner Haftungsausschluss: Die in diesem Buch vorgestellten Informationen, Strategien und Techniken dienen ausschließlich Bildungs- und Informationszwecken. Sie stellen keine Finanz-, Anlage-, Steuer- oder Rechtsberatung dar. Der Autor und der Herausgeber haften nicht für finanzielle Verluste oder andere Schäden, die durch die Anwendung der in diesem Buch enthaltenen Informationen entstehen können. Bevor Anleger Investitions- oder Handelsentscheidungen treffen, sollten sie sich an einen lizenzierten Finanzexperten wenden.

Risikoausschluss: Investitionen in und Handel mit Aktien, Optionen, ETFs und anderen Finanzinstrumenten bergen inhärente Risiken und sind möglicherweise nicht für alle Anleger geeignet. Der Wert von Anlagen kann steigen oder fallen, und Anleger können ihr Kapital verlieren. Die Wertentwicklung in der Vergangenheit lässt keinen Rückschluss auf zukünftige Ergebnisse zu. Der Autor und Herausgeber dieses Buches übernimmt keine Garantie für bestimmte Ergebnisse oder Resultate aus der Verwendung der hier besprochenen Strategien und Techniken.

Erfahrungsberichte und Beispiele: Alle in diesem Buch präsentierten Erfahrungsberichte, Fallstudien oder Beispiele dienen nur der Veranschaulichung und garantieren nicht, dass die Leser ähnliche Ergebnisse erzielen. Der individuelle Erfolg beim Trading hängt von verschiedenen Faktoren ab, darunter der persönlichen finanziellen Situation, der Risikotoleranz und der Fähigkeit, die besprochenen Strategien und Techniken konsequent anzuwenden.

Marken: Alle in diesem Buch erwähnten Produktnamen, Logos und Marken sind Eigentum ihrer jeweiligen Inhaber. Die Verwendung dieser Namen, Logos und Marken bedeutet keine Billigung oder Zugehörigkeit zu den jeweiligen Eigentümern.

www.ingramcontent.com/pod-product-compliance
Lightning Source LLC
Chambersburg PA
CBHW072131290526
45794CB00004B/1284

* 9 7 9 8 8 5 7 1 3 5 4 5 7 *